中等职业教育课程改革国家规划新教材
全国中等职业教育教材审定委员会审定

机械基础

马成荣 主编

人民邮电出版社
北京

图书在版编目（CIP）数据

机械基础 : 少学时 / 马成荣主编. -- 北京 : 人民邮电出版社，2010.8（2021.6重印）
中等职业教育课程改革国家规划新教材
ISBN 978-7-115-22825-3

Ⅰ. ①机… Ⅱ. ①马… Ⅲ. ①机械学－专业学校－教材 Ⅳ. ①TH11

中国版本图书馆CIP数据核字(2010)第070848号

内容提要

本书根据教育部2009年5月颁布的《中等职业学校机械基础教学大纲》编写而成，介绍了机械基本知识和基本技能。

全书共6章，主要内容包括：机械工程材料、工程力学基础、典型机械零件、机械传动、常见机构和综合实践。

本书可作为中等职业学校机械类及工程技术类相关专业“机械基础”课程的教材，也可供相关从业人员参考。

◆ 主　　编　马成荣
　责任编辑　曾　斌
◆ 人民邮电出版社出版发行　　北京市丰台区成寿寺路11号
　邮编　100164　　电子邮件　315@ptpress.com.cn
　网址　http://www.ptpress.com.cn
　北京隆昌伟业印刷有限公司印刷
◆ 开本：787×1092　1/16
　印张：13.5　　　　2010年8月第1版
　字数：341千字　　　2021年6月北京第20次印刷

ISBN 978-7-115-22825-3

定价：26.00元

中等职业教育课程改革国家规划新教材
出版说明

为贯彻《国务院关于大力发展职业教育的决定》（国发〔2005〕35号）精神，落实《教育部关于进一步深化中等职业教育教学改革的若干意见》（教职成〔2008〕8号）关于“加强中等职业教育教材建设，保证教学资源基本质量”的要求，确保新一轮中等职业教育教学改革顺利进行，全面提高教育教学质量，保证高质量教材进课堂，教育部对中等职业学校德育课、文化基础课等必修课程和部分大类专业基础课教材进行了统一规划并组织编写，从2009年秋季学期起，国家规划新教材将陆续提供给全国中等职业学校选用。

国家规划新教材是根据教育部最新发布的德育课程、文化基础课程和部分大类专业基础课程的教学大纲编写，并经全国中等职业教育教材审定委员会审定通过的。新教材紧紧围绕中等职业教育的培养目标，遵循职业教育教学规律，从满足经济社会发展对高素质劳动者和技能型人才的需要出发，在课程结构、教学内容、教学方法等方面进行了新的探索与改革创新，对于提高新时期中等职业学校学生的思想道德水平、科学文化素养和职业能力，促进中等职业教育深化教学改革，提高教育教学质量将起到积极的推动作用。

希望各地、各中等职业学校积极推广和选用国家规划新教材，并在使用过程中，注意总结经验，及时提出修改意见和建议，使之不断完善和提高。

教育部职业教育与成人教育司

2010年6月

前　　言

本书遵循职业教育“以就业为导向、以服务为宗旨”的改革精神，以教育部2009年5月颁布的《中等职业学校机械基础教学大纲》为指南，与机械类岗位国家职业标准相衔接，充分体现社会对职业教育人才素质培养的要求。

本书的编写坚持以学生为主体、以能力为本位、以行动为导向3大理念。

——坚持以学生为主体。本书依据中等职业学校学生的认知规律，尊重学生的经验和兴趣，基于经验、回归生活、引导行动，根据做法设计教法，并采用恰当的学习评价方式，激发学生学习热情，促进学生由被动学习转化为主动学习。

——坚持以能力为本位。本书力图改变传统教材过分看重知识的系统性，而对学生能力发展重视不够的缺陷，依据职业岗位和学生自我发展的要求，精心选择教学内容和设计教学方法，着眼于学生学习能力、方法能力和创新能力的形成和提高。

——坚持以行动为导向。本书以学生为主体、以教师为主导，引导学生在开展行动、完成任务中学习，通过学生自主学习、合作学习、研究型学习，在主动解决问题的过程中建构知识、提升能力。

本书的特点主要体现在以下几个方面。

1. 采用体例新颖的内容呈现方式。本书在结构上借鉴国内外教材栏目更新的经验，创造性地设计教材的结构体例，通过5大系统呈现教学内容。

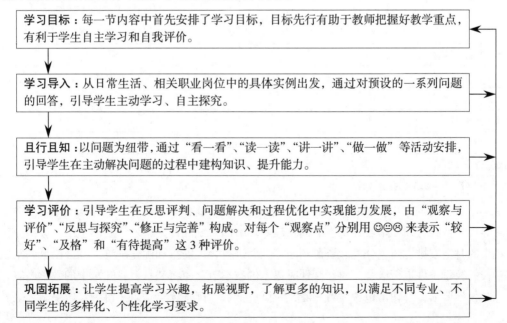

学习目标：每一节内容中首先安排了学习目标，目标先行有助于教师把握好教学重点，有利于学生自主学习和自我评价。

学习导入：从日常生活、相关职业岗位中的具体实例出发，通过对预设的一系列问题的回答，引导学生主动学习、自主探究。

且行且知：以问题为纽带，通过“看一看”、“读一读”、“讲一讲”、“做一做”等活动安排，引导学生在主动解决问题的过程中建构知识、提升能力。

学习评价：引导学生在反思评判、问题解决和过程优化中实现能力发展，由“观察与评价”、“反思与探究”、“修正与完善”构成。对每个“观察点”分别用☺😐☹来表示“较好”、“及格”和“有待提高”这3种评价。

巩固拓展：让学生提高学习兴趣，拓展视野，了解更多的知识，以满足不同专业、不同学生的多样化、个性化学习要求。

2. 确立主动探究式的学习方式。本书的所有教学内容，不是直接将知识呈现给学生，而是通过“看一看”、“读一读”、“讲一讲”、“做一做”等活动，构建出包括创设情景、角色分配、研究探索、自我评价等环节，设置以自主探究为核心的行动导向的教学情境，将会十分有利于学生实践能力和综合素质的提高，并可以更有效地促进课程各项目标的达成。

3. 运用项目课程承载综合实践。本书超越以知识和技能体验为主要内容的传统界限，注重密切学生与自然、与社会、与生活的联系，以任务驱动的项目课程为载体，设计了具有典型意义的 3 个综合实践项目。通过项目课程的教学，培养和发展学生探究问题与解决问题的实践能力、创新精神和综合素养。在教学过程中应当多提示、多引导，并视情况对学生进行知识补充讲解，以保证教学的顺利完成。

4. 采用图文并茂的版式设计。本书在文字内容中穿插丰富的图片和表格，将知识点尽可能地以直观明了的形式展现出来，使得本书呈现出图文并茂的视觉效果，便于学生阅读、理解和把握。

本书每课时按 45 分钟进行设计，总课时为 96 课时（基础模块 66 课时，综合实践模块 30 课时），具体分配如下。

章　节	课时（必修 + 选修）
绪　论	4 课时
第一章　机械工程材料	8 课时
第二章　工程力学基础	10 课时
第三章　典型机械零件	14 课时
第四章　机械传动	18 课时
第五章　常见机构	12 课时
第六章　综合实践	30（拓展）

注：书中带“*”的部分为选修内容。

在本书的实际使用中，教师应根据书中的学习目标，把握教学重点，科学设计教学方案，体现学习导入、且行且知、学习评价、巩固拓展等环节的系统性和完整性。在教学中，教师应对教学过程中的时空安排、角色分配、资源利用等方面进行合理安排和优化配置，部分栏目的实施可根据学校的教学条件进行取舍。对于 2 课时以上的教学节，应将“且行且知”中的教学内容，按照 2 课时教学要求，分切出包含“看一看”、“试一试”、“读一读”、“讲一讲”、“做一做”等教学环节的教学模块，确保每一次课堂教学的实际效果。对于“学习评价”、“巩固拓展”也应作相应处理。在进行综合实践的教学时，教师可根据学生的实际情况和学校的条件灵活选择项目和把握要求。

任课教师应带领学生充分利用日常生活和生产实践中的实物条件以及因特网上的各种虚拟资源，开发课程资源，创设任务实施情境，提高教学效果。本书配有丰富的教学辅助资源，可登录 http://www.ptpedu.com.cn 和 http://www.jsvctr.net 进行查阅。

编写组

2010 年 3 月

目　录

绪　论

新的课程，新的经历，从零开始，从现在起步，多看、多做、多思，就能走到前列，迈向成功。

一、什么是机械

生产与生活离不开机械，从小小的螺钉、自行车到机床设备、汽车、大型船只，都是机械产品。

1. 机械发展

读一读

机械是提高社会生产力水平的工具，也是人类文明程度的标志。

在古代就有许多机械发明与创造，这些机械（见图 0-1）作为劳动工具，大大提高了生产效率。

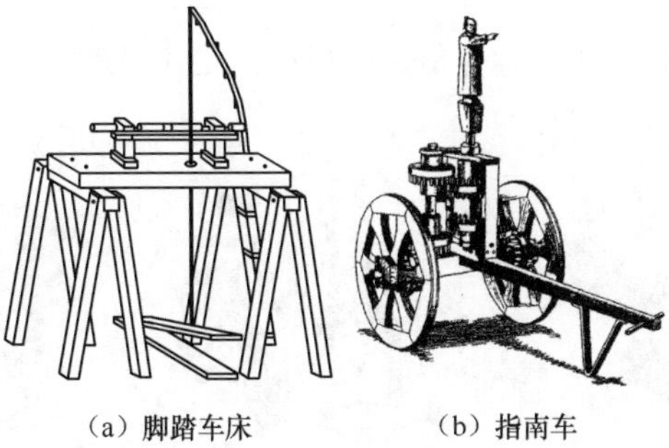

（a）脚踏车床　　（b）指南车

图 0-1　古代机械

到了 18 世纪初，蒸汽机的出现使机械得到迅猛发展，以蒸汽机、内燃机等为动力源的机械设备（见图 0-2 ～图 0-4）的出现，促进了制造业、运输业的快速发展，极大地改变了人类的生产方式和人们的生活方式。

图 0-2　珍妮纺纱机

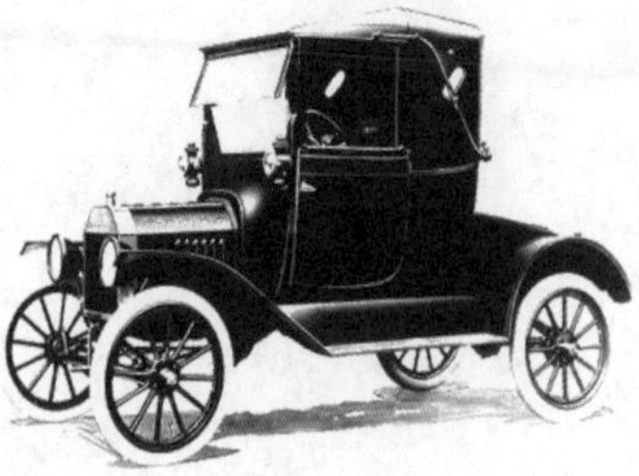

图 0-3　早期汽车

图 0-4　内燃机车

20 世纪中后期以来，随着机电一体化技术的深入应用，机器人（见图 0-5）、航天器（见图 0-6）、宇宙探测器等众多高科技的机械产品，促进了人类社会的繁荣。

进入 21 世纪，机械正朝着高速度、高精度、自动化、智能化的方向发展。

图 0-5　机器人

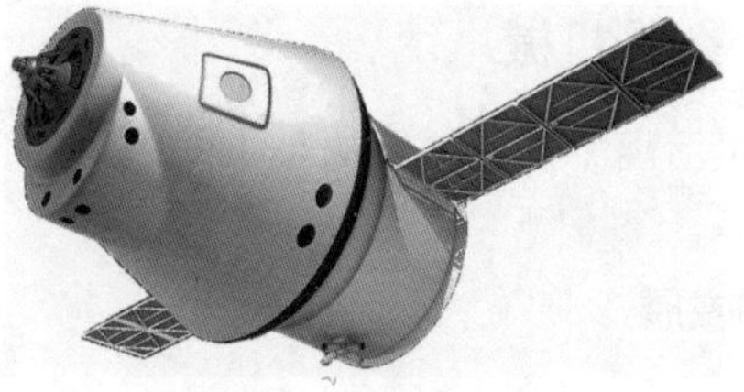

图 0-6　航天器

2. 机械初识

看一看

你熟悉图 0-7 中所示的机械吗？你懂得这些机械的工作原理吗？

（a）台虎钳

（b）叉车

（c）数控机床

图 0-7　各种机械产品

读一读

机器是根据使用要求而设计制造的一种执行机械运动的装置，用来变换或传递能量、物料与信息，从而代替或减轻人类的体力劳动和脑力劳动。

根据用途不同，机器可以分为动力机器、工作机器、信息机器 3 类，见表 0-1。

表 0-1　　机器分类

机器类型	用途	实例
动力机器	变换能量	内燃机、电动机、发电机
工作机器	变换物料	各种机床、交通运输工具
信息机器	变换信息	打印机、计算机

机构是具有确定相对运动的构件的组合，是用来传递运动和力的构件系统。如自行车上的链传动机构、汽车上的齿轮传动机构。

机器能完成有用的机械功（如机床的切削工作）或将其他形式的能量转换为机械能（如内燃机将热能转换成机械能）或处理信息（如计算机），而机构不能。

机械是机器与机构的统称。

3. 机械组成

看一看

机械的组成如图 0-8 所示。

机器的一般组成如图 0-9 所示。

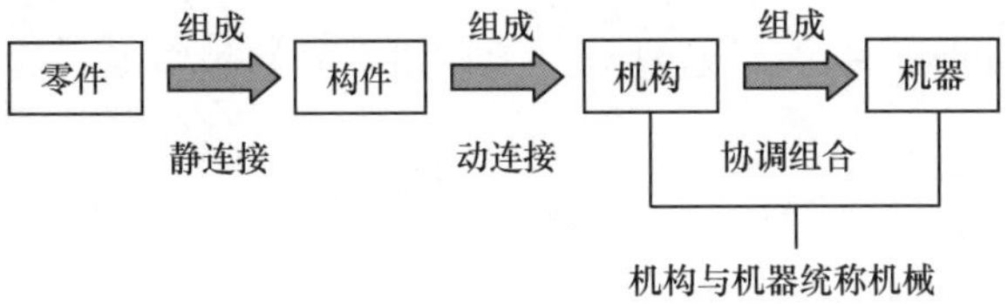

图 0-8　机械的组成

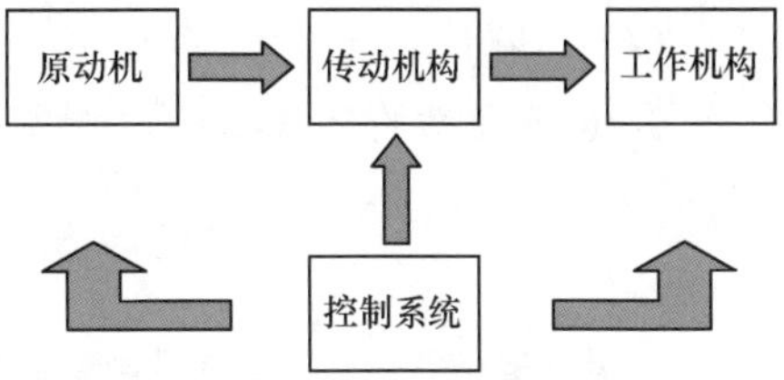

图 0-9　机器的一般组成

读一读

零件是机械中不可拆的制造单元体，如轴、盘盖、叉架、箱体等，是相互间没有相对运动的物体。有时也将用简单方式连成的单元件称为零件，如轴承。

构件是机构中的运动单元体，构件可以是一个独立的零件，也可以由若干个零件组成。

零件按用途分为两类：一类是通用零件，在各种机械中经常用到，如螺母、齿轮、轴承、弹簧、键等；另一类是专用零件，只在一些专用机械中使用，如风扇的叶片、起重机的吊钩等。

常见零件按结构分类，大致可分为 4 类，见表 0-2。

表 0-2　　常见的零件类型

类型	结构图例	一般材料	受力情况
轴套类	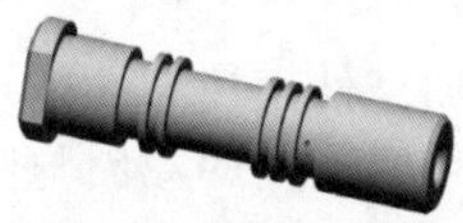	钢	一般承受垂直于轴心线方向的作用力

续表

类型	结构图例	一般材料	受力情况
盘盖类		铸铁、钢、非金属材料	盘与盖一般具有载重能力，要有一定的厚度；盖一般装在箱体上
叉架类		铸铁、钢、非金属材料	承受垂直于叉架杆轴线的作用力
箱体类		铸铁、非金属材料、钢	具有相应的承重能力

做一做

图 0-10 所列举的日常物品，哪些属于机器，哪些不是机器？（在图下的括号中填“是”或“否”）

电风扇（ ） 微波炉（ ） 电动自行车（ ） 订书机（ ）

图 0-10 日常物品

二、怎样更好地使用机械

读一读

1. 注重安全

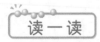

使用机械，首先要做到安全第一。机械传动装置中，常见主要危险零部件区域及防护见表 0-3。

机械伤害事故是机械设备运动（或静止）部件、工具、加工件直接与人体接触引起的事故。常见的机械伤害有碰撞、夹击、剪切、卷入等。机械伤害产生的原因与防护措施见表 0-4。

表 0-3　　常见传动装置的危险零部件与防护

传动装置	图　例	危 险 区 域	防 护 要 求
齿轮		两轮开始啮合的地方最危险	
带或链	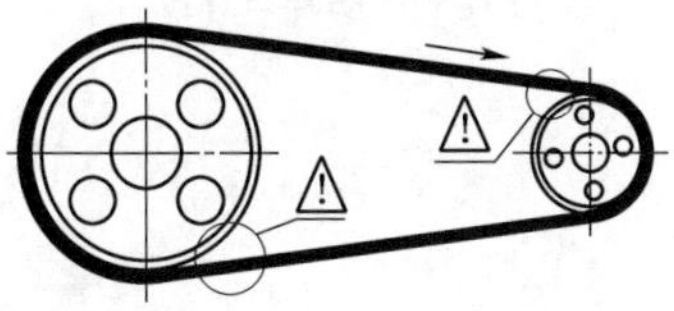	带（或链）开始进入带轮（或链轮）的部位最危险；在平带传动中，平带接头处也属危险区域	按防护部分的形状、大小制成固定式防护装置，安装在传动部分外部，遮蔽全部运动部件，以隔绝身体任何部分与之接触
联轴器	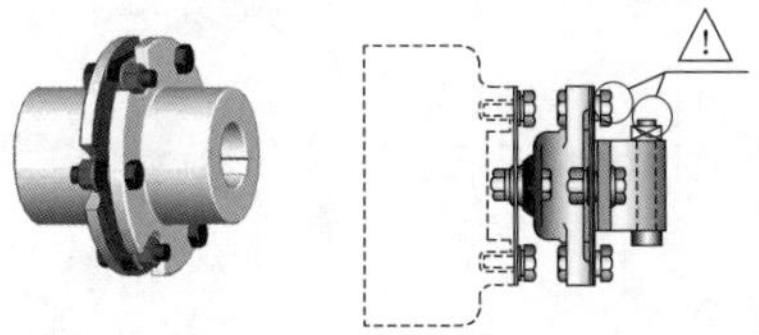	裸露的突出部分也很容易缠绕衣物，导致险情	

表 0-4　　机械伤害的产生原因与防护措施

类　型	原　因	防 护 措 施
设备存在潜在缺陷	如零件材料选择不当或者材料有缺陷（缩孔、裂纹、划伤等）、操纵控制机构设计不当、缺少安全防护装置、设备安装不牢固、零部件装配不达标等	在机械的功能设计中解决安全问题，采用齐全的安全装置，通过使用文字、标记、信号、符号、图表等信息发出警示，配备保护人身安全的装备，安全布局车间里的机器，进行安全教育与监察等
设备磨损与老化	磨损与老化会降低设备的可靠性，导致机器出现异常而未被发现	
人为因素	任何一次不规范操作都有可能导致事故发生	

2. 讲究环保

在机械操作中，除了要降低机械设备的能耗、对设备进行密封与治漏外，还要减少噪声、控制磨屑及有害烟尘。讲究低碳经济，注重环境保护，更好地使用机械。

（1）控制噪声。

机械噪声是机械设备在运转时，使机械部件、壳体振动而产生的。机械噪声会干扰人的注意力，影响人的身心健康，也会引发事故。

控制机械噪声有控制噪声源、控制噪声传播等方法，如对噪声源采用隔声罩（见图 0-11）。

对于长期处在强噪声环境或变噪声环境中从事短期工作的操作者，可使用耳塞、耳罩（见图 0-12）和头盔等个人防护装置，保护人体健康。

（2）控制磨屑及有害烟尘。

磨屑是砂轮机在磨削工件的过程中不断产生的，它包含了大量细小金属颗粒和砂轮磨料，对人体健康危害极大。为了减少空气中磨屑的含量，磨削加工机械应安装吸尘设备。有些金属（如锌）加热到高于其沸点时会散发出有毒气体，故在焊接、加热金属时，要注意通风换气。对磨屑和有害烟尘的劳动保护措施有戴口罩、面具等。

图 0-11　隔声罩

图 0-12　防噪声耳罩

做一做

列举在机械设备操作中应注意的安全事项。

三、如何认识本课程

本课程的内容、任务和在机械专业中所处地位如图 0-13 所示。

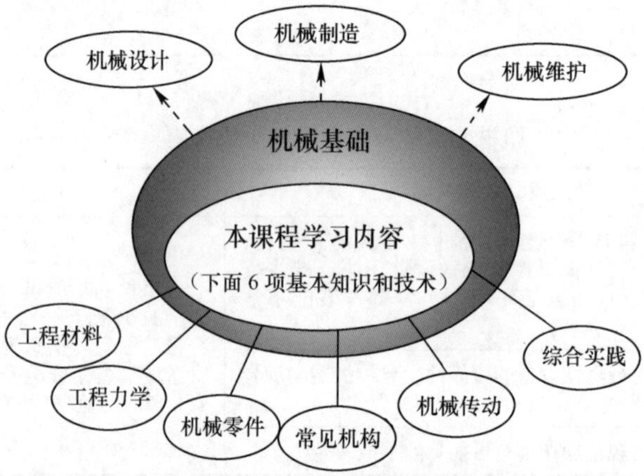

图 0-13　“机械基础”课程的定位

1. 课程内容

本课程内容包括机械工程材料、工程力学基础、典型机械零件、常见机构、机械传动与综合实践。

2. 课程性质

本课程是中等职业学校机械类及工程技术类相关专业的一门专业基础课程。

3. 课程任务

掌握机械技术的基本知识和基本技能。

4. 课程要求

本课程应达成的能力与态度目标有以下几个方面。

（1）具有获取、处理和表达技术信息、执行国家标准、使用技术资料的能力。

（2）参加机械小发明、小制作等实践活动，能对简单机械进行维修和改进。

（3）具有机械节能环保与安全防护能力，能改善机械润滑、降低能耗、减小噪声等。

（4）形成分析问题和解决问题的能力。

（5）形成良好的学习习惯，具备继续学习专业技术的能力。

（6）形成自主学习、适应职业变化的能力，为解决生产实际问题和个人职业生涯发展奠定基础。

（7）培养职业意识，形成良好的职业道德、职业情感和严谨、敬业的工作作风。

巩固拓展

1．一般机器是由________、________、________和________4 部分组成。

2．比一比，谁了解更多的常见机械，并分类填表。

		类型	具体实例
机械	机器	变换能量的机器	
		变换物料的机器	
		变换信息的机器	
	机构		

3．解释名词：零件、构件、机构、机械、机器，并举例说明它们之间的关系。

4．观看安全生产教育片，并描述在工作场所应如何注意安全。举例说明，操作机械时，要注意在哪些方面环境保护问题。

5．参观企业，了解机械产品，体验生产活动，感受企业文化。

6．通过上网搜索的形式，查阅你感兴趣的某种机械产品（如电影放映机、飞机、照相机等）的发展历史，了解它们的神奇应用。

第一章

机械工程材料

第一节　材料的力学性能

学习目标

1. 了解材料常用的力学性能指标
2. 熟悉材料力学性能指标在金属材料选择中的应用

学习导入

不同的材料有不同的力学性能，只有在熟悉材料的力学性能的情况下选取材料，才能正确选材并充分发挥其潜能，保证设备的正常工作。

试一试

用力弯曲直径相同的塑料棒、木棒和钢棒，比较其变形的难易程度。

想一想

1. 为什么木棒的折断要比塑料棒和钢棒容易？
2. 为什么钢棒弯曲要比塑料棒和木棒难？

且行且知

读一读

材料的力学性能是指材料在外力（载荷）作用下所表现出的特性。

材料的力学性能主要有弹性、塑性、强度、硬度、韧性、疲劳等。力学性能是设计、选材、验收、鉴定材料的依据。

一、弹性和塑性

材料受外力作用时会产生变形，当外力去掉后能恢复其原来形状的性能，称为弹性。随着外力的消失而消失的变形称为弹性变形，如图 1-1-1 所示。

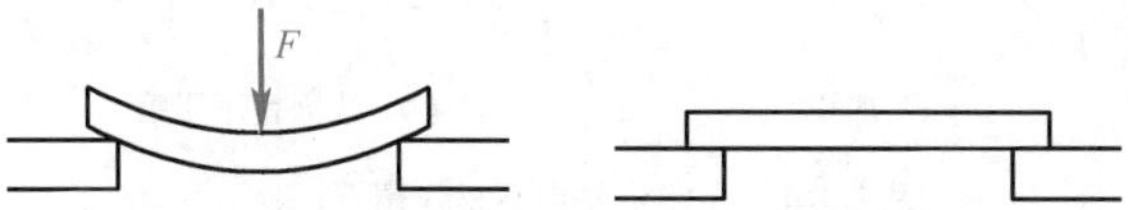

（a）试样受力后弯曲　（b）撤除外力后恢复至原样

图 1-1-1　材料的弹性变形

材料在外力作用下，产生永久变形而不致引起破坏的性能，称为塑性。外力消失后留下来的这部分不可恢复的变形称为塑性变形，如图 1-1-2 所示。塑性的度量指标有断后伸长率 A 和断面收缩率 Z。A 和 Z 的数值越大，表明材料的塑性越好。塑性良好的金属材料可进行各种塑性加工（轧制、冲压、锻造等）。

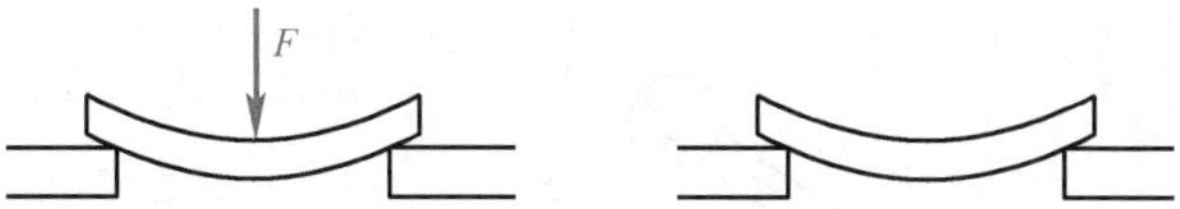

（a）试样受力后弯曲　（b）撤除外力后试样不恢复

图 1-1-2　材料的塑性变形

金属材料既具有弹性又具有塑性，金属材料在作用力达到某一定值以前，其变形是弹性的，超过此值，将发生塑性变形，当作用力继续增大会使金属材料产生断裂，如图 1-1-3 所示。

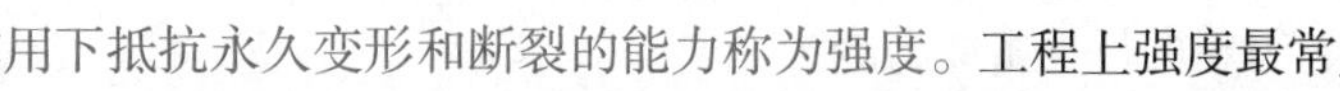

（a）原始试样　（b）试样被拉断

图 1-1-3　低碳钢试样被拉伸至断裂

二、强度

材料在力的作用下抵抗永久变形和断裂的能力称为强度。工程上强度最常用的指标有屈服强度 R_{eL} 和抗拉强度 R_m。屈服强度 R_{eL} 代表材料抵抗塑性变形的能力，而抗拉强度 R_m 代表材料抵抗拉断的能力。

材料的强度越高，所能承受载荷的能力越大。

三、硬度

硬度是反映材料局部体积内抵抗另一更硬物体压入的能力。硬度可通过压入法测试得到（见图 1-1-4），根据压头和所加载荷不同，工程上硬度常用的指标有布氏硬度（HB）、洛氏硬度（HR）、维氏硬度（HV）等。

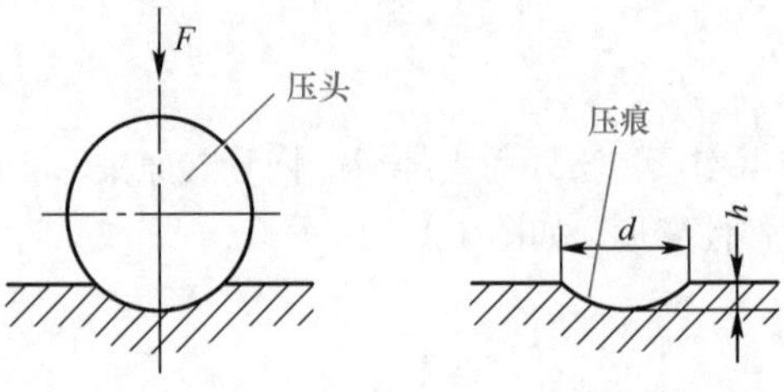

（a）加载　（b）表面留下压痕

图 1-1-4　在压头作用下材料留下压痕

金属材料的硬度越高，则材料的耐磨性越好。

四、韧性

实际生产中，许多零件会受到冲击载荷的作用，如液压锤锤头对工件施加的冲击载荷。冲击载荷要比静载荷的破坏能力大。

材料在冲击载荷作用下抵抗变形和断裂的能力称为韧性。韧性指标用冲击韧度（α_K）表示。冲击韧度测试方法如图 1-1-5 所示。

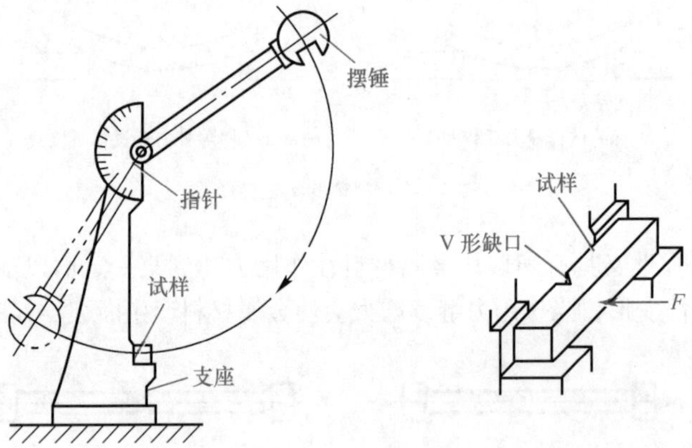

（a）摆锤冲击试样　（b）V 形缺口试样

图 1-1-5　冲击韧度的测试

金属材料在多次小能量冲击下，抗冲击能力主要取决于材料的强度和塑性；在大能量少次数冲击载荷作用时，抗冲击能力主要取决于冲击韧度。

冲击韧度越大，材料的抗冲击能力越强。

五、疲劳

齿轮、轴、连杆、弹簧等零件工作时受到大小与方向随时间变化的交变载荷作用，会使零件在最大工作应力小于抗拉强度 R_m，甚至小于屈服强度 R_{eL} 的情况下突然断裂。

疲劳是指材料在低于屈服强度 R_{eL} 的交变应力长时间的作用下发生裂纹或断裂的过程。疲劳指标用疲劳极限（R_{-1}）表示。

在同样的交变应力作用下，疲劳极限大的材料寿命长。

讲一讲

一、低碳钢拉伸

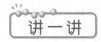

根据低碳钢拉伸试验中拉力 F 与伸长量 Δl 关系曲线，得到如图 1-1-6 所示的低碳钢拉伸曲线图。

根据低碳钢拉伸过程中的变形特点，将低碳钢拉伸过程分为弹性变形阶段、屈服阶段、均匀塑性变形阶段、缩颈阶段等 4 个阶段。

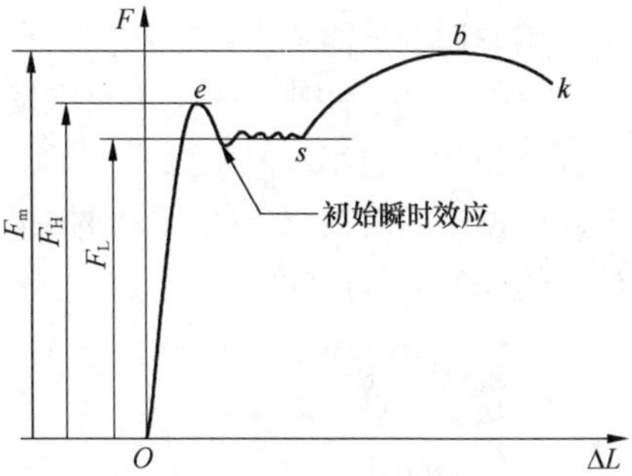

图 1-1-6 低碳钢拉伸曲线图

1. 弹性变形阶段

拉伸曲线上直线段，如图 1-1-6 中所示的 *oe* 段，试样的伸长量与拉力成正比。

2. 屈服阶段

拉伸曲线上水平或锯齿形线段，如图 1-1-6 中所示的 *es* 段。此时拉伸力不变，而试样继续伸长变形，材料丧失了抵抗变形的能力，把这种现象称为“屈服”。F_H 为曲线图上曲线首次下降前最大力；F_L 为不计初始瞬时效应屈服阶段中最小力。

3. 均匀塑性变形阶段

拉伸曲线上上升的曲线段，如图 1-1-6 中所示的 *sb* 段。伸长量随着力的增加而增加，F_m 为试样在拉伸试验时的最大载荷。

4. 缩颈阶段

拉伸曲线上下降的曲线段，如图 1-1-6 中所示的 *bk* 段，从 *b* 点开始试样局部截面缩小，出现“缩颈”现象，当拉至 *k* 点时，试样被拉断。

材料受外力作用时，其内部会产生与外力大小相等、方向相反的内力，单位截面的内力称为应力，用 R 表示，单位为兆帕（MPa）。当金属材料呈现屈服现象时，在试验期间达到塑性变形发生而力不增加的应力点，称为屈服强度。应区分上屈服强度和下屈服强度。

上屈服强度 R_{eH}：试样发生屈服而力首次下降前的最高应力值。

$$R_{eH}=\frac{F_H}{S_o}$$

下屈服强度 R_{eL}：在屈服期间，不计初始瞬时效应时的最低应力值。

$$R_{eL}=\frac{F_L}{S_o}$$

抗拉强度 R_m：曲线图上过了屈服阶段之后的最大力（F_m）对应的应力。

$$R_m=\frac{F_m}{S_o}$$

断后伸长率 A：断后标距的残余伸长（L_u-L_o）与原始标距（L_o）之比的百分率。

$$A=\frac{L_u-L_o}{L_o}\times 100\%$$

断面收缩率 Z：断裂后试样横截面积的最大缩减量（S_o-S_u）与原始横截面积（S_o）之比的百分率。

$$Z=\frac{S_o-S_u}{S_o}\times 100\%$$

二、* 铸铁拉伸

铸铁等脆性材料在断裂前无明显塑性变形，拉伸曲线上无屈服现象，而且也不产生“缩颈”，这种断裂称为脆性断裂。铸铁拉伸曲线图如图 1-1-7 所示。

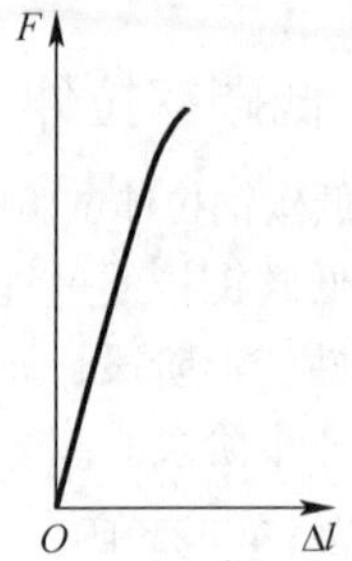

图 1-1-7　铸铁拉伸曲线图

铸铁、高碳钢等材料的屈服强度按 GB/T 10623—2008 规定，用非比例延伸率为 0.2% 时的应力值 $R_{p0.2}$ 来表示。

一般机械零件使用时，不允许发生明显塑性变形，即要求零件所受的应力小于屈服强度，所以屈服强度是选材与设计的主要依据；而抗拉强度代表材料抵抗拉断的能力，是评定材料性能的重要参考指标。

做一做

一、* 低碳钢、铸铁拉伸试验

拉伸试验在万能试验机（见图 1-1-8）上进行。万能试验机能做一般钢材和其他金属材料的拉伸、压缩、弯曲及剪切试验，能画出应力—应变曲线并自动求取屈服强度、抗拉强度等。

试验时，在试验机上缓慢施加载荷，同时连续测量力 F 和相应的伸长量 Δl，直至把试样拉断为止。试验采用的标准拉伸试样有两种，长试样 $L_0 = 10d_0$，短试样 $L_0 = 5d_0$，如图 1-1-9 所示。

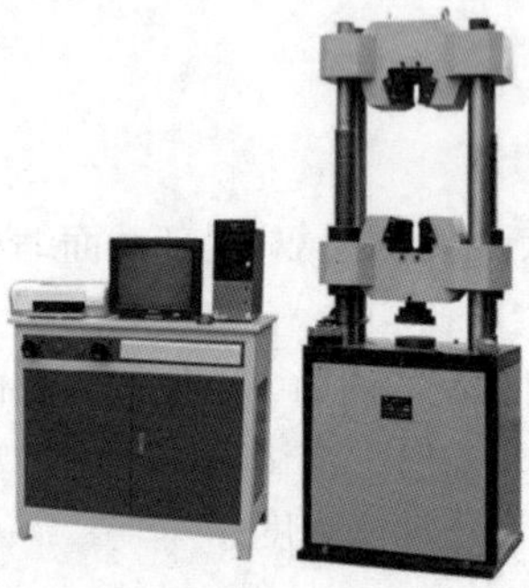

图 1-1-8　万能试验机

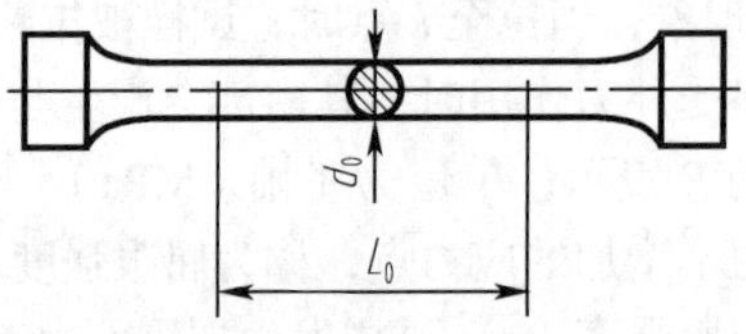

图 1-1-9　标准试样

第一步　试验准备

1．测量试样尺寸 L_0= ________，d_0= ________。

2．装卡夹块、试样及引伸计。

3．按显示器、打印机、计算机、工控机、启动试验软件、液压源顺序开机；输入相关试验参数，选择试验方案。

第二步　试样拉伸

将传感器示值清零，开关转换到加荷挡，点击试验窗口的“运行”按钮，进入试验状态。不断加载直到试样拉断，保存试验数据。取下试样，再把开关转换到快退挡，使活塞退回到底。

第三步　数据处理

1．单击菜单栏中“试验分析”，在相应的对话框中选取屈服强度、抗拉强度，在曲线类型栏中选应力—应变曲线，单击“试验报告”，把需要输出的选项移到右侧的空白框内并单击“确定”，打印试验报告单，关机。

2．量取拉断后的试样长度 L_u= ________，断口直径 d_u= ________。

计算断后伸长率 A= ________，断面收缩率 Z= ________。

3．将低碳钢试样断口与铸铁试样断口进行比较，如图 1-1-10 所示。

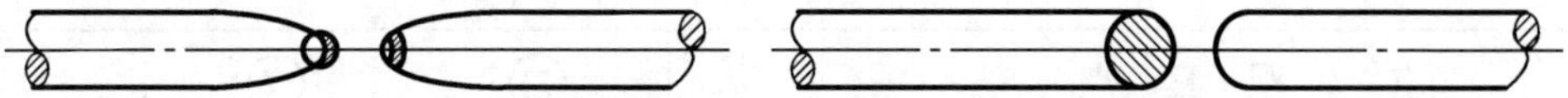

（a）低碳钢试样断口　　（b）与铸铁试样断口

图 1-1-10　拉伸试样断口形状

二、* 低碳钢、铸铁压缩试验

压缩试验采用的圆柱体试样，如图 1-1-11 所示。

第一步　试验准备

1．测量试样尺寸 L_0= ________；d_0= ________；

2．准确地将试样置于试验机活动平台的支承垫板中心处。

3．按显示器、打印机、计算机、工控机、启动试验软件、液压源顺序开机；输入相关试验参数，选择试验方案。

第二步　试样压缩

将传感器示值清零，开关转换到加荷挡，点击试验窗口的“运行”按钮，进入试验状态；对于低碳钢试样，将试样压成鼓形即可停止试验。对于铸铁试样，加载到试样破坏时立即停止试验，以免试样进一步被压碎。

第三步　数据处理

1．单击菜单栏中“试验分析”，在相应的对话框中低碳钢选取屈服强度，铸铁选取抗压强度，在曲线类型栏中选应力—应变曲线，单击“试验报告”，把需要输出的选项移到右侧的空白框内并点“确定”，打印试验报告单，关机。

2．将低碳钢的压缩曲线（见图 1-1-12）与拉伸曲线进行比较。

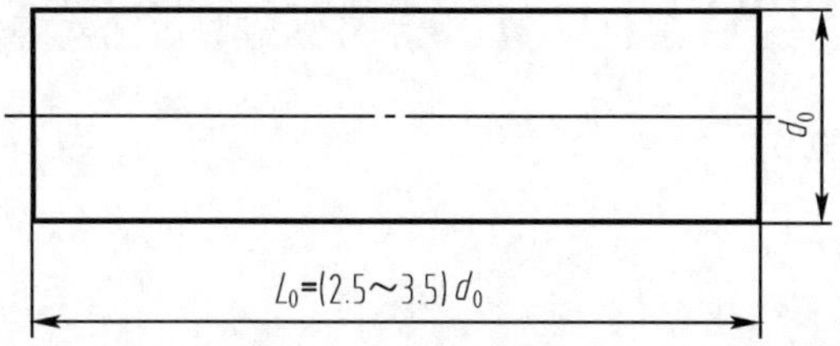

图 1-1-11　圆柱体试样

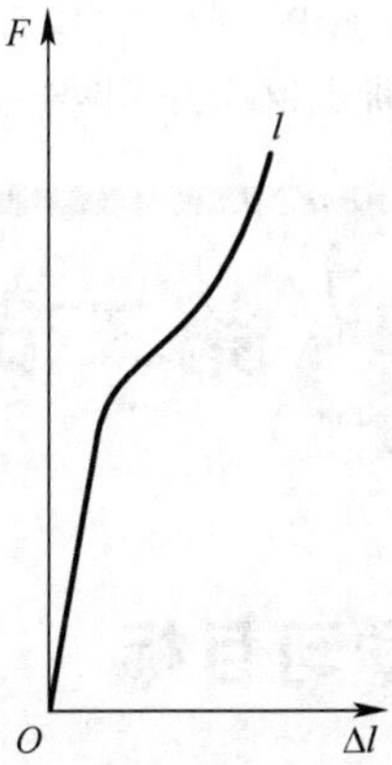

图 1-1-12　低碳钢的压缩曲线

学习评价

一、观察与评价

根据“观察点”列举的内容，进行自我评价或学生互评。“观察点”内容可视实情在教师引导下拓展。

观 察 点	☺	😐	☹
能从力学性能角度对塑料棒、木棒和钢棒的弯曲进行比较			
能说出常用的力学性能指标及适用场合			
能说出低碳钢拉伸与铸铁拉伸的不同之处			

二、反思与探究

从学习过程和评价结果两方面进行反思，分析存在的问题，寻求解决的办法。

存在的问题	解决的办法

三、修正与完善

根据反思与探究中寻求到的解决问题的办法，进一步修正与完善材料力学性能指标的运用。

巩固拓展

1．利用材料的力学性能解释弹簧秤的工作原理。

2．材料的力学性能指标有哪些？各应用在什么场合？

3．某厂购进一批 45 钢，按国家标准规定，力学性能应符合如下要求：$R_{eL} \geqslant 355$MPa，$R_m \geqslant 600$MPa。入厂检验时采用 d_o=10mm 的短试样进行拉伸试验，测得 F_L=28 260N；F_m=47 5300N，试问这批钢材的力学性能是否符合要求？

第二节　黑色金属材料

学习目标

1．理解常用碳素钢的分类、牌号、性能和应用

2. 了解合金钢和铸铁的分类、牌号、性能和应用

3. 熟悉常用机械工程材料的选用原则

学习导入

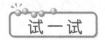

由于钢铁材料性能多种多样、易加工，且与其他金属材料相比价格更低，故在各类机械产品制造上得到广泛使用。

试一试

用锉刀分别锉削 Q235 和 45 钢工件平面，比较其锉削性的好坏。

想一想

1. 钳工加工用工件能否采用高碳钢材料？
2. 锉刀能否用 20 钢制作？

且行且知

读一读

以铁或者以铁为主形成的物质，称为黑色金属。它主要就是指钢铁材料，即钢和铸铁的总称。按钢中有无合金元素可将钢分为碳素钢和合金钢。

一、碳素钢

碳素钢又称碳钢，是含碳量（W_c）小于 2.11% 的铁碳合金。碳素钢种类很多，见表 1-2-1。

表 1-2-1　　碳素钢的分类

分类方法	类　型
按照含碳量分	低碳钢（$W_c < 0.25\%$）
	中碳钢（$0.25\% \leqslant W_c \leqslant 0.60\%$）
	高碳钢（$W_c > 0.60\%$）
按质量等级分	普通质量碳素钢（$W_s \geqslant 0.045\%$、$W_p \geqslant 0.045\%$）
	优质碳素钢
	特殊质量碳素钢（$W_s \leqslant 0.02\%$，$W_p < 0.02\%$）
按用途分	碳素结构钢
	碳素工具钢

含碳量对钢的力学性能影响较大，当 $W_c < 0.9\%$ 时，随着含碳量的增加，钢的强度和硬度逐

渐增加，塑性和韧性逐渐降低；当 $W_c > 0.9\%$ 时，随含碳量的继续增加，硬度仍然增加，但强度开始明显下降，塑性、韧性继续降低。

1. 碳素结构钢

碳素结构钢主要用于一般工程结构件和制作机械零件，一般属于低、中碳钢。包括普通碳素结构钢、优质碳素结构钢和铸钢。常用碳素结构钢种类、牌号、力学性能及应用举例见附表 1。

普通碳素结构钢牌号由屈服点汉语拼音字母字首 Q 加屈服点数值表示。例如 Q235，表示 $R_{eL} \geqslant$ 235MPa 的普通碳素结构钢。

优质碳素结构钢的牌号用两位数字表示，两位数字表示钢中平均含碳量的万分数。例如 45 钢，表示平均 $W_c = 0.45\%$ 的优质碳素结构钢。

铸钢牌号用“铸”和“钢”两字汉语拼音字母字首“ZG”后加两组数字表示，第一组数字表示屈服点的最低值，第二组数字表示抗拉强度的最低值。例如 ZG200-400，表示 $R_{eL} \geqslant$ 200MPa，$R_m \geqslant$ 400MPa 的铸钢。

2. 碳素工具钢

碳素工具钢主要用于制作刀具、量具和模具，一般属于高碳钢。碳素工具钢的牌号、力学性能和应用举例见附表 2。

碳素工具钢的牌号用“碳”字汉语拼音字母字首“T”加上数字表示。数字表示钢平均含碳量的千分数，例如 T12 钢表示 $W_c = 1.2\%$ 的碳素工具钢。

二、合金钢

在碳钢的基础上加入合金元素得到合金钢。合金元素的加入使钢的性能得到提升，但也使钢的成本提高。在选钢材时，若碳钢能满足性能要求，就不要选用合金钢。

合金钢按用途可分为合金结构钢、合金工具钢和特殊性能钢。

1. 合金结构钢

合金结构钢按用途和热处理特点可分为：低合金高强度结构钢、渗碳钢、调质钢、弹簧钢、滚动轴承钢等。常用合金结构钢种类、牌号、力学性能及应用举例见附表 3。

2. 合金工具钢

合金工具钢是在碳素工具钢的基础上加入合金元素制成的。包括量具刃具钢、冷作模具钢、热作模具钢、塑料模具钢等。常用合金工具钢种类、牌号、力学性能及应用举例见附表 4。

3. 特殊性能钢

具有特殊的物理、化学性能的钢，称为特殊性能钢。工程中重要的特殊性能钢包括不锈钢、耐热钢。常用特殊性能钢种类、牌号性能及应用举例见附表 5。

4. 合金钢牌号表示方法

合金钢的牌号是由含碳量数字、合金元素符号及合金元素含量数字组成的。

（1）含碳量数字。

当含碳量数字为两位数时，表示钢中平均含碳量的万分数；当含碳量数字为一位数时，表示钢中平均含碳量的千分数；当含碳量超过 1% 时则不标出。例如 60Si2Mn 的 $W_c = 0.6\%$，1Gr13 的 $W_c = 0.1\%$，Cr12 的 $W_c > 1\%$。

（2）合金元素含量数字。

合金元素含量数字表示该合金元素平均含量的百分数。当合金元素平均含量小于 1.5% 时不标数字。例如 60Si2Mn 的 $W_{Si}=2\%$、$W_{Mn}<1.5\%$。

低合金高强度结构钢的牌号表示方法与碳素结构钢相同，例如 Q345，表示 $R_{eL}\geqslant 345$MPa 的低合金高强度结构钢。

轴承钢的牌号是由“滚”字的汉语拼音字首“G”后附元素符号“Cr”、Cr 元素平均含量的千分数及其他元素符号表示。如 GCr15、GCr15SiMn。

三、铸铁

铸铁是含碳量大于 2.11% 的铁碳合金。成本较钢低，具有优良的铸造性、减振性、耐磨性以及切削加工性，因此在工业生产中得到普遍应用。

碳在铸铁中的存在形式有渗碳体和石墨两种，其中绝大部分碳以渗碳体的形式存在的铸铁称白口铸铁（断口呈银白色），碳主要以石墨的形式存在的铸铁称灰口铸铁（断口呈灰色）。

灰口铸铁中根据石墨形态不同，又分为灰铸铁、球墨铸铁、可锻铸铁和蠕墨铸铁，石墨的形状分别为片状、球状、团絮状以及蠕虫状。

铸铁的种类、牌号、力学性能及应用举例见附表 6。

灰铸铁的牌号是由“灰铁”两字汉语拼音字首“HT”后附最小抗拉强度值（MPa）表示。例如牌号 HT200 表示最小抗拉强度值为 200MPa 的灰铸铁。

球墨铸铁的牌号是由“球铁”两字汉语拼音字首“QT”后附最低抗拉强度值（MPa）和最低断后伸长率的百分数表示。例如牌号 QT600-3 表示最低抗拉强度为 600MPa、最低断后伸长率为 3% 的球墨铸铁。

蠕墨铸铁的牌号是由“蠕铁”两字汉语拼音字首“RuT”后附最低抗拉强度值（MPa）表示。例如牌号 RuT260 表示最低抗拉强度为 260MPa 的蠕墨铸铁。

可锻铸铁的牌号是由“可铁黑”三字汉语拼音字首“KTH”或“可铁珠”三字汉语拼音字首“KTZ”后附最低抗拉强度值（MPa）和最低断后伸长率表示。例如牌号 KTH 300-06 表示最低抗拉强度为 300MPa、最低断后伸长率为 6% 的黑心可锻铸铁；KTZ 550-04 表示最低抗拉强度为 550MPa、最低断后伸长率为 4% 的珠光体可锻铸铁。

讲一讲

一、机械工程材料的选用原则

1. 适用性原则

适用性原则是指所选择的材料必须适应工作状况，并能达到令人满意的使用要求。满足使用要求是选材的必要条件，是选材首要考虑的问题。

材料的使用要求体现在对材料的力学性能、物理性能、化学性能的要求上。选材时可从零件的负载情况、材料的使用环境及材料的使用性能要求 3 个方面进行考虑。

2. 工艺性原则

工艺性原则是指选材时要考虑材料加工工艺性，优先选择加工工艺性好的材料，降低材料的制造难度和制造成本。比如，当零件形状复杂、尺寸较大时，用锻造成形难以实现，若采用铸造或焊接，其材料须具有良好的铸造性能或焊接性能。

3. 经济性原则

在满足适用性和工艺性原则的前提下，选用的材料要尽量使原材料与工艺成本最低、经济效益最好，即获得高的性价比。

二、非标准结构件材料的选择方法

选材的基本方法是：通过零件的工作条件分析，估计可能出现的失效形式，提出材料最主要的性能要求，同时应兼顾其他性能要求，综合考虑加工工艺性和经济性来选择材料。

做一做

体验 CA6140 车床挂轮材料的选取过程

第一步 仔细观察

打开挂轮箱盖，仔细观察挂轮（见图 1-2-1）的工作情况。

图 1-2-1 CA6140 车床的挂轮机构

1. 挂轮承受的载荷为________（静载荷、冲击载荷、交变载荷）；转速________（高、一般、低）；平稳性________（好、坏）。

2. 工作时，挂轮的润滑状况________（良好、一般、差）。

第二步 失效分析，提出材料应具备的力学性能

分析挂轮的工作条件，估计可能出现的失效形式，提出材料主要应具备的力学性能。

齿轮传递扭矩，轮齿根部承受交变载荷作用；齿面间有相对运动而产生摩擦。其主要失效形式可能是________（变形失效、断裂失效、疲劳失效）和磨损失效；

挂轮材料主要应具备力学性能包括：较高的弯曲疲劳强度，齿面有高的硬度和耐磨性，心部有一定的强度和韧性。

第三步 提供可选材料

根据挂轮的工作状况和材料应具备的力学性能，提出各种可供选用的材料并比较。可供选用的材料有调质钢________、________；渗碳钢________、________。

第四步 确定挂轮材料

综合考虑加工工艺性和经济性，确定挂轮材料。

从上述分析可知应选＿＿＿＿＿＿＿作为车床挂轮材料。

学习评价

一、观察与评价

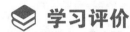

根据“观察点”列举的内容，进行自我评价或学生互评。“观察点”内容可视实情在教师引导下拓展。

观察点	☺	😐	☹
能说出各类钢铁材料常见牌号及应用情况			
能说出钢铁材料典型牌号的含义			
能说出工程材料选用的 3 个原则			
能根据零件的工作状况选择合适的钢铁材料			

二、反思与探究

从学习过程和评价结果两方面进行反思，分析存在的问题，寻求解决的办法。

存在的问题	解决的办法

三、修正与完善

根据反思与探究中寻求到的解决问题的办法，进一步修正与完善根据零件的工作状况选择合适的钢铁材料。

巩固拓展

1. 说出下列钢铁材料牌号的含义。

钢铁材料牌号	含　义	类　别
Q235		
Q345		
45		
40Cr		
60Si2Mn		
ZG200-400		
T10		
9SiCr		
Cr12		
1Cr13		
QT400-15		
HT200		

2．试为下列零件或结构件选用合适的钢铁材料（写出牌号）。

螺母、受冲击载荷的齿轮、锉刀、机用铰刀、机床主轴、车床主轴箱箱体、注塑模、铆钉、普通弹簧、冲模、热锻模、加热炉的结构件。

3．分组讨论，说明下列情况会造成什么后果。

（1）错把 25 钢当作 65 钢制成齿轮。

（2）错把 15 钢当作 T13 钢制成锉刀。

（3）错把 1Cr13 钢当作 Cr12 钢制成冷冲模。

第三节 钢的热处理

学习目标

1. * 了解简化的 $Fe\text{-}Fe_3C$ 状态图
2. 了解钢的热处理的目的、分类和应用

学习导入

同一种材料，其热处理状态不同力学性能则不同；生产中常通过热处理工艺来提高材料的力学性能，保证材料能正常工作。

试一试

在洛氏硬度计上分别测试正火状态 45 钢和淬火状态 45 钢试样的硬度，并比较其硬度的大小。

想一想

同为 45 钢材料，为何淬火状态的 45 钢要比正火状态的 45 钢硬度高？

且行且知

讲一讲

一、* 铁碳合金状态简图

铁碳合金状态图（相图）是在极缓慢冷却（或加热）情况下，不同成分的铁碳合金在不同温度时所具有的组织或状态的简明图形，如图 1-3-1 所示。

铁碳合金状态图中的基本组织及其特性见表 1-3-1。

表 1-3-1　铁碳合金的基本组织及其特性

组织名称（符号）	特　　性
铁素体（F）	具有良好塑性和韧性，而强度和硬度较低
奥氏体（A）	强度和硬度不高，但具有良好的塑性，是绝大多数钢在高温下进行锻造和轧制时所要求的组织
渗碳体（Fe_3C）	硬度很高，塑性很差，是硬而脆的组织。是碳钢中主要的强化组织，它的形态、分布及大小对钢的力学性能影响很大
珠光体（P）	强度较高，硬度适中，具有一定的塑性
莱氏体（L_d）	硬度很高，塑性很差

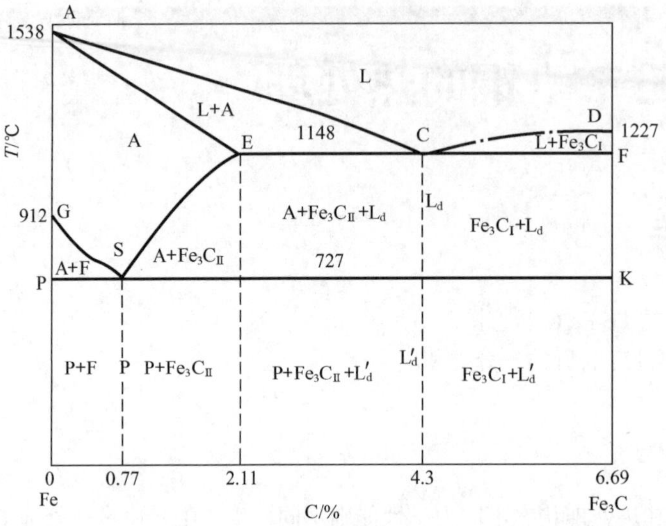

图 1-3-1　铁碳合金状态简图

由图 1-3-1 可知，不同成分碳钢在不同温度下具有不同的组织，见表 1-3-2。

表 1-3-2　　在不同成分、不同温度下碳钢的组织

	室　温	至 PSK 线（A1 线）	过 GS 线（A3 线）	过 ES 线（Acm 线）
亚共析钢	P + F	F + A	A	
共析钢	P	A		
过共析钢	P+ Fe_3C	A + Fe_3C		A

二、热处理

热处理是指在固态下进行加热、保温和冷却，以改变其内部组织，从而获得所需性能的一种工艺方法。热处理的加热、保温、冷却过程常用热处理工艺曲线来表示，如图 1-3-2 所示。

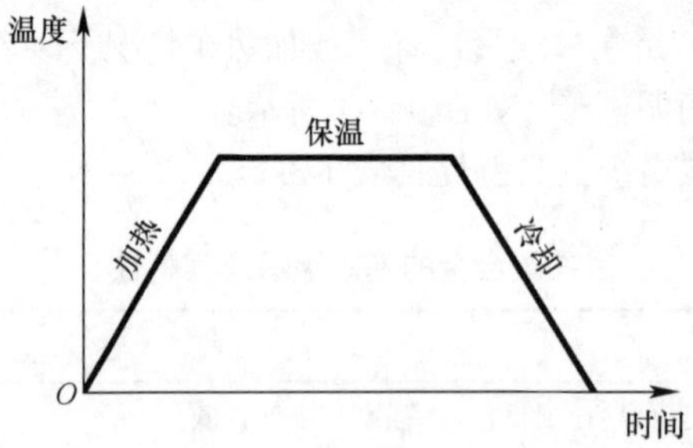

图 1-3-2　热处理工艺曲线

加热的目的是为了得到奥氏体组织，以便在不同的冷却方式下得到所需室温组织和力学性能。保温的目的是使组织成分均匀化，该过程时间较长。

1. 热处理分类

热处理工艺的分类见表 1-3-3。

表 1-3-3　　热处理工艺的分类（GB/T 12603—2005）

整体热处理	退火、正火、淬火、淬火和回火、调质、稳定化处理、固溶处理、水韧处理、固溶处理 + 时效
表面热处理	表面淬火和回火、物理气相沉淀、化学气相沉淀、等离子体增强化学气相沉淀、离子注入
化学热处理	渗碳、碳氮共渗、渗氮、氮碳共渗、渗其他金属、渗金属、多元共渗

2. 常用整体热处理工艺

退火是将工件加热到适当温度，保持一段时间，然后缓慢冷却（一般随炉冷）的热处理工艺。

退火的主要目的是消除内应力，降低硬度，改善切削加工性。退火可作为高碳钢工件的预备热处理，降低高碳钢的硬度，改善切削加工性。

退火可分为完全退火、球化退火和去应力退火 3 类。

（1）完全退火：加热温度为 A_{C3} 以上 20℃～ 30℃，适用于亚共析钢的退火。

（2）球化退火：加热温度为 A_{C1} 以上 20℃～ 30℃，适用于过共析钢的退火。

（3）去应力退火：加热温度在 500℃～ 650℃。

退火的热处理工艺曲线如图 1-3-3 所示。

正火是将工件加热使组织完全奥氏体化后，经保温，在空气中冷却的热处理工艺。正火既能为机械加工提供适宜的硬度，又能细化晶粒、消除内应力。正火可作为中、低碳钢工件的预备热处理，同时也能作为受力较小，性能要求不高的碳素钢结构零件的最终热处理。

正火和退火同属于预备热处理工艺，差别在于冷却方式的不同（见图 1-3-4）。正火由于冷却速度快、晶粒细，含碳量相同的钢，正火钢强度和硬度比退火钢高。

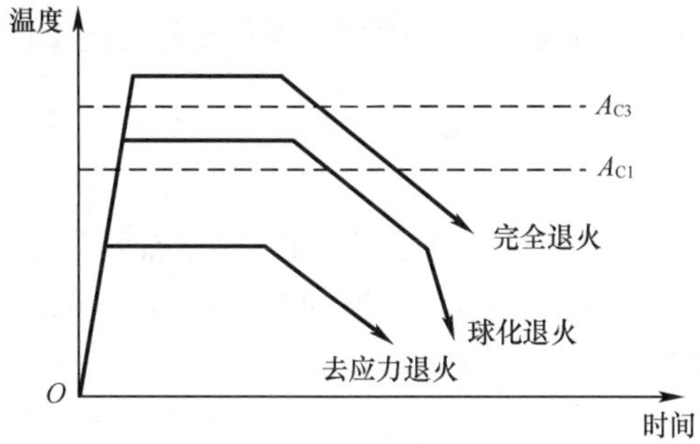

图 1-3-3　退火的热处理工艺曲线

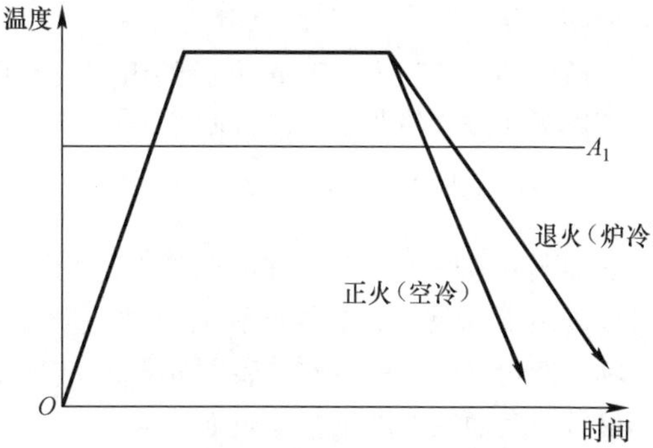

图 1-3-4　正火与退火工艺的区别

淬火是将工件加热到 A_{C3} 或 A_{C1} 点以上某一温度，保持一定时间，在淬火介质中冷却的热处理工艺。淬火的主要目的就是为了得到高硬度、高强度的室温组织。作为要求高硬度和高耐磨性的工件的最终热处理。

工件淬火后的硬度和强度主要取决于含碳量，如图 1-3-5 所示。可见低碳钢工件淬火后硬度不高。

常用的淬火冷却介质有水、水溶性的盐类和碱类、矿物油等。实际生产中，碳钢淬火时一般用水作为冷却介质，合金钢一般用油作为冷却介质。

回火是将工件淬硬后重新加热到 A_{C1} 以下的某一温度，保持一定时间，然后冷却到室温的热处理工艺。淬火获得的室温组织不稳定、脆性较大、存在淬火内应力。回火具有以下作用：（1）减少或消除淬火内应力；（2）稳定组织，稳定尺寸；（3）降低脆性，获得所需要的力学性能。各种回火工艺方法的特点与应用见表 1-3-4。

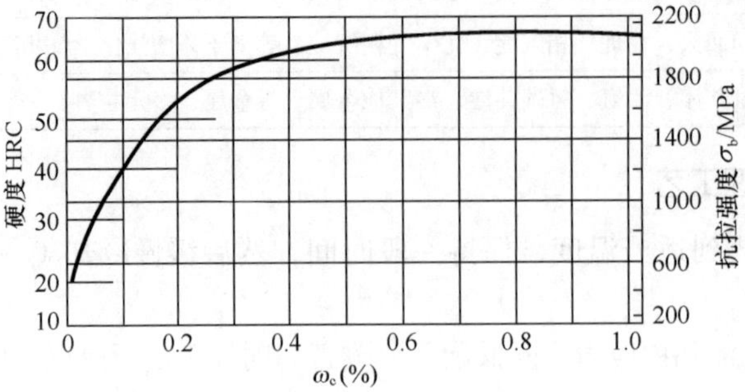

图 1-3-5　淬火后工件硬度、强度与含碳量的关系

表 1-3-4　各种回火工艺方法的特点与应用

回火方法	工 艺 方 法	特 点	应 用
低温回火	将淬火后的钢重新加热到 150℃～250℃保温，然后冷却（一般空冷）至室温	保持淬火工件高硬度和高耐磨性，降低淬火残留应力和脆性	刃具、模具、滚动轴承等耐磨零件
中温回火	将淬火后的钢重新加热到 350℃～500℃保温，然后冷却至室温	使工件获得较高的弹性和强度，适当的韧性和硬度	各种弹性元件及热锻模等
高温回火	将淬火后的钢重新加热到 500℃～650℃保温，然后冷却至室温，又称调质	使工件获得强度、塑性和韧性都较好的综合力学性能	连杆、螺栓、齿轮、轴类零件等

淬火钢在不同温度回火时，可获得不同的组织和性能，其变化规律是：随着回火温度的升高，钢的强度、硬度下降，塑性、韧性提高。

调质后的组织比退火、正火后的组织具有更高的疲劳强度。对工作时承受载荷较大的零件，应选用淬透性较好的调质钢进行调质处理。

3. 表面热处理

表面热处理是为改变工件表面的组织和性能，仅对其表面进行热处理的工艺。表面热处理工艺可以满足表面具有高的硬度和耐磨性，而心部则具有一定的强度、足够的塑性和韧性的要求。用于轴、齿轮等调质钢零件的表面处理，如进行表面淬火。

最常用表面热处理工艺是表面淬火。

4. 化学热处理

化学热处理是将零件放入化学介质中加热和保温，使介质中的活性原子渗入零件表层中，从而改变表层化学成分、组织和性能的工艺方法。化学热处理不仅改变表层组织，同时也改变表层的化学成分。化学热处理可提高工件表面的硬度、耐磨性、耐腐蚀性及抗疲劳强度。

渗碳是为提高工件表层的含碳量，将工件在渗碳介质中加热、保温，使碳原子渗入的化学热处理工艺。低碳钢经渗碳后，心部具有低碳钢的高韧性，而表面具有高碳钢的高淬硬性。

为保证渗碳后表面具有高的硬度和耐磨性，心部具有良好的韧性，渗碳用钢一般是低碳钢或低碳合金钢。

渗碳后的零件只有经过淬火和低温回火后，才能使表面获得高硬度和高耐磨性组织。

渗氮是在一定温度下，在一定介质（氨气）中使氮原子渗入工件表层的化学热处理工艺。渗氮后，在工件表面形成高硬度的氮化物，使工件具有较渗碳更高的表面硬度和耐磨性，更好的耐腐蚀性能和抗疲劳性能。

渗氮适宜精密零件的最终热处理，如磨床主轴、精密机床丝杠及各种精密齿轮和量具等。

做一做

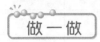

制定 CA6140 车床挂轮的热处理工艺流程

车床挂轮等齿轮零件一般的加工工艺流程：备料→锻造→预备热处理→齿坯加工→齿形加工→最终热处理→磨齿。加工过程中安排预备热处理、最终热处理两道热处理工序。

第一步 列出可选预备热处理方式

列出各种可供选用的预备热处理方式，比较其力学性能的变化并填入表 1-3-5。

表 1-3-5 预备热处理方式的比较

可选用的预备热处理方式	力学性能变化
退火	
正火	
调质	

第二步 确定预备热处理方式

根据以上分析，应选________作为车床挂轮的预备热处理。

第三步 列出可选最终热处理方式

列出各种可供选用的最终热处理方式，比较其力学性能的变化并填入表 1-3-6。

表 1-3-6 最终热处理方式的比较

可选用的最终热处理方式	力学性能变化
正火	
淬火 + 低温回火	
表面淬火和回火	
渗碳 + 淬火 + 低温回火	

第四步 确定最终热处理方式

根据以上分析，应选________作为车床挂轮的最终热处理。

学习评价

一、观察与评价

根据“观察点”列举的内容，进行自我评价或学生互评。“观察点”内容可视实情在教师引导下拓展。

观 察 点	☺	😐	☹
能说出不同含碳量的碳钢在不同温度下的组织			
能说出几种常用热处理方式及其应用情况			
能根据零件的使用要求，制订加工过程中热处理工艺流程			

二、反思与探究

从学习过程和评价结果两方面进行反思，分析存在的问题，寻求解决的办法。

存在的问题	解决的办法

三、修正与完善

根据反思与探究中寻求到的解决问题的办法，进一步修正与完善零件加工过程中热处理工艺流程的制订。

巩固拓展

1．退火、正火、淬火等热处理工艺的冷却方式有什么不同？

2．拖拉机倒挡齿轮毛坯采用 20Cr 锻件，为改善材料的切削加工性，在切削加工前应采取____________作预备热处理，以降低塑性，提高硬度，改善材料的切削加工性，同时降低锻造应力。齿形加工后为提高齿面硬度和耐磨性，应采用____________作最终热处理。画出其预备热处理和最终热处理工艺曲线。

3．比较 45 钢、65 钢、T12 钢经热处理淬火后硬度值的高低，并说明原因。

第四节 有色金属材料和非金属材料

学习目标

1. 了解常用有色金属材料的分类、牌号、性能和应用
2. * 了解工程塑料和复合材料的特性、分类和应用
3. * 了解其他新型工程材料的应用

学习导入

机械工程材料以钢铁为主，但钢铁材料在很多场合下或因满足不了工程上某些特殊的性能要求，或因成本高，而被有色金属材料和非金属材料取代。

看一看

阅读图 1-4-1 所示的空客 A350 飞机材料构成和比例，了解有色金属、复合材料等的应用。

（a）空客 A350 飞机的外形

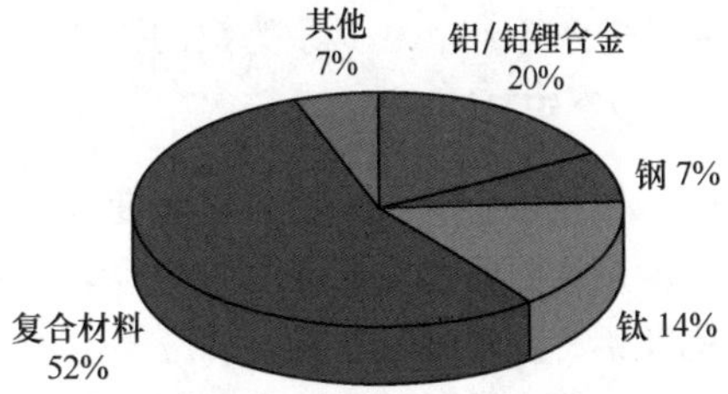

（b）空客 A350 飞机材料的比例

图 1-4-1 空客 A350 飞机材料的构成和比例

想一想

列举日常生活中有色金属材料、工程塑料、复合材料的应用各 3 例。

且行且知

读一读

一、有色金属

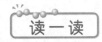

有色金属是除铁及其合金以外的非铁金属及合金的统称，也称非铁金属。

常用有色金属包括：铜及铜合金、铝及铝合金、钛及钛合金、轴承合金等。

1. 铜及铜合金

铜及铜合金具有良好的导电性、导热性及抗腐蚀性，塑性好，容易进行冷、热塑性加工。铜及铜合金在电气、仪表等工业部门应用广泛。但铜价格较贵，应节约使用。铜及铜合金的牌号、性能和应用举例见附表 7。

纯铜的代号用“铜”字汉语拼音字母字首“T”加顺序号表示。例 T1 表示一号纯铜。

根据化学成分，铜合金分为黄铜、白铜、青铜 3 类；铜合金牌号表示方法见表 1-4-1。

表 1-4-1　　铜合金牌号表示方法（GB/T 5231—1985）

类　别	牌号表示方法	举　例
黄铜	普通黄铜是铜与锌的合金。普通黄铜用“H”加铜含量表示 在普通黄铜中加入其他合金元素，称为特殊黄铜。用“H+ 主加合金元素符号 + 铜的平均含量百分数 + 合金元素平均含量的百分数”表示	H68 表示平均黄铜中 $W_{Cu}=68\%$，其余为锌；HPb59-1 表示平均 $W_{Cu}=59\%$、$W_{Pb}=1\%$，其余为锌的铅黄铜
青铜	除黄铜和白铜以外的铜合金统称为青铜。用“Q”加主加元素符号及其平均含量的百分数 + 其他元素平均含量百分数组成	QSn4-3 表示平均 $W_{Sn}=4\%$、$W_{Zn}=3\%$，其余为铜的锡青铜
白铜	白铜是铜和镍的合金。用“B”加镍含量表示；三元以上的白铜“B 加第二个主加合金元素符号及除铜以外成分数字”表示	B30 表示白铜中 $W_{Ni}=30\%$，其余为铜；BMn3-12 表示 $W_{Mn}=3\%$、$W_{Ni}=12\%$，其余为铜的锰白铜

铸造铜合金牌号（GB/T 8063—1994）用 ZCu 加合金元素符号及合金元素平均含量的百分数表示，例如，ZCuZn38 表示平均 $W_{Zn}=38\%$，其余为铜的铸造黄铜；ZCuSn10P1 表示平均 $W_{Sn}=10\%$、$W_P=1\%$，其余为铜的铸造锡青铜。

2. 铝及铝合金

铝及铝合金密度小、比强度高、导电性好、耐蚀性好且具有良好加工性。铝合金通过强化后强度可达到低合金高强度结构钢的水平，但重量轻。在航空航天、机械和轻工业中具有广泛应用。铝及铝合金的牌号、性能和应用举例见附表 8。

纯铝代号用“铝”字汉语拼音字母字首“L”加顺序号表示，例 L2 表示二号纯铝。

铝合金按其成分和工艺性能，可分为变形铝合金和铸造铝合金两大类。变形铝及铝合金的牌号表示方法见表 1-4-2。

表 1-4-2　　变形铝及铝合金的牌号表示方法（GB/T 16474—1996）

牌号表示方法	举　例	
变形铝及铝合金牌号用四位字符体系表示。第一位数字表示铝及其合金的组别，用 1 ～ 9 表示，如右所示；第二位数字或字母表示原始纯铝或铝合金的改型情况，当数字为 0 或字母 A 时，表示原始纯铝和原始合金，数字为 1 ～ 9 或 B ～ Y 表示原始纯铝和原始合金的改型；最后二位数字表示同一组中的不同铝合金，纯铝则表示铝的最低质量分数中小数点后面的两位数字	纯铝	1XXX
	以铜为主要合金元素的铝合金	2XXX
	以锰为主要合金元素的铝合金	3XXX
	以硅为主要合金元素的铝合金	4XXX
	以镁为主要合金元素的铝合金	5XXX
	以镁、硅为主要合金元素的铝合金	6XXX
	以锌为主要合金元素的铝合金	7XXX
	以其他元素为主要合金元素的铝合金	8XXX
	备用合金组	9XXX

铸造铝合金牌号（GB/T8063—1994）用 ZAl 加合金元素符号及合金元素平均含量的百分数表示，例如 ZAlSi12 表示 W_{Si}=12%，余量为铝的铸造铝合金。

3. 钛及钛合金

钛及钛合金重量轻、比强度高、耐高温、耐腐蚀以及具有良好低温韧性，是航空航天、造船、化工等行业中的重要结构材料。常用变形钛及钛合金的牌号、力学性能及应用举例见附表 9。

钛及钛合金牌号用"T"加表示合金组织类型的字母及顺序号表示，字母 A、B、C 分别表示 α 型、β 型，$\alpha+\beta$ 型合金。例如 TA1 表示一号 α 型钛，TB2 表示二号 β 型钛合金，TC4 表示四号 $\alpha+\beta$ 型钛合金。

4. 轴承合金

轴承合金（又称巴氏合金）是用来制作滑动轴承中轴瓦和轴衬的合金。

轴承材料不能选高硬度的材料，以免轴颈受到磨损；也不能选软的金属，防止承载能力过低。因此轴承合金的组织是软基体上分布硬质点（见图 1-4-2），运转时软基体受磨损而凹陷，硬质点将凸出于基体上，使轴和轴瓦的接触面积减少，而凹坑能储存润滑油，同时软基体能镶嵌外来硬物，保护轴颈不被擦伤。或者硬基体上分布软质点也能达到上述效果。

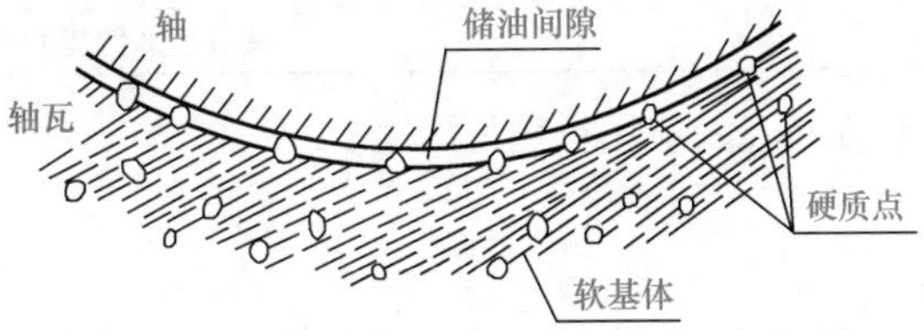

图 1-4-2　轴承合金的理想组织

常用轴承合金牌号、性能和应用举例见附表 10。

二、* 非金属材料

非金属材料是金属材料以外一切材料的总称。非金属材料品种繁多，常见有塑料、陶瓷、玻璃、橡胶、皮革、纸制品等。

塑料是指以树脂为主要成分的有机高分子固体材料。塑料具有比强度高、抗腐蚀能力强、电绝缘性好、成型工艺好、耐磨性和吸振性好的优点，但存在易老化、耐热性差、导热性差、胀缩变形大的缺点。塑料种类繁多，其分类见表 1-4-3。

表 1-4-3　　塑料的分类

分类方法	塑料种类	性质或用途
按受热后的性质分	热塑性塑料	受热软化并熔融，成为可流动的黏稠液体，冷却后固化成形，此过程可反复进行
	热固性塑料	在一定的温度下软化或熔融，冷却后固化成形，再度加热，不会再度熔融，只能塑制一次
按功能分	通用塑料	主要用作日常生活用品、包装材料
	工程塑料	代替金属材料制造机械零件及工程构件
	特种塑料	耐高温或具有特殊用途的塑料

常用工程塑料名称、性能特点和应用举例见附表 11。

三、*复合材料

复合材料是将两种或多种性质不同的材料，通过物理和化学复合组成的多相材料。通常其中的一种材料作为基体起粘接作用，另一些材料作为增强材料，用来提高承载能力。

复合材料综合了多种不同材料的优良性能，如强度、弹性模量高，抗疲劳、减震、减磨性能好，化学稳定性好，是一种应用前景非常广阔的工程材料。

复合材料种类很多，其分类见表 1-4-4。

表 1-4-4　复合材料的分类

分类方法	复合材料种类
按增强材料的形状分	纤维增强复合材料
	颗粒增强复合材料
	层叠复合材料
按基体类型分	树脂基复合材料
	陶瓷基复合材料
	金属基复合材料
按用途分	承力结构使用的结构复合材料
	具有特殊性能的功能复合材料

常用复合材料名称、性能特点及应用举例见附表 12。

做一做

通过查阅纸质资料、文献或网络检索等方法，了解复合材料、纳米材料等新型工程材料。得到的信息填入表 1-4-5。

表 1-4-5　新型工程材料

新型工程材料名称	应用情况

学习评价

一、观察与评价

根据“观察点”列举的内容，进行自我评价或学生互评。“观察点”内容可视实情在教师引导下拓展。

观察点	☺	😐	☹
能说出 4 种常用有色金属牌号及应用情况			
能说出 3 种以上工程塑料名称及应用情况			
能说出 2 种以上复合材料名称及应用情况			

二、反思与探究

从学习过程和评价结果两方面，分析存在的问题，寻求解决的办法。

存在的问题	解决的办法

三、修正与完善

根据反思与探究中寻求到的解决问题的办法，进一步修正与完善对有色金属、非金属材料和复合材料在工程中应用情况的认识。

巩固拓展

1．说出下列有色金属材料牌号类型。

H96、QSn4-3、ZL102、LF5、TC1、ZSnSbllCu6

2．试为下列零件或结构件选用合适的材料。

蜗轮、飞机大梁、发动机高速轴承、防护玻璃、航空发动机叶片、涡轮叶片

3．塑料制品广泛应用的同时会产生大量的塑料废弃物，易破坏环境并危害人类健康。请上网查询我国塑料回收再利用现状。养成不乱抛废弃物，按可回收和不可回收分类要求投入指定垃圾箱的习惯。

第二章

工程力学基础

第一节　杆件静力分析

学习目标

1．理解力的概念与基本性质

2．了解力矩、力偶、力的平移

3．了解约束、约束力和力系，会作杆件的受力图

4．* 会分析平面力系，* 会建立平衡方程并计算未知力

学习导入

在生产和生活中，力是人类的好朋友，虽然看不见、摸不着，但无处不在，无处不体现其作用。

看一看

观察图 2-1-1 所示的塔式起重机，试说出其作用并对塔身、动臂和底座进行受力分析。

想一想

1．怎样保证塔式起重机不翻倒?

2．如何分析塔式起重机中构件所受的力?

3．怎样求出塔式起重机中构件所受力的大小?

（a）外观

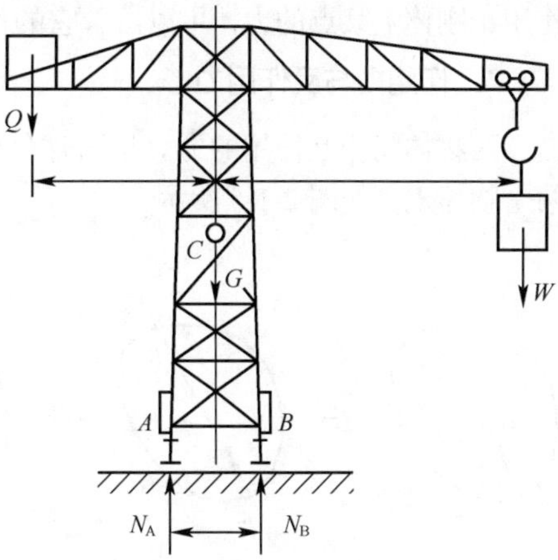

（b）受力示意图

图 2-1-1　塔式起重机

且行且知

读一读

一、力和力系

力是物体对物体的作用，力系是指作用于物体上的一组力，杆件的静力分析是在杆件受力系作用而处于平衡状态时进行的。

1. 二力平衡

作用于刚体（不考虑变形的物体）上的两力，若大小相等、方向相反且作用于同一直线上，则刚体保持平衡状态。只受两个力作用而平衡的构件，称为二力构件（或二力杆），两个力的方向必沿作用点的连线，如图 2-1-2 所示。

2. 力的平行四边形法则

力是既有大小又有方面的矢量。作用于物体某一点的两个力的合力，必作用于同一点上，其大小及方向可由这两个力所构成的平行四边形的对角线来表示，如图 2-1-3 所示。

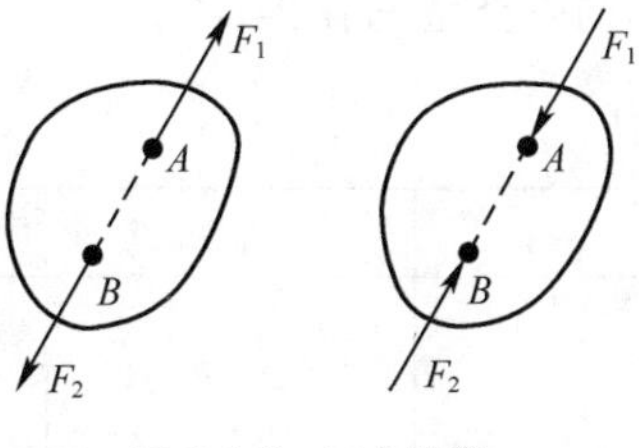

图 2-1-2　二力平衡

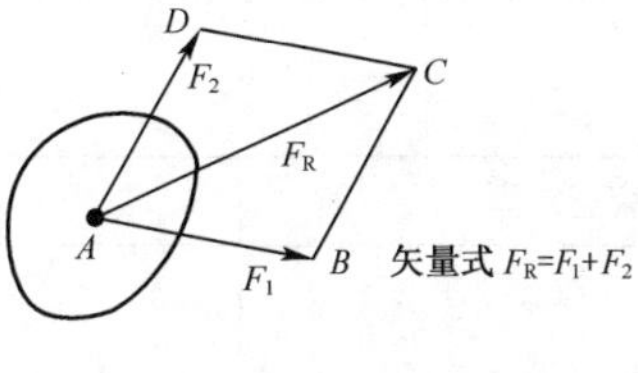

图 2-1-3　力的平行四边形法则

3. 力的可传性

在作用于刚体的力系上加上或减去任意的平衡力系，并不改变原力系对刚体的作用效应。则作用于刚体上某点的力，可以沿着它的作用线移到刚体内的任一点，如图 2-1-4 所示。

4．作用力与反作用力

两物体间相互作用的力总是同时存在，它们大小相等，方向相反且沿同一直线，分别作用在两个物体上，如图 2-1-5 所示。

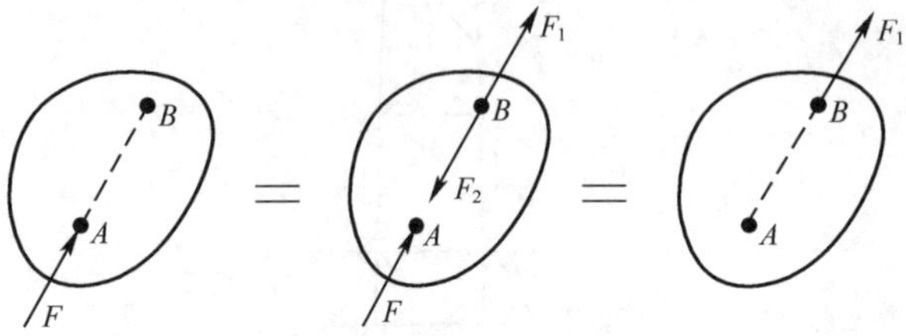

图 2-1-4　力的可传性

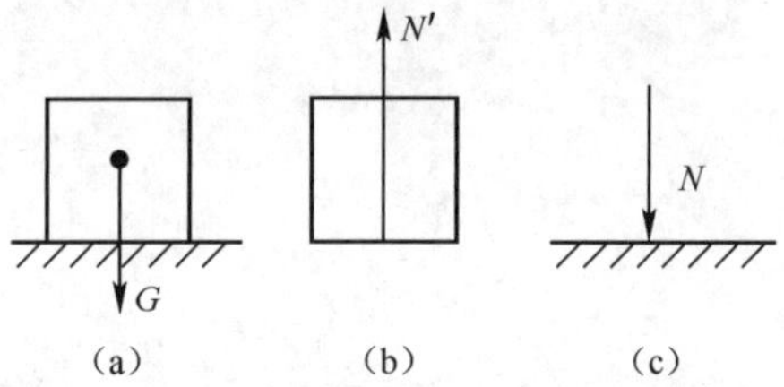

图 2-1-5　作用力与反作用力

二、力矩和力偶

力矩是对力使物体转动效应的度量，以 $M_O(F)$ 表示力 F 对点 O 的力矩，点 O 称为矩心，矩心 O 到力作用线的垂直距离 h 称为力臂，则：$M_O(F)=F\cdot h$，如图 2-1-6 所示，当力使物体绕矩心逆时针方向转动时为正，反之为负。

大小相等、方向相反但不共线的两个平行力组成的力系，称为力偶，记作 (F, F')。力偶对物体的转动效应称为力偶矩 M。两力作用线之间的垂直距离 d 称为力偶臂，则 $M=F\cdot d$，如图 2-1-7 所示。

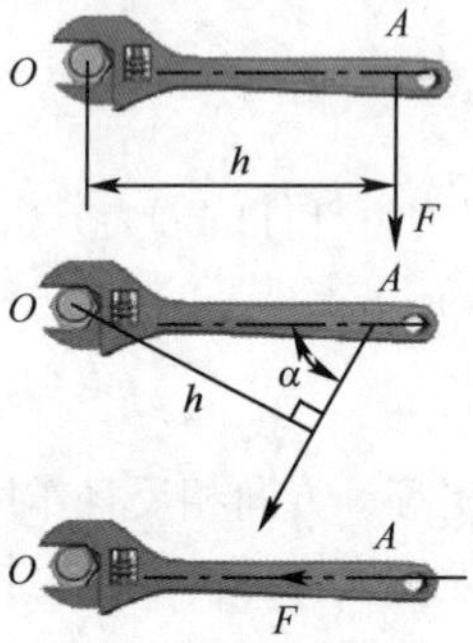

图 2-1-6　力矩

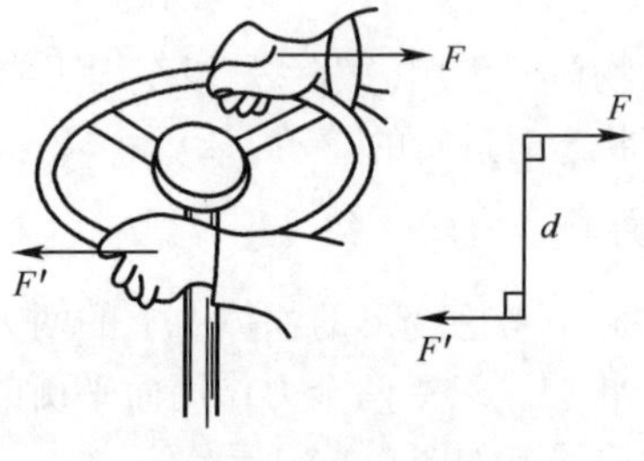

图 2-1-7　力偶

三、约束和约束反力

限制构件运动的其他物体称为约束，如门框对于门、铁轨对于机车等。约束对研究对象的作用实质上就是力的作用，这种力称为约束反力。常见的约束类型见表 2-1-1。

表 2-1-1　　约束的常见类型

约束类型	图例	约束反力
柔性约束	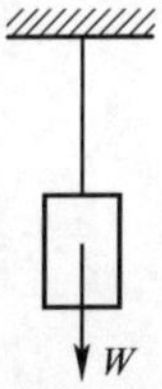	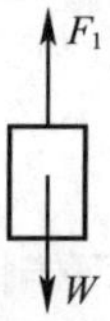

续表

约束类型		图例	约束反力
光滑面约束		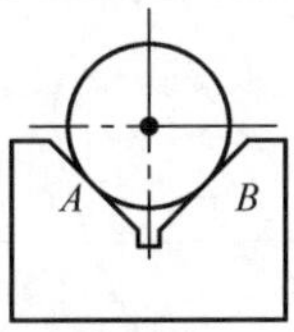A B	F_{NA} F_{NB}
铰链约束	中间铰链约束	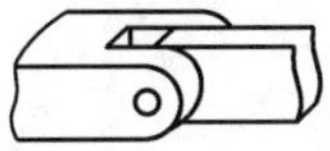	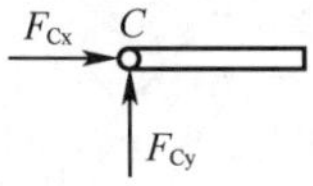F_{Cx} C F_{Cy}
	固定铰链支座	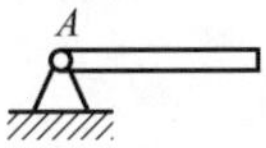A	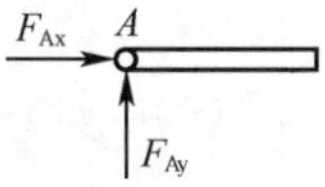F_{Ax} A F_{Ay}
	可动铰链支座	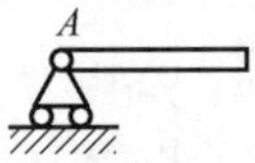A	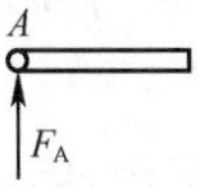A F_A
固定端约束		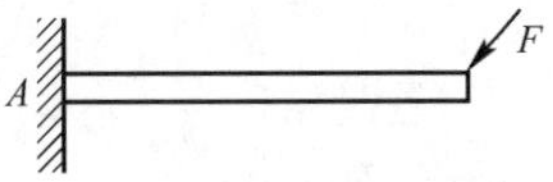	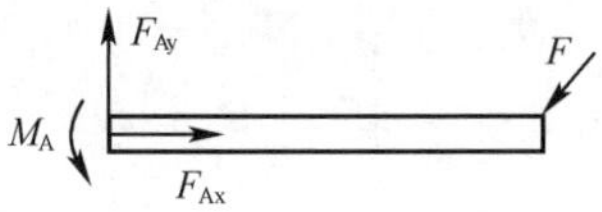F_{Ay} F M_A F_{Ax}

讲一讲

一、简化平面力系

1. 力的平移

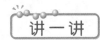

作用在刚体上某点 A 的力 F 可平行移到任一点 B，平移时需附加一个力偶，附加力偶的力偶矩等于力 F 对平移点 B 之矩。

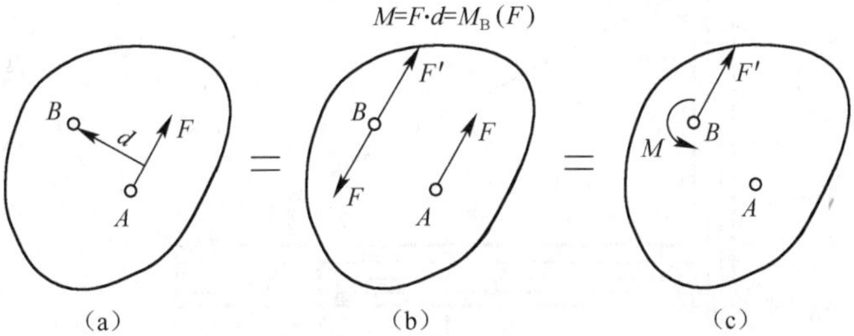

图 2-1-8　力的平移

2. 平面力系的简化

平面力系向作用面内任选一点 O 简化，一般可得一个力和一个力偶，这个力称为该力系的主矢，作用于简化中心 O；这个力偶的矩等于该力系对于 O 点的力矩，称为主矩，如图 2-1-9 所示。

主矢 F_R' 为平面力系中所有各力的矢量和。

$$F_R' = F_1 + F_2 + \cdots + F_n = F_1' + F_2' + \cdots + F_n' = \Sigma F$$

主矩 M_O 等于各附加力偶矩的代数和。

$$M_O = M_1 + M_2 + \cdots + M_n = M_O(F_1) + M_O(F_2) + \cdots + M_O(F_n) = \sum M_O(F)$$

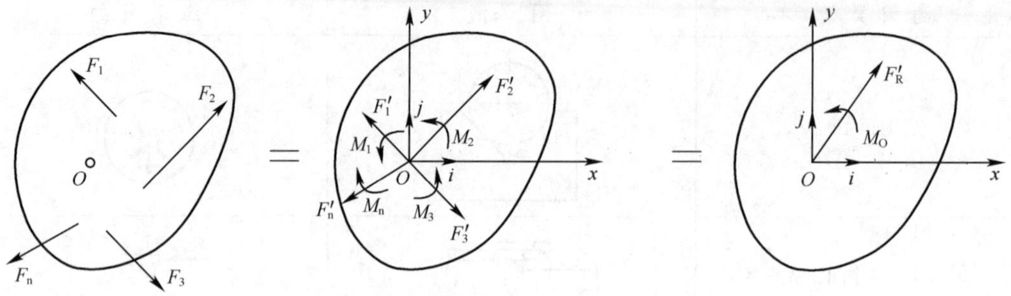

图 2-1-9　平面力系的简化

二、建立平衡方程，求解未知力

平面力系平衡的充要条件是：力系的主矢和对于任一点的主矩都等于零。

$$F_R' = 0, M_O = 0$$

即：力系中各力在两个任选的坐标轴上的投影的代数和分别等于零，且各力对于任一点力矩的代数和也等于零。

$$\begin{cases} \sum F_x = 0 \\ \sum F_y = 0 \\ \sum M_O(F) = 0 \end{cases}$$

做一做

画杆件的受力图

图 2-1-10 所示悬臂吊车，横梁自重为 G_1，在拉杆 CD 作用下吊起电葫芦及重物 G_2，拉杆

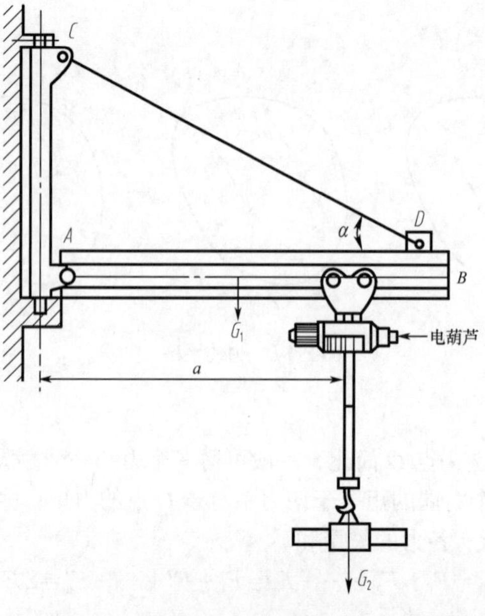

图 2-1-10　悬臂吊车

和横梁的受力情况将决定吊车能否正常工作。

按下列步骤绘制横梁 AB 的受力图。

第一步 画分离体

明确研究对象，画出分离体，如图 2-1-11 所示。要注意杆件的形状和方位不能改变。

图 2-1-11 画出分离体

第二步 画主动力

在杆件上画出全部主动力，如图 2-1-12 所示。这里受到的主动力是横梁重力和电葫芦及重物的重力。

第三步 完成受力图

在杆件上画出全部约束反力，完成受力图，如图 2-1-13 所示。画约束反力的时候要考虑将研究对象分离出来需要解除哪些约束。

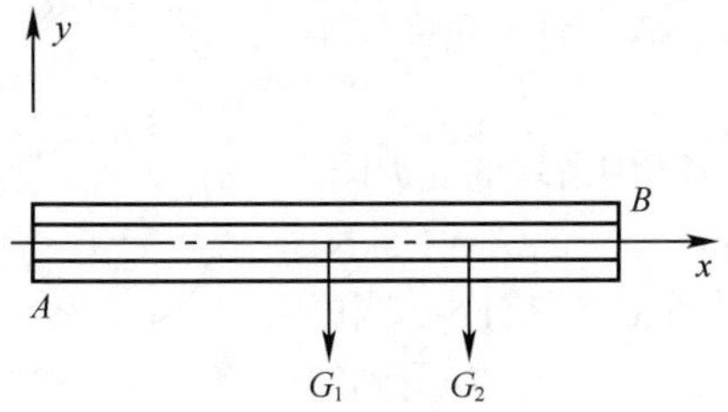

图 2-1-12 画主动力

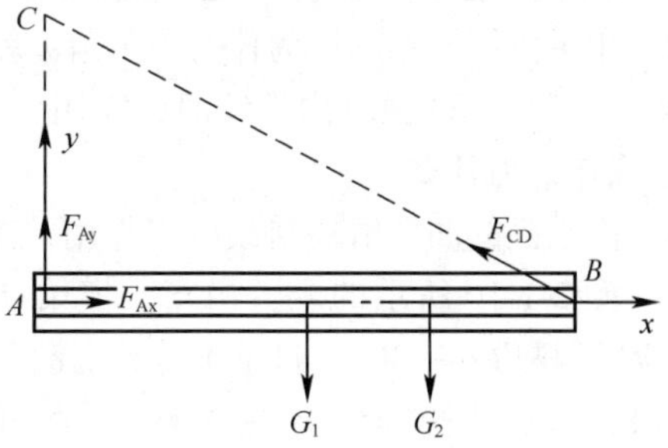

图 2-1-13 受力图

学习评价

一、观察与评价

根据“观察点”列举的内容，进行自我评估或学生互评。“观察点”内容可视实情在教师引导下拓展。

观察点	☺	😐	☹
能说出构件受力分析的方法			
会表示约束反力			
会画杆件的受力图			
能列出杆件力的平衡方程			

二、反思与探究

从学习过程和评价结果两方面，对存在的问题进行反思，寻求解决的办法。

存在的问题	解决的办法

三、修正与完善

根据反思与探究中寻求到的解决问题的办法，进一步修正与完善对杆件受力分析的认知方法，并能结合实际进行分析。

巩固拓展

1．试选取周围物体作为研究对象进行受力分析。

2．“合力一定大于分力”这种说法是否正确？举例说明为什么？

3．用手拔钉子不动，为什么用羊角锤就容易拔起？

4．钳工在用丝锤攻内螺纹时，需用双手转动丝锤手柄，而不允许仅用一只手操作，为什么？

5．内燃机的曲柄滑块受载荷 F 作用，试画出图 2-1-14 中滑块的受力图。

6．图 2-1-10 所示的悬臂吊车，横梁 AB 长 $l = 2.5\text{m}$，自重 $G_1 = 1.5\text{kN}$，拉杆 CD 倾斜角 $\alpha = 30°$，自重不计，电葫芦连同重物共重 $G_2 = 8.5\text{kN}$。当电葫芦在图示位置时整个系统受力平衡。此时，$a = 2\text{m}$，试求拉杆 CD 受到的拉力和铰链 A 的约束反力。

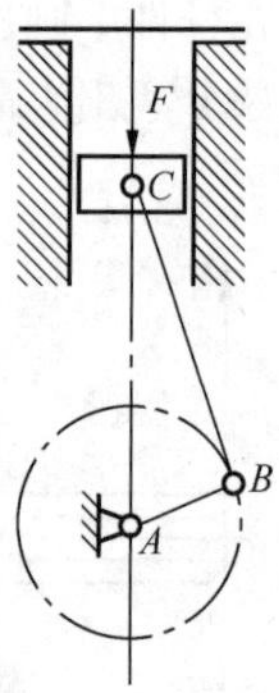

图 2-1-14 题 5 图

第二节 直杆变形分析

学习目标

1. 理解直杆轴向拉伸与压缩的概念，会用截面法求内力
2. 理解连接件的剪切与挤压的概念，能判断连接件的受剪面与受挤面
3. 了解圆轴扭转和直梁弯曲的概念
4. * 了解组合变形的概念

学习导入

分析物体所受外力时，常把物体当做不变形的刚体，而实际上真正的刚体并不存在，一般物体在外力作用下，其几何形状和尺寸均要发生变化。

试一试

用手施力使长圆柱形橡皮变形，观察不同施力情况下橡皮的不同变形形式，如图 2-2-1 所示。

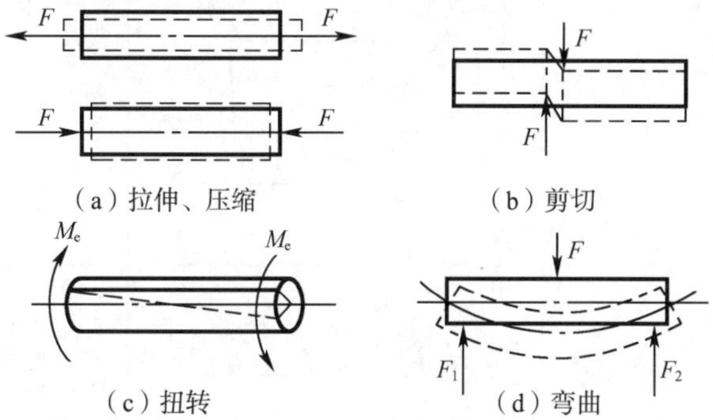

（a）拉伸、压缩　（b）剪切　（c）扭转　（d）弯曲

图 2-2-1　橡皮的变形

想一想

1. 杆件为什么会变形?
2. 杆件变形过大会产生什么后果?
3. 杆件变形后材料内部有怎样的变化?

且行且知

读一读

一、杆件变形

杆件在不同的受力情况下，会产生各种不同的变形。基本的变形形式有 4 种 (见表 2-2-1)，其他复杂的变形形式只是两种或两种以上基本变形的组合。

表 2-2-1　　杆件的 4 种基本变形形式

形式	工程实例	受力简图	受力特点	变形特点
轴向拉伸或压缩	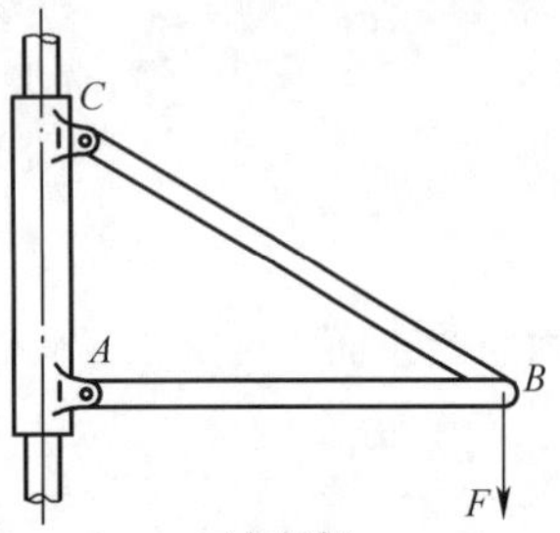 三角托架	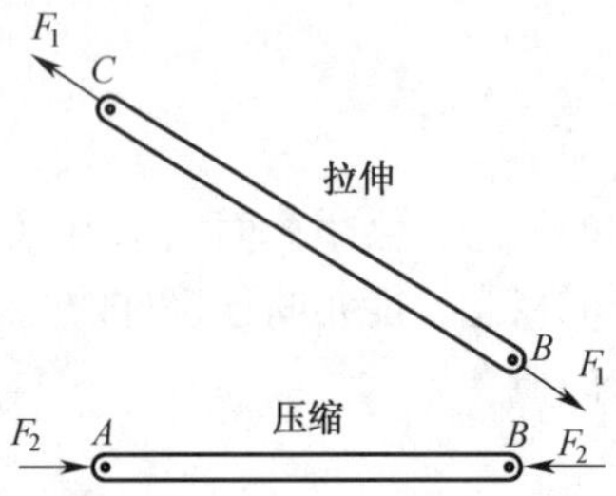	作用在杆件两端的两个外力（或外力的合力）大小相等，方向相反，作用线与杆的轴线重合	杆件沿轴线方向伸长或缩短
剪切与挤压	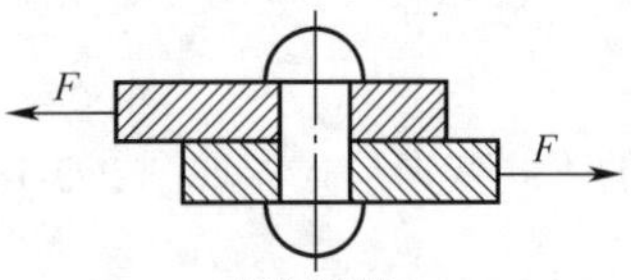 铆钉连接	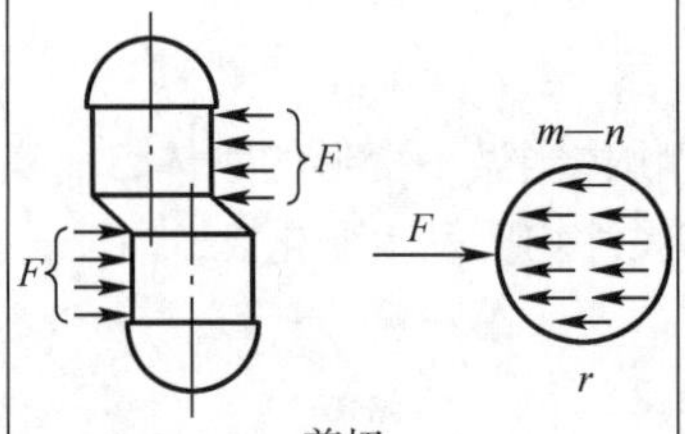 剪切	作用于构件两侧面上外力的合力大小相等，方向相反，且作用线相距很近	构件在两个力作用线之间的部分发生相对错动。发生相对错动的截面，称为剪切面
		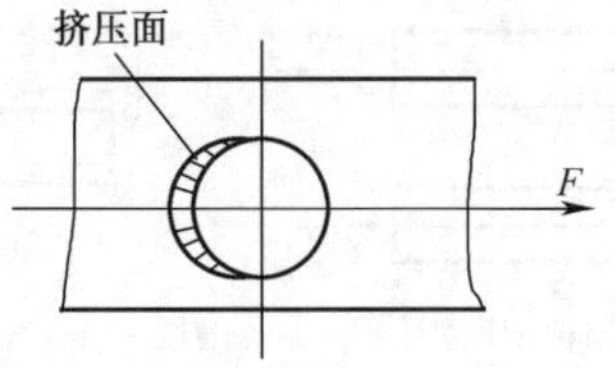 挤压		在传力的接触面上，由于局部承受较大的压力，往往因挤压而出现塑性变形，产生挤压变形的表面称为挤压面
扭转	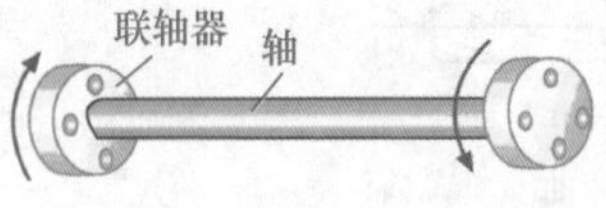	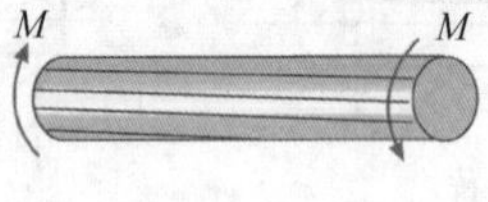	外力是一对反向力偶，作用面均垂直于杆的轴线	各横截面绕轴线发生相对转动
弯曲	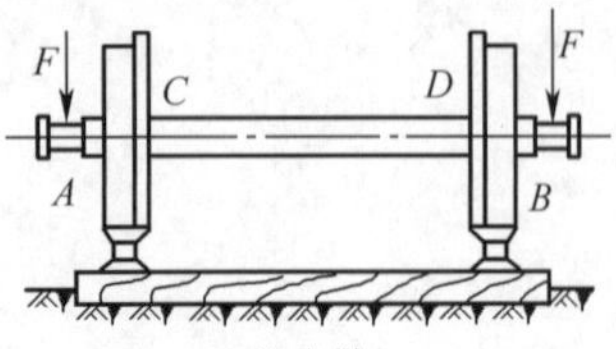 机车轴	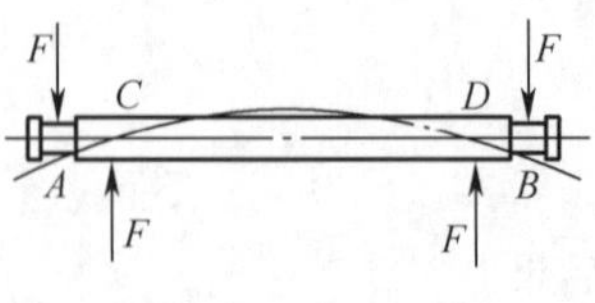	杆件所受的力是垂直于梁轴线的横向力	梁的轴线由直线变成曲线

二、* 组合变形

在工程实际中，有许多构件在载荷作用下，常常同时产生两种或两种以上的基本变形，这种变形称为组合变形。

图 2-2-2（a）所示为车刀在切削力的作用下，产生弯曲与压缩的组合变形。图 2-2-2（b）所示为压力机立柱产生拉伸与弯曲的组合变形。

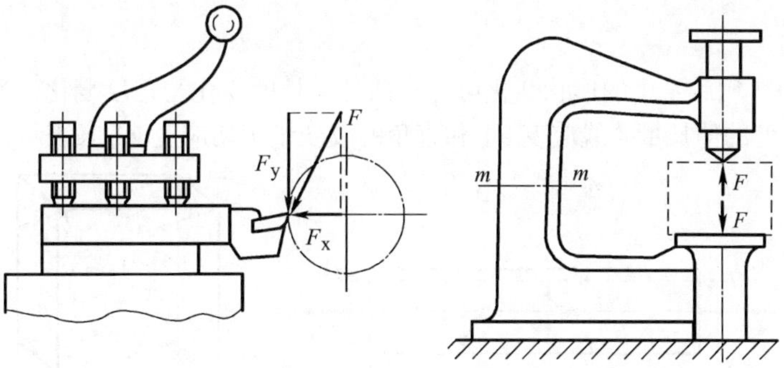

（a）车刀　　（b）压力机

图 2-2-2　组合变形实例

讲一讲

一、内力

杆件在外力作用下产生变形，其内部微粒会因位置改变而产生相互作用力以抵抗外力，这种力称为内力。内力随外力增大而增大，但它的变化有一定限度，不能随外力的增加而无限地增加。当外力增大到一定限度时，杆件就会发生破坏。

内力可用截面法求出，假想将受外力作用的杆件切开，根据平衡条件确定内力大小，如图 2-2-3 所示。规定为拉伸时内力 N 为正（N 的指向离背离截面）；压缩时 N 为负（N 的指向朝向截面）。

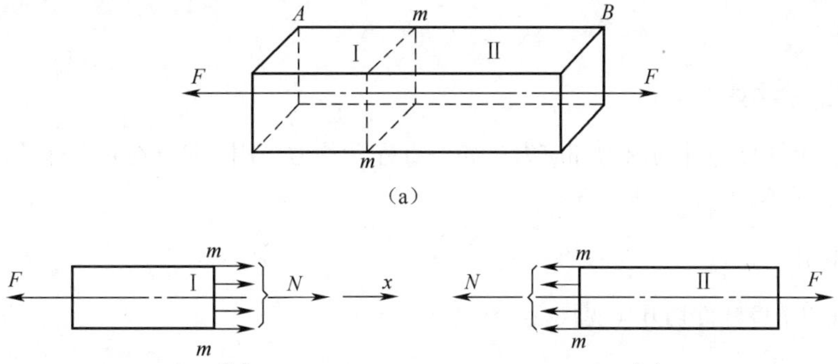

图 2-2-3　截面法求内力

二、应力

构件在外力作用下，单位面积上的内力称为应力。垂直于横截面上的应力，称为正应力，用 R 表示；平行于横截面的应力，称为切应力，用 τ 表示。

$$R=\frac{N}{S}\qquad \tau=\frac{F_s}{S}$$

式中：R——横截面上的正应力，单位为 MPa；

N——横截面上的内力（轴力），单位为 N；

S——横截面的面积，单位为 mm^2；

F_s——剪切面上的剪力，单位为 N；

τ——切应力，单位为 MPa。

三、应变

构件受到外力作用后发生的形状变化可分为两种：长度变化与角度变化。为反映构件变形的程度，可用单位长度的伸长量（线应变 ε）和直角的改变量（切应变 γ）来表示，如图 2-2-4 所示。

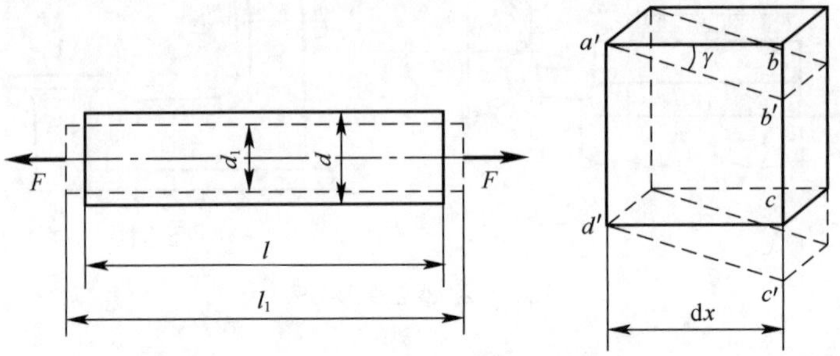

图 2-2-4　线应变 ε 和切（角）应变 γ

绝对变形为 $\Delta l = l_1 - l$，相对变形用 ε 表示，即

$$\varepsilon = \Delta l/l = (l_1 - l)/l$$

当应力不超过某一极限时，应力与应变成正比：

$$R = E\varepsilon \qquad \tau = G\gamma$$

式中：E——材料的弹性模量；

G——剪切弹性模量。

做一做

直杆应力的计算

工程上常要求计算杆件的内力和应力，如一直杆受外力作用，F = 6kN，直径 d = 20mm，求此杆的应力（见图 2-2-5）。

第一步 截开

假想用截面 l-l 将杆件切开（见图 2-2-6）。

第二步 代替

取左段为研究对象，移去右段，把移去部分对留下部分的作用力用内力 N 代替（见图 2-2-7）。

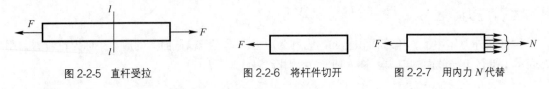

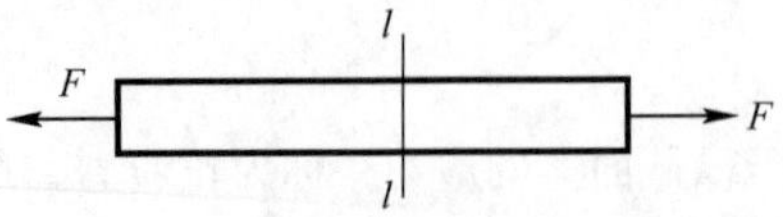

图 2-2-5　直杆受拉

图 2-2-6　将杆件切开

图 2-2-7　用内力 N 代替

第三步 平衡

利用平衡条件，列出平衡方程，求出内力的大小。

$N = F =$ ________kN

第四步 求应力

$R = \dfrac{N}{S} =$ ________ = ________MPa

学习评价

一、观察与评价

根据“观察点”列举的内容，进行自我评估或学生互评。“观察点”内容可视实情在教师引导下拓展。

观　察　点	☺	😐	☹
知道杆件变形的基本形式			
能说出杆件不同变形的原因			
会用截面法求杆件的内力			
能计算出杆件的应力			

二、反思与探究

从学习过程和评价结果两方面，对存在的问题进行反思，寻求解决的办法。

存在的问题	解决的办法

三、修正与完善

根据反思与探究中寻求到的解决问题的办法，进一步修正与完善对杆件变形及内力、应力的认知方法，并能结合实际进行分析。

巩固拓展

1．试说出周围物体发生变形的形式。

2．图 2-2-8 所示为铰接的正方形结构，它由 5 根杆件组成，受拉力 F 的作用，试判断这 5 根杆的变形情况。

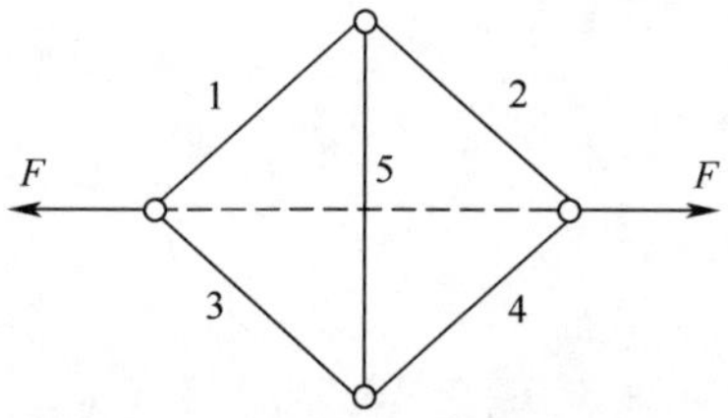

图 2-2-8　铰接的正方形结构

3．判断图 2-2-9 所示的剪切面和挤压面。

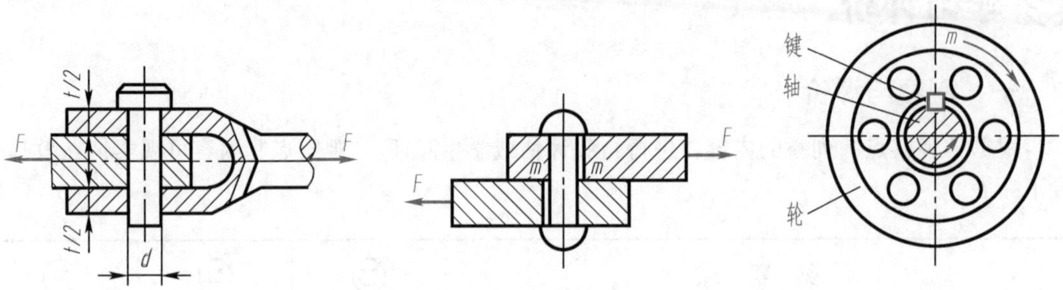

图 2-2-9 判断剪切面和挤压面

4．用手握钢丝钳，为什么不用很大的力就能剪断铁丝？

5．某杆件如图 2-2-10 所示，已知：$F_1 = 30\text{kN}$、$F_2 = 10\text{kN}$、$A_{AB} = A_{BC} = 500\text{mm}^2$、$A_{CD} = 200\text{mm}^2$，试求各段杆横截面上的内力和应力。

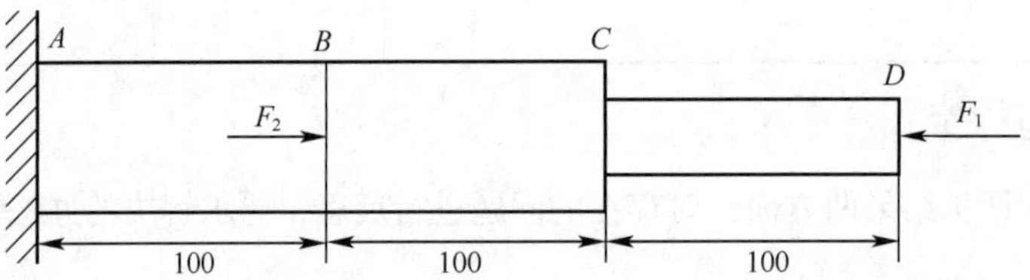

图 2-2-10 求杆的内力和应力

6．阶梯轴 AB 尺寸如图 2-2-11 所示，外力偶矩 $M_B=1500\text{N·m}$，$M_A=600\text{N·m}$，$M_C=900\text{N·m}$，试确定各段轴的内力。

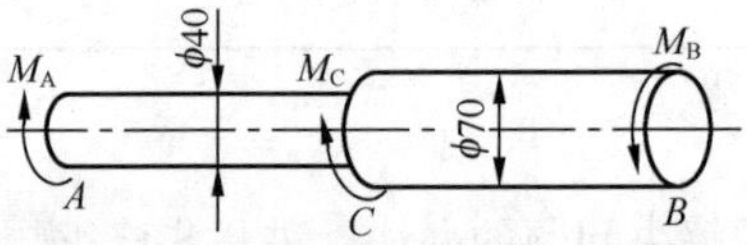

图 2−2−11 转轴

第三节 *直杆强度校核

学习目标

1. 知道压杆稳定的概念
2. 了解交变应力与疲劳强度的概念
3. 会进行直杆轴向拉伸和压缩时的强度计算
4. 了解圆轴扭转及直梁纯弯曲时横截面上应力的分布规律。

学习导入

构件安全吗？构件经济吗？这是一对矛盾，也是长期困扰工程技术人员的问题。

看一看

观察构件被破坏后的图片（见图 2-3-1 ～图 2-3-4），讨论其原因及危害。

图 2-3-1 广东佛山九江大桥断裂

图 2-3-2 汽车后轴断裂

图 2-3-3 齿轮破损

图 2-3-4 螺钉断裂

想一想

1．构件被破坏的危害有哪些？

2．构件断裂的原因是什么？

3．怎样保证构件正常工作？

且行且知

读一读

一、构件正常工作的基本要求

为了保证构件有足够的承载能力，构件必须满足下列基本要求。

1．足够的强度

每个构件都只能承受一定大小的载荷，载荷过大，构件就会被破坏。构件要能正常工作应首先保证有足够的强度。

2．足够的刚度

实际构件在力的作用下，还会产生变形，若构件的变形过大，也不能正常工作。构件在外载荷作用下抵抗变形的能力称为构件的刚度。图 2-3-5 所示的车床主轴，即使有足够的强度，若变形过大，仍会影响工件的加工精度。

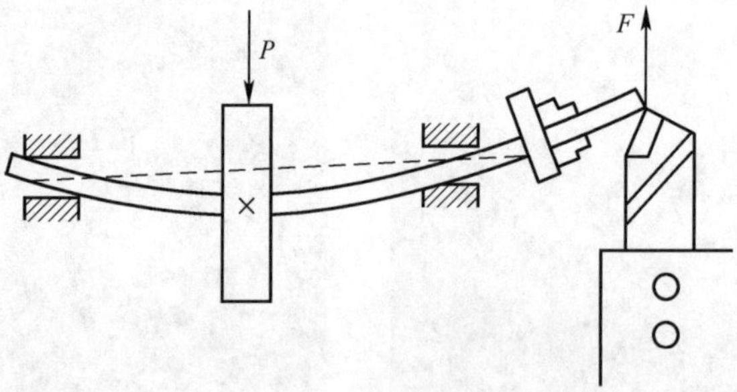

图 2-3-5　车床主轴的变形

3．足够的稳定性

当细长杆和薄壁构件受压的载荷增加时，可能突然失去其原有形状，这种现象称为丧失稳定。构件在载荷作用下保持其原有平衡形态的能力称为构件的稳定性。图 2-3-6 所示的千斤顶就必须要具备足够的稳定性。

图 2-3-6　千斤顶的稳定性

二、疲劳破坏

许多机械零件，如轴、齿轮等在工作过程中各点应力随时间作周期性的变化，这种随时间作周期性变化的应力称为交变应力，图 2-3-7 所示为轮齿在工作时的应力。

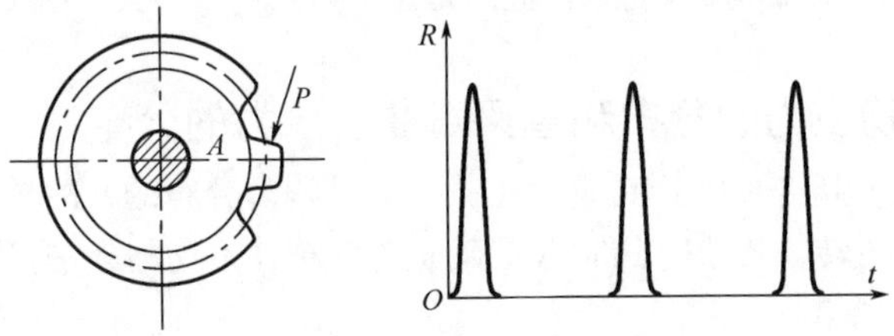

（a）　　　　（b）

图 2-3-7　轮齿工作时的应力

在交变应力的作用下，构件所承受的应力虽低于静载荷作用下的抗拉强度，甚至低于屈服强度，但经过较长一段时间的工作构件仍会产生裂纹。金属的这种破坏过程称为疲劳破坏，疲劳强度指构件可经无限周期循环应力而不破坏的最大应力。

疲劳破坏是机械零件失效的主要原因之一，约有 80% 以上的机械零件的失效属于疲劳破坏。

讲一讲

一、构件在拉伸和压缩时的强度校核

1. 强度条件

为保证拉（压）杆不致因强度不够而失去正常的工作能力，必须使其最大工作应力 R_{max} 不超过材料在拉伸（压缩）时的许用应力 $[R]$，即

$$R_{max} = \frac{N}{S} \leqslant [R]$$

式中：$[R]$——许用应力，单位为 MPa；

N——横截面上的内力，单位为 N；

S——横截面上的面积，单位为 mm^2。

用材料的极限应力除以安全系数 n，可得材料的许用应力，即构件工作时所允许的最大应力，用 $[R]$ 表示。

$$[R] = \frac{R_{eL}}{n} \text{ 或 } [R] = \frac{R_m}{n}$$

塑性材料一般取屈服点强度 R_{eL} 作为极限应力；脆性材料取抗拉强度 R_m 作为极限应力。静载时塑性材料的安全系数一般取 $n = 1.2 \sim 2.5$；脆性材料的安全系数一般取 $n = 2 \sim 3.5$。

2. 强度条件的应用

利用强度条件可解决工程中的 3 类强度计算问题。

（1）强度校核。

由 $[R] = \frac{N}{S} \leqslant [R]$ 可检验构件是否满足强度条件，从而判断构件是否安全。

（2）选择截面尺寸。

由 $S \geqslant \frac{N}{[R]}$ 可计算出截面面积 S，然后根据要求的截面形状，设计出构件的截面尺寸。

（3）确定许可载荷。

由 $N \leqslant [R] \cdot S$ 可计算出构件所能承受的最大内力 N_{max}，从而确定构件允许的许可载荷值 $[F]$。

二、圆轴扭转切应力的分布和直梁弯曲正应力的分布

构件在发生拉压、剪切变形时，其应力在截面上是均匀分布的，故单位面积上的内力即为最大应力 R_{max}，而构件在扭转、弯曲时其应力在截面上分布并不均匀，进行强度校核时需要先了解其横截面上应力的分布规律。

1. 圆轴扭转时横截面上切应力的分布

当圆轴因扭转而变形时，在横截面上无正应力而只有垂直于半径的切应力。任一点的切应力与该点所在圆周的半径成正比，方向与过该点的半径垂直，最大切应力在半径最大处，如图 2-3-8 所示。

2. 直梁弯曲时横截面上正应力的分布

当梁弯曲时，在横截面上无切应力而只有垂直于横截面的正应力，各点正应力的大小，与该点到中性轴的距离成正比，在中性轴处正应力为零，离中性轴最远的截面上、下边缘处正应力最大，如图 2-3-9 所示。

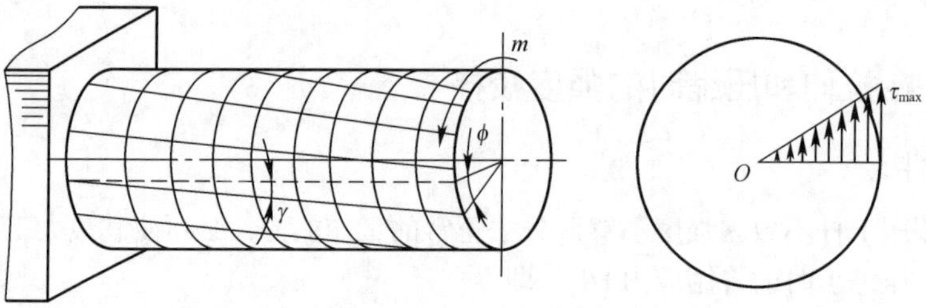

图 2-3-8　圆轴扭转时横截面上应力分布规律

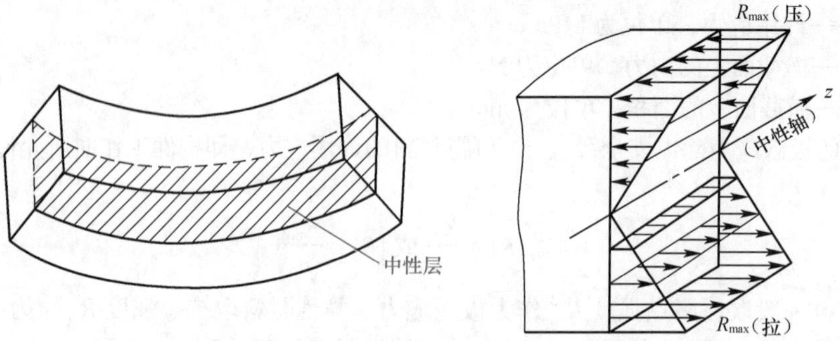

图 2-3-9　直梁弯曲时横截面上应力分布规律

做一做

直杆的强度校核

某铸造车间吊运铁水包的双套吊钩如图 2-3-10 所示。吊钩杆部横截面为矩形，$b = 25\text{mm}$，

$h = 50\text{mm}$，杆部材料的许用应力 $[R] = 50\text{MPa}$。铁水包自重 8kN，最多能容 30kN 重的铁水，试校核吊杆的强度。

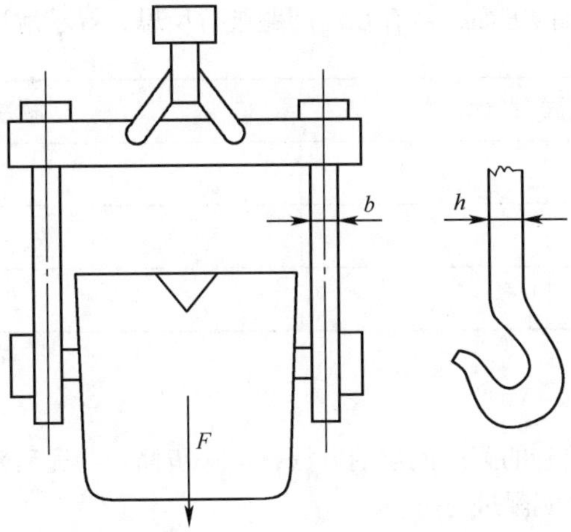

图 2-3-10　双套吊钩

第一步 确定吊杆的内力

由于总载荷由两根吊杆来承担，因此每根吊杆的内力为：

$N = \frac{F}{2} =$ ________ = ________ kN

第二步 求出吊杆横截面上的应力

$R = \frac{N}{S} =$ ________ = ________MPa

第三步 校核吊杆的强度

判断 R 是否满足 $R \leqslant [R]$，吊杆的强度 ________（足够、不够）。

学习评价

一、观察与评价

根据“观察点”列举的内容，进行自我评估或学生互评。“观察点”内容可视实情在教师引导下拓展。

观　察　点	☺	😐	☹
能找出构件破坏的原因			
知道构件正常工作应满足的基本要求			
能说出构件的强度条件			
能列出对杆件作强度校核的步骤			

二、反思与探究

从学习过程和评价结果两方面，对存在的问题进行反思，寻求解决的办法。

存在的问题	解决的办法

三、修正与完善

根据反思与探究中寻求到的解决问题的办法，进一步修正与完善对杆件正常工作条件、强度校核的认知方法，并能结合实际进行分析。

巩固拓展

1．试选取生活中破坏的物体进行原因分析。

2．已知钢制拉杆轴向载荷 $F=40\text{kN}$，许可应力 $[\sigma]=100\text{MPa}$，横截面为矩形，其中 $b=2a$，如图 2-3-11 所示，试确定截面尺寸 a 和 b。

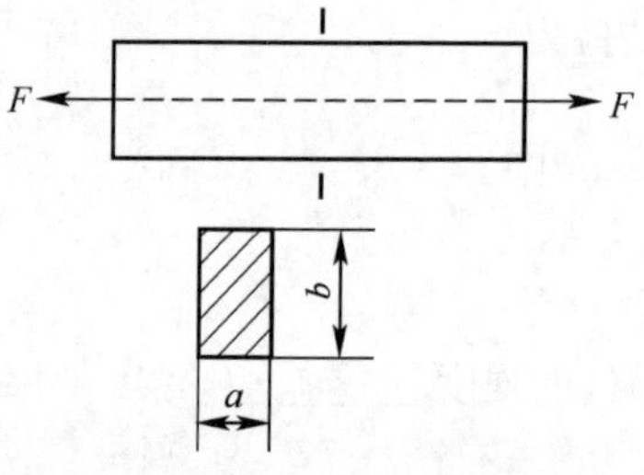

图 2-3-11　钢制拉杆

3．如图 2-3-12 所示，起重机吊钩的上端用螺母固定。若吊钩螺栓部分的直径 d=55mm，材料的许用应力 $[R]$=80MPa，试校核螺栓的部分强度。

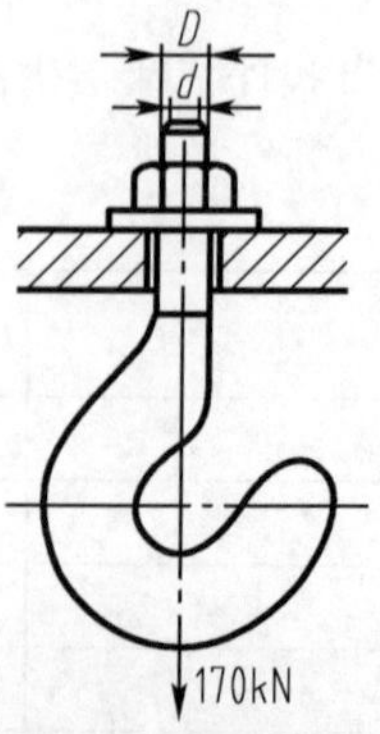

图 2-3-12　起重机吊钩

第三章

典型机械零件

第一节 轴

学习目标

1. 了解轴的分类与应用
2. 了解轴的材料与结构
3. * 了解轴的强度计算

学习导入

轴是机器中最基本和最重要的零件之一。很多回转零件如汽车车轮、钟表指针等都要依靠轴的支承来实现一定的功能。

看一看

观察齿轮油泵工作情况，拆卸模型，如图 3-1-1 所示。

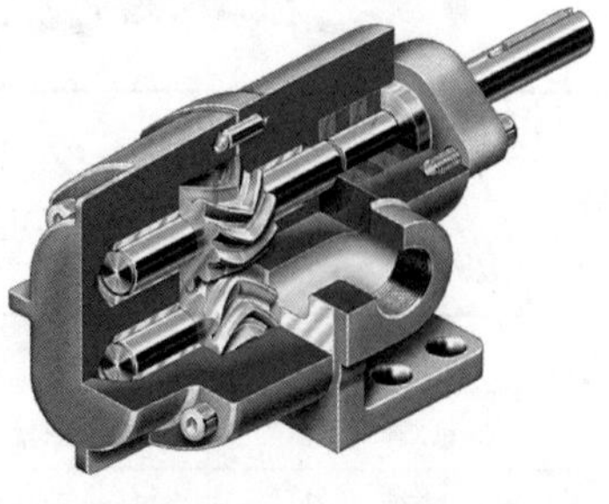

图 3-1-1 齿轮油泵

想一想

1. 齿轮油泵中两根轴的粗细、形状有什么差别？
2. 实际齿轮油泵的轴会采用什么材料制作？

且行且知

读一读

一、轴的分类和应用

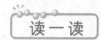

按照轴线形状的不同，可以把轴分为直轴、曲轴和软轴 3 类，直轴按外形分为光轴和阶台轴两类。轴的分类和应用见表 3-1-1。

表 3-1-1　　轴的分类和应用

分类	图　例		特　点	应用举例
直轴	光轴	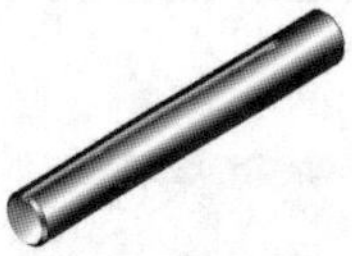	形状简单，加工方便，但轴上零件不易定位	微型电动机
	阶台轴		各截面直径变化，适合于零件的安装与固定，应用最广	减速器、机床、汽车
曲轴			可实现旋转运动和直线往复运动的相互转换	内燃机、曲柄压力机
软轴	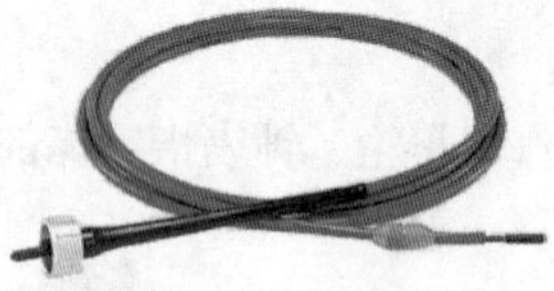		可以把回转运动灵活地传到任何位置	振捣器、医疗设备

按照所受载荷的不同，又可将直轴分为心轴、转轴和传动轴 3 类，见表 3-1-2。

表 3-1-2　　直轴的分类和应用

类　型	受载变形	应用举例
心轴	只受弯曲作用，不发生扭转	自行车的前轮轴、火车轮轴
转轴	同时承受弯曲和扭转两种作用	减速器轴、自行车的中轴
传动轴	只受扭转而不受弯曲作用或弯曲很小	汽车传动轴

二、轴的材料

轴大多受到重复性的变载荷作用，其失效形式主要是疲劳破坏。因此，轴的材料应具有一定的疲劳强度，对应力集中的敏感性低，满足刚度和耐磨性要求，具有良好的切削加工性能。

轴的材料多用中碳钢，如 35 钢、45 钢、50 钢等优质中碳钢，其中 45 钢应用最广。对于承受较大载荷、要求强度高、结构紧凑或耐磨性较好的轴，可采用合金钢，如 20Cr、40Cr 等。对于外形复杂的曲轴和凸轮轴，可以采用球墨铸铁。

三、* 轴的强度计算

一般条件下，轴的强度计算见表 3-1-3。

轴的工作能力很大程度上决定了机器的工作能力，因此在轴的设计中往往需要进行轴的强度计算。轴的强度计算常用方法有两种：按钮转强度计算和按弯扭合成强度计算，应根据轴的不同承载情况采用对应的计算方法。

1．按钮转强度计算

这种方法只需按轴所受的转矩来计算强度，方法简单，但计算的精度较低。对于只传递转矩的传动轴或者承受弯矩较小的轴，都采用此方法计算轴的强度。另外，它还用于设计时对轴的直径进行估算。

2．按弯扭合成强度计算

一般重要的、既承受弯矩又承受扭矩的轴都是采用这一方法来进行强度计算，可靠性很高。但需要确定轴的主要结构形状和尺寸、轴上零件的位置以及外载荷和支反力的作用位置，计算较为复杂。

两种方法的具体计算可以查阅机械设计手册。

讲一讲

轴的结构

轴主要由轴颈和连接各轴颈的轴身组成。典型转轴的结构如图 3-1-2 所示。

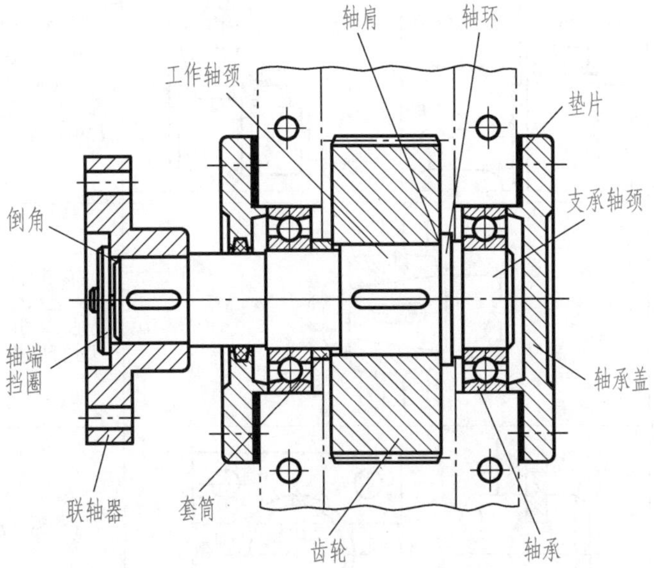

图 3-1-2　典型转轴的结构

轴的结构受到多方面要求的影响，具体体现在以下几个方面。

1．轴上零件的定位与固定要求

轴上零件定位与固定的形式不同，轴的结构也不同。常见的轴上零件定位与固定的形式见表 3-1-3。

表 3-1-3 常见轴上零件定位与固定的形式

形式		示意图	特点与应用
轴向	轴肩、轴环	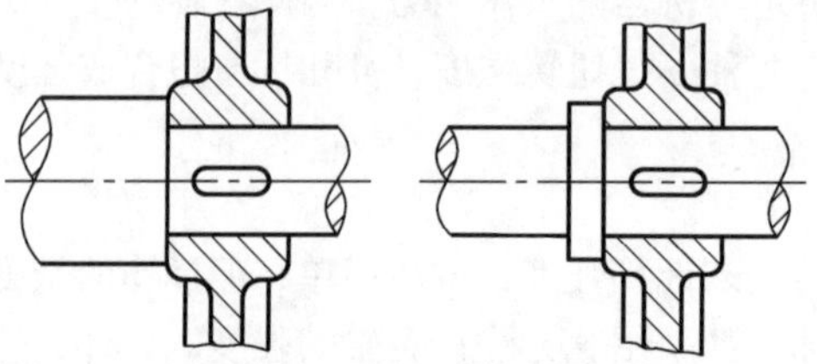	结构简单，定位可靠，可承受较大轴向力。常用于齿轮、链轮、联轴器、轴承等零件的定位
	套筒	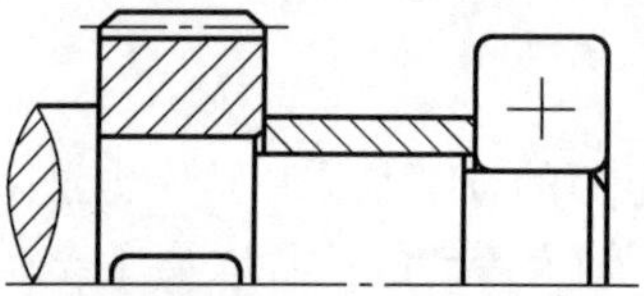	轴上不需要开槽、钻孔以及切制螺纹，不会削弱轴的疲劳强度。一般用于零件间距较小场合，高速轴不宜采用
	弹性挡圈	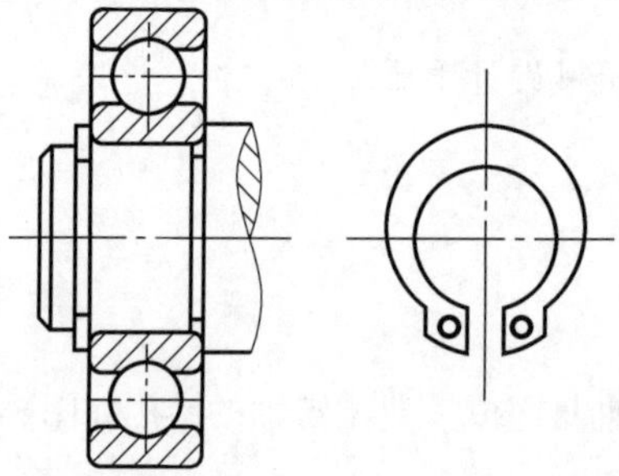	简单紧凑，只能承受很小的轴向力。常用于固定滚动轴承
	圆螺母	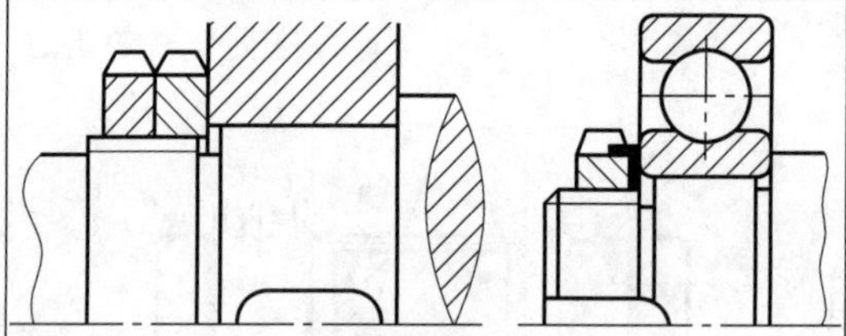	装拆方便，固定可靠，能承受较大轴向力。为防松，可采用双圆螺母或者与止退垫圈搭配。通常用在轴的中部或端部
	圆锥面与轴端挡圈	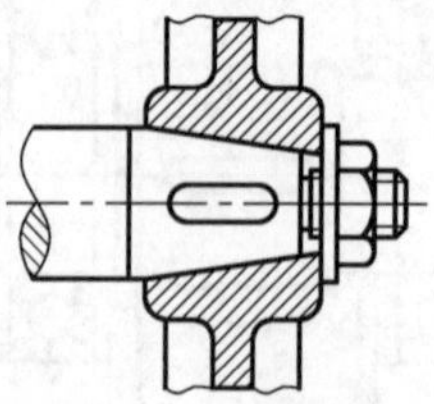	有消除间隙的作用，定心精度高，能承受冲击载荷，但锥面不易加工。用于振动、冲击或高速以及经常拆卸的场合
	轴端挡板	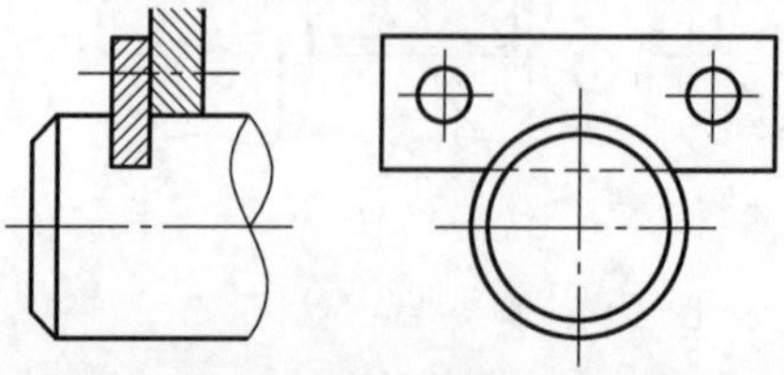	适用于心轴和轴端的固定

续表

形	式	示 意 图	特点与应用
轴向	轴端挡圈	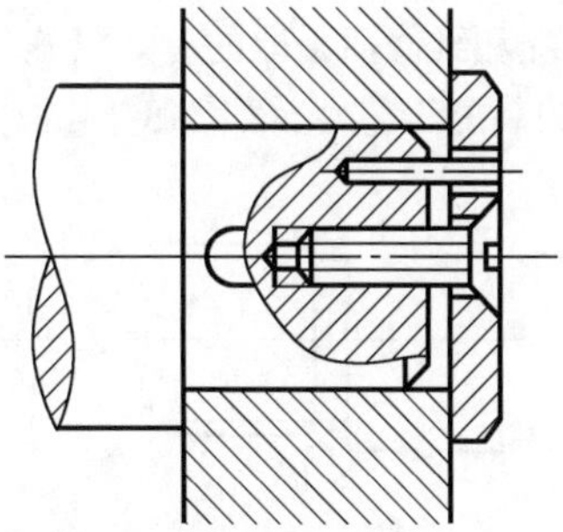	工作可靠，可承受一定冲击载荷。使用时可用止推垫片防松。广泛应用于轴端零件的固定
	螺钉锁紧挡圈	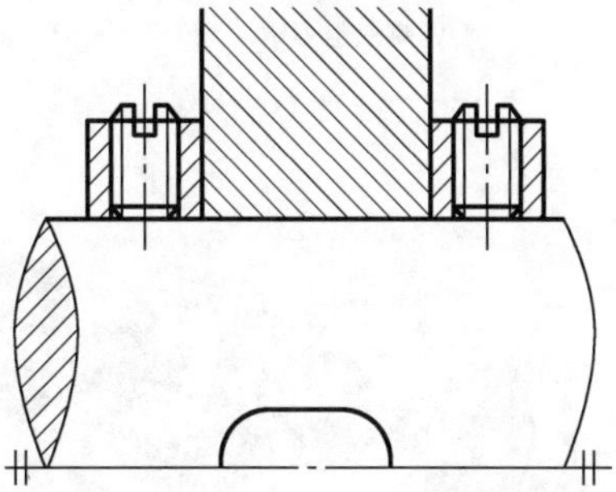	结构简单，能承受的轴向力较小。常用于光轴上零件的固定
周向	键连接	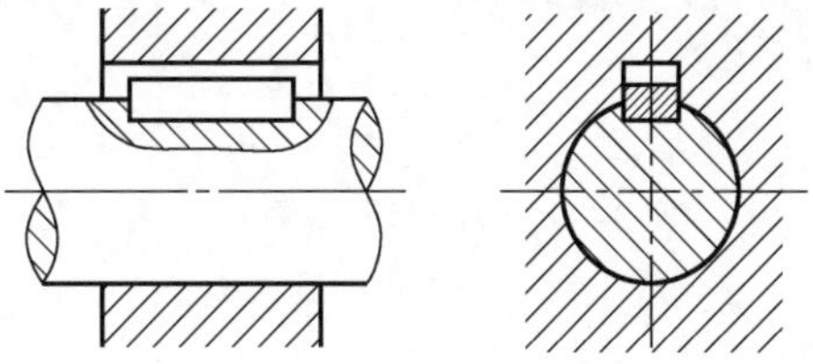	加工容易，装拆方便。多用平键连接，但其不能承受轴向力
双向	销连接	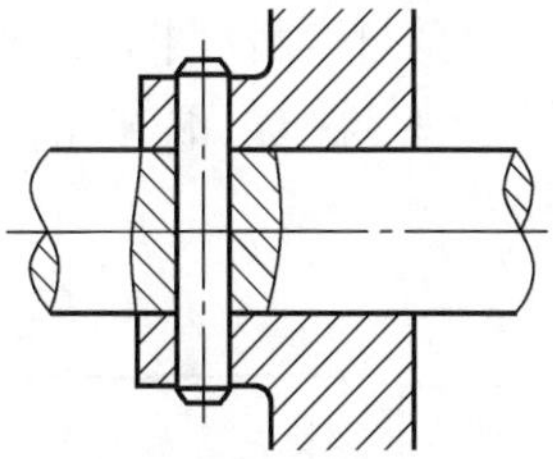	不能承受较大载荷，销孔对轴的强度有削弱。常用于安全装置
	紧定螺钉	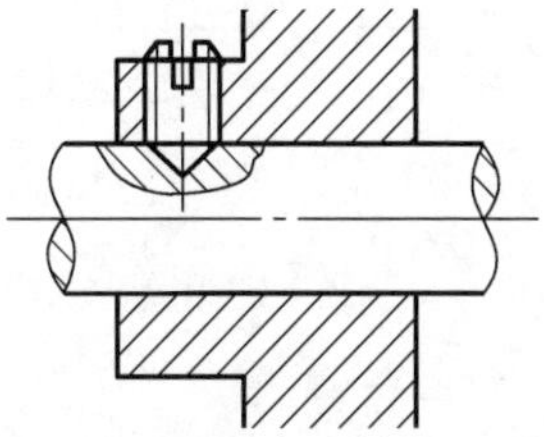	结构简单，不能承受较大载荷。作为辅助连接用于转速不高的场合
	过盈配合	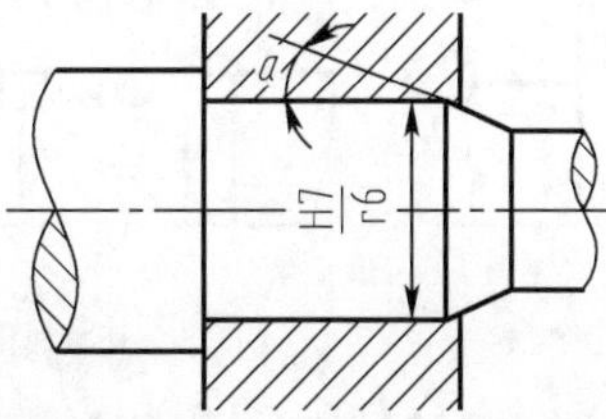	对中精度高，选择不同的配合可获得不同的连接强度。主要用于不拆卸的、非重载场合

2. 工艺要求

轴的结构应包含加工工艺所需的结构要素，以及便于实现轴上零件的装拆。轴端倒角、退刀槽、砂轮越程槽等都是为满足加工、装配和维修而采取的有效措施，如图 3-1-3 所示。中部尺寸大、两端逐渐变小的阶台轴，就具备良好的装配工艺性，如图 3-1-4 所示。

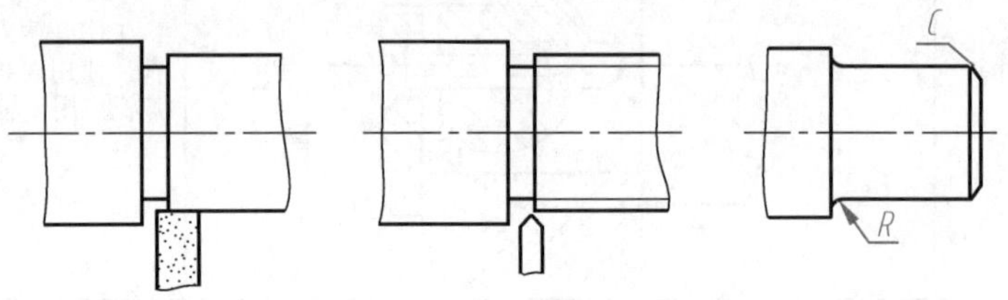

（a）砂轮越程槽　（b）螺纹退刀槽　（c）倒角和圆角

图 3-1-3　轴上的工艺结构

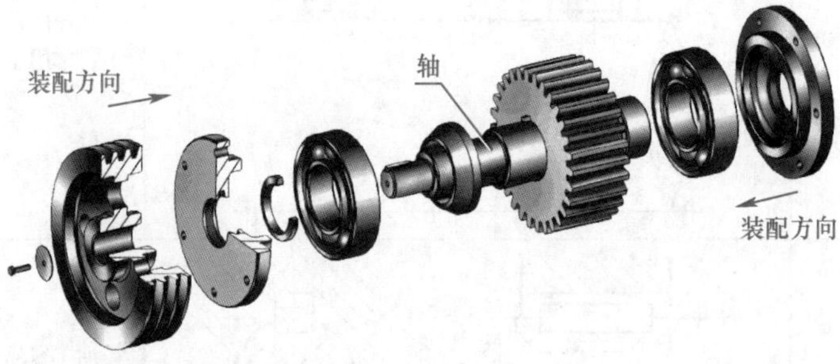

图 3-1-4　阶台轴便于装配

3. 疲劳强度要求

尽量减少应力集中。如增大轴径变化处的过渡圆角半径，开减载槽，凹切圆角等措施等都可用来提高轴的疲劳强度，如图 3-1-5 所示。轴与轴上零件采用过盈配合连接时，可采用增大轴径或开减载槽的结构形式，如图 3-1-6 所示。

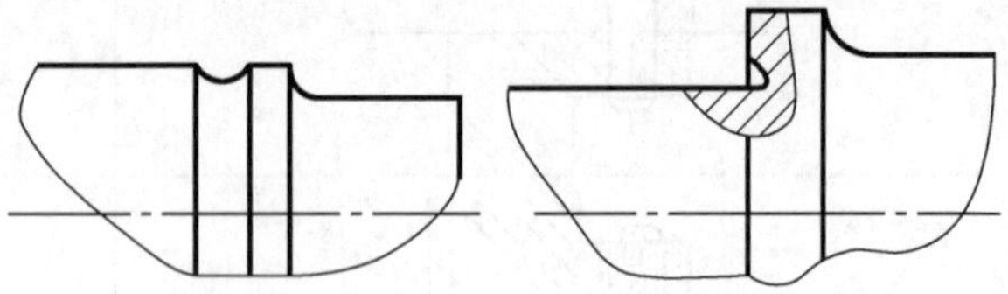

（a）减载槽　（b）凹切圆角

图 3-1-5　减少轴肩处的应力集中

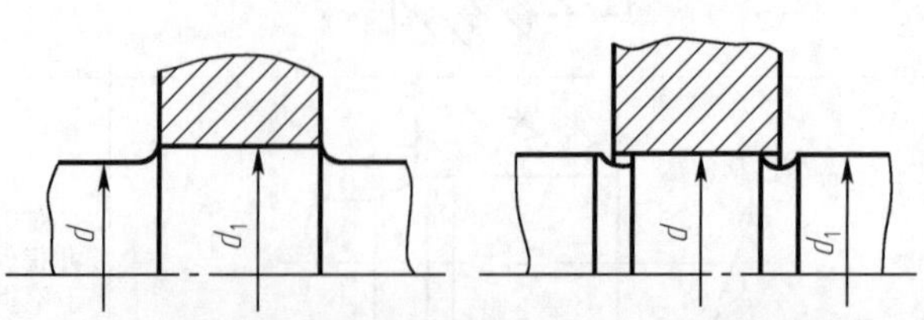

（a）增大轴径　（b）开减载槽

图 3-1-6　过盈配合时轴的结构形式

4. 尺寸要求

轴各部分的直径和长度等尺寸要合理。如轴的各部位直径应符合标准尺寸系列，支承轴颈的直径须符合轴承内孔直径系列。

做一做

轴的结构分析

第一步 分析轴的结构

观察从齿轮油泵上拆离的两根轴（用轴 I、轴 II 表示），分析轴的结构，填入表 3-1-4。

表 3-1-4 轴的结构

结　构	轴 I		轴 II	
	结构名称	作用	结构名称	作用
结构 1				
结构 2				
结构 3				
结构 4				
结构 5				

第二步 分析轴上齿轮的定位与固定

识别轴上齿轮（用齿轮 I、齿轮 II 表示）的轴向定位与周向固定方法，填入表 3-1-5。

表 3-1-5 齿轮的轴向固定与周向固定

	齿轮 I		齿轮 II	
轴向定位	左侧		左侧	
	右侧		右侧	
周向固定				

学习评价

一、观察与评价

根据“观察点”列举的内容，进行自我评价或学生互评。“观察点”内容可视实情在教师引导下拓展。

观察点	☺	😐	☹
能根据轴的外形对轴进行归类			
能认识轴常用材料的牌号			
能区分轴上的轴颈、轴身、轴肩、轴环等结构			

二、反思与探究

从学习过程和评价结果两方面，对存在的问题进行反思，寻求解决的办法。

存在的问题	解决的办法

三、修正与完善

根据反思与探究中寻求到的解决问题的办法，进一步修正与完善对轴的全面认识，并能结合实际进行轴的结构分析。

巩固拓展

1. 分析自行车前轮轴的形状和结构。
2. 指出图 3-1-7 所示轴的结构中存在哪些不合理的地方，并加以改正。

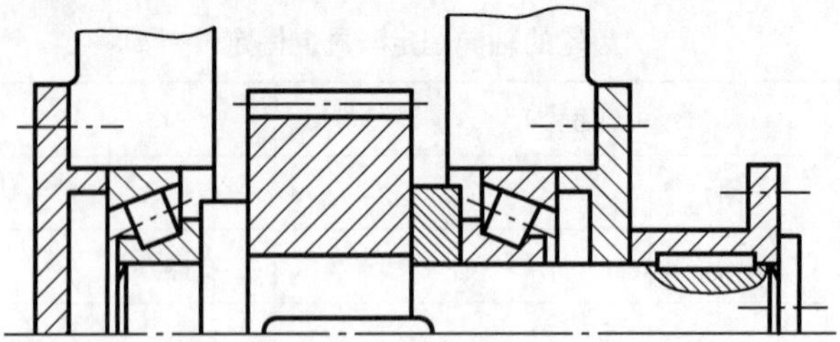

图 3-1-7 题 2 图

3. 上述齿轮油泵轴是否存在结构上的缺陷？如有可能，请作出适当改进。

第二节 轴承

学习目标

1. 熟悉滚动轴承的类型、特点、代号及应用
2. 了解滑动轴承的特点、主要结构和应用
3. * 了解滑动轴承的失效形式、常用材料
4. * 掌握滚动轴承的选择原则

学习导入

轴承与轴就像一对孪生兄弟，形影不离地出现在机器中。有了轴承的支承，轴和轴上零件才能正常工作。

试一试

让已经拆去箱盖的减速器（见图 3-2-1）动起来，观察轴承的运动情况。

图 3-2-1 拆去箱盖的减速器

想一想

1. 轴承各组成部分的运动情况是怎样的？
2. 减速器的轴承能否用其他的轴承来替换？

且行且知

读一读

轴承是支承轴的零部件。按工作表面摩擦性质的不同，轴承分为滚动轴承和滑动轴承两类，如图 3-2-2 所示。

（a）滚动轴承　　（b）滑动轴承

图 3-2-2　轴承

一、滚动轴承

滚动轴承是标准件。滚动轴承的种类、结构、尺寸等均由标准规定。滚动轴承一般由内圈、外圈、滚动体、保持架 4 部分组成，如图 3-2-3 所示。

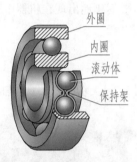

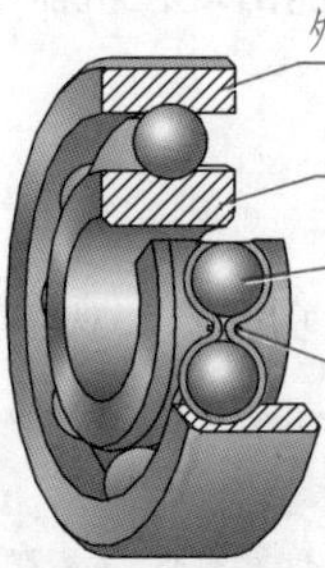

图 3-2-3　滚动轴承的基本结构

按承载特性的不同，滚动轴承分为 3 类，见表 3-2-1。

表 3-2-1　滚动轴承的类型

类　型	承 载 特 性	产 品 举 例	
向心轴承	主要承受径向载荷	 深沟球轴承	 圆柱滚子轴承
推力轴承	承受轴向载荷	 推力球轴承	 推力圆柱滚子轴承

续表

类　型	承载特性	产品举例
向心推力轴承	能同时承受径向载荷与轴向载荷	 圆锥滚子轴承  角接触球轴承

二、滑动轴承

根据所受载荷方向的不同，滑动轴承可分为径向滑动轴承、止推滑动轴承和径向止推滑动轴承 3 种主要形式。常用的径向滑动轴承，其结构形式主要有整体式和剖分式两种，见表 3-2-2。

表 3-2-2　　径向滑动轴承的类型与结构

类型	产品实物图例	结构组成
整体式		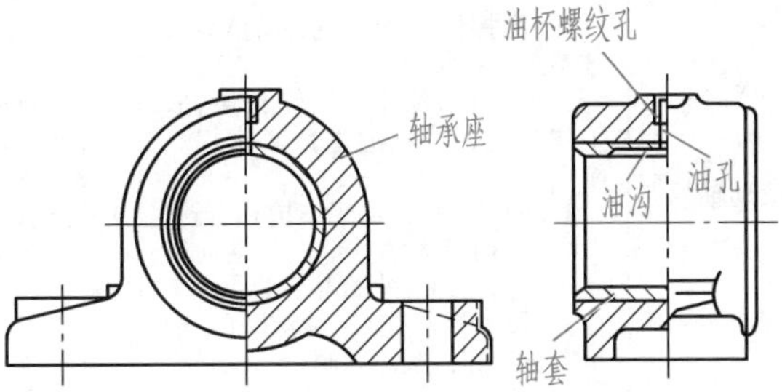
剖分式	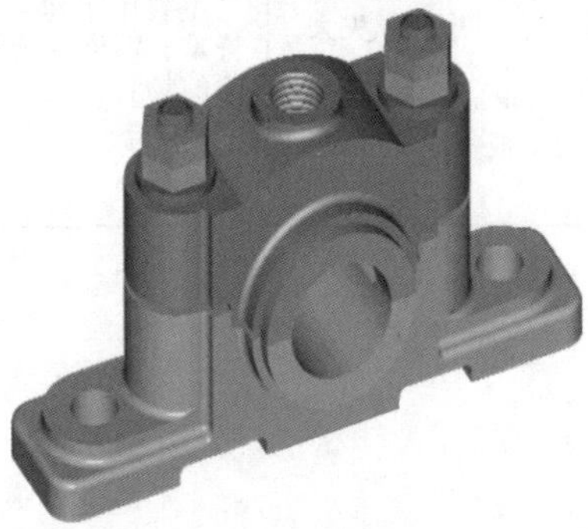	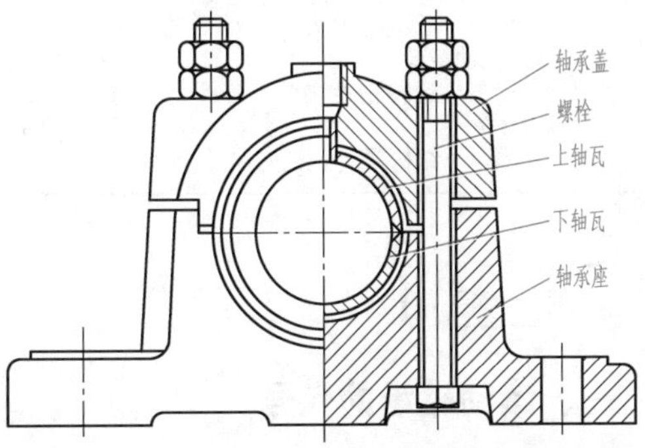

整体式滑动轴承由轴承座和轴套组成。轴套用减摩材料制成并压入到轴承座孔中。轴套上开的油孔及其内表面的轴向油沟均和轴承座顶部的油杯螺纹孔贯通，用于实现润滑。

剖分式滑动轴承由轴承座、轴承盖、轴瓦、螺栓等组成。轴承座与轴承盖的结合面呈阶台状，以保证二者定位并防止横向错动。轴瓦结构如图 3-2-4 所示，两端通常带有凸缘，以防止在轴承座上产生轴向移动。轴瓦上有用于润滑的油孔与油沟。

由于轴瓦与轴颈直接接触并产生相对运动，其主要失效形式是磨损、胶合、刮伤、腐蚀、疲劳剥落等。因此要求轴瓦材料应具有一定的强度，较好的塑性、减摩性和耐磨性，良好的跑合性、加工工艺性、散热性等。常用的材料有铸铁、铜合金、轴承合金、尼龙等。

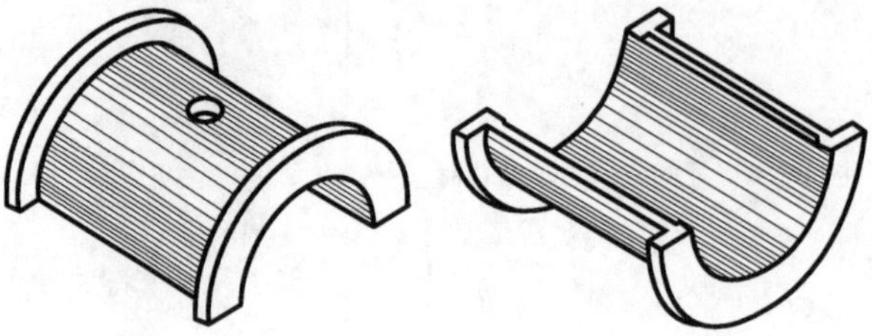

（a）上轴瓦　　　（b）下轴瓦

图 3-2-4　轴瓦结构

三、滚动轴承与滑动轴承的特点和应用

滚动轴承与滑动轴承的特点见表 3-2-3。

表 3-2-3　　滚动轴承与滑动轴承的特点

类　型	优　点	缺　点	应　用
滚动轴承	1．摩擦阻力小，功率消耗小，效率高，易起动 2．内部间隙小，回转精度高，工作稳定，可以通过预紧来提高刚度 3．润滑简便，易于维护和密封 4．结构紧凑，重量轻，轴向尺寸小于同轴颈尺寸的滑动轴承 5．尺寸标准化，互换性好，便于安装拆卸，维修方便	1．抗冲击能力较差，寿命较短 2．高速时噪声大 3．安装精度要求高，位于长轴中部的轴承安装困难 4．与滑动轴承相比，径向尺寸偏大	滚动轴承是机械的主要支承型式，应用越来越广泛
滑动轴承	1．寿命长，适于高速场合 2．承载能力大且能承受冲击和振动载荷 3．运转精度高，工作平稳，噪声小 4．结构紧凑，径向尺寸小	1．摩擦系数较高，摩擦损失大，起动较费力 2．轴瓦需经常更换，润滑及维护要求较高，维护成本大	主要用于速度很高、载荷特重、精度高或较大冲击载荷的场合，也用在有特殊装配工艺要求或工作条件的场合

讲一讲

一、滚动轴承的代号

轴承代号由基本代号、前置代号和后置代号构成。

1．基本代号

基本代号是轴承代号的基础，表示轴承的基本类型、结构和尺寸，其格式如下：

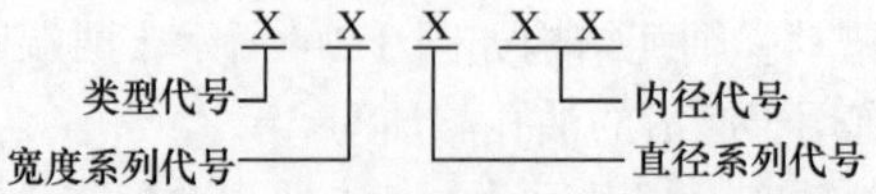

滚动轴承的基本类型及其代号见表 3-2-4。

表 3-2-4　　滚动轴承的基本类型及其代号（GB/T272—1993 摘录）

代号	轴 承 类 型	代号	轴 承 类 型
0	双列角接触球轴承	6	深沟球轴承
1	调心球轴承	7	角接触球轴承
2	调心滚子轴承和推力调心滚子轴承	8	推力圆柱滚子轴承
3	圆锥滚子轴承	N	圆柱滚子轴承（双列或多列用 NN 表示）
4	双列深沟球轴承	U	外球面球轴承
5	推力球轴承	QJ	四点接触球轴承

滚动轴承的内径代号见表 3-2-5。

表 3-2-5　　滚动轴承内径代号

轴承公称内径（mm）		内 径 代 号
10 到 17	10	00
	12	01
	15	02
	17	03
20 到 480（22、28、32 除外）		公称内径除以 5 的商数，商数为个位数，需在商数左边加“0”，如 08

2. 前置、后置代号

前置、后置代号是轴承在结构形状、尺寸、公差、技术等要求有改变时，在基本代号前后添加的补充代号。

二、* 滚动轴承的选用

不同的滚动轴承，有着不同的结构和性能特点。不同的工作条件与环境，需要选择合适的轴承类型。滚动轴承的选用具体可以参考以下因素进行。

1. 载荷条件

轴承所受载荷的大小、方向、性质是轴承选型的主要依据。

（1）载荷大小。载荷较大时，应选线接触的滚子轴承；载荷较小且平稳时，可选球轴承。

（2）载荷方向。对于纯轴向载荷，选用推力轴承；对于纯径向载荷，常选向心轴承；若轴向载荷与径向载荷同时存在，一般情形宜选向心球轴承、向心推力轴承，轴向载荷很大时则采用推力轴承与向心轴承的组合。

（3）载荷性质。有冲击时，宜选用滚子轴承。

2. 转速条件

高速轻载时，宜选超轻、特轻或轻系列球轴承；低速重载时，可采用重和特重系列滚子轴承。

3. 调心性能

在支点跨距大或者难以保证两轴承孔的同轴度时，应该成对选用调心轴承。

4. 装拆要求

为便于轴承的装拆以及调整轴承间隙，常选用外圈可分离的轴承或者带紧定套的圆锥孔调心轴承。

5. 经济性

在能满足使用要求的前提下，尽可能选择普通结构的球轴承，尽量选择低精度的轴承，以节省成本。

做一做

一、滚动轴承标记识读

观察减速器的每一根轴（用轴 I、轴 II、轴 III 表示）两端的轴承，给轴承作出标号，不要混淆。找出每根轴上轴承的代号，填入表 3-2-6。

表 3-2-6　　轴承代号

	左端轴承			右端轴承		
	代号	类型	内孔直径	代号	类型	内孔直径
轴 I						
轴 II						
轴 III						

每根轴两端的轴承型号一样吗？能说出这样布置的理由吗？

____

二、组装剖分式滑动轴承

第一步　绘制装配示意图

在了解剖分式滑动轴承结构组成的基础上，画出装配示意图，标明零件序号与名称，填入表 3-2-7。

表 3-2-7　　装配示意图标明零件序号与名称

	零件序号	零件名称	个数
	件 1		
	件 2		
	件 3		
	件 4		
	件 5		

第二步　备件

将组装所需零件按示意图所注序号进行有序摆放，同类零件归于一处。逐个检查零件清洁度，不得有毛刺、飞边、氧化皮、锈蚀、切屑、砂粒、灰尘、油污等，否则必须清理和清洗。根据螺纹连接件选择适当的旋具与扳手。可准备润滑油（脂）。

第三步　制定装配路线

写出装配路线：______

第四步 装配

为保证装配顺利进行，应做好以下几点。

（1）零件不得磕碰、划伤。

（2）轴瓦工作面可涂适当润滑油（脂），防止零件锈蚀，但不造成污染。

（3）装配后各零件相对位置应准确。

学习评价

一、观察与评价

根据“观察点”列举的内容，进行自我评价或学生互评。“观察点”内容可视实情在教师引导下拓展。

观 察 点	☺	😐	☹
能识别滚动轴承代号的含义			
能根据滚动轴承类型，了解其承载特性			
会区分轴瓦的材料			
组装滑动轴承过程顺利，没有返工，没有损坏零件			

二、反思与探究

从学习过程和评价结果两方面，对存在的问题进行反思，寻求解决的办法。

存在的问题	解决的办法

三、修正与完善

根据反思与探究中寻求到的解决问题的办法，进一步修正与完善对轴承的认识。

巩固拓展

1. 从滚动体的不同形式入手，对滚动轴承作一些了解。
2. 了解自行车前轴所用的轴承，它与书中介绍的有什么不同？

3．到当地一些轴承销售商家进行一次小型的市场调查。

轴承代号	名称	特点	只要应用场合	市场需求情况				调查评价
					商家 1	商家 2	商家 3	
				价格				
				销量				
				价格				
				销量				
				价格				
				销量				

第三节 键与销

学习目标

1. 了解连接的类型与应用
2. 了解键连接的功用与分类，了解花键连接的类型、特点和应用
3. 理解平键连接的结构与标准
4. * 能正确选用普通平键连接
5. 了解销连接的类型、特点和应用

学习导入

键连接和销连接是两种常见的连接。键的种类较多，除了能起连接作用外，还能传递动力和转矩，而销主要用于零件之间的连接和定位。

看一看

观察各种键、销的实物或图片（见图 3-3-1 和图 3-3-2），了解这些零件的形状、结构及用途。

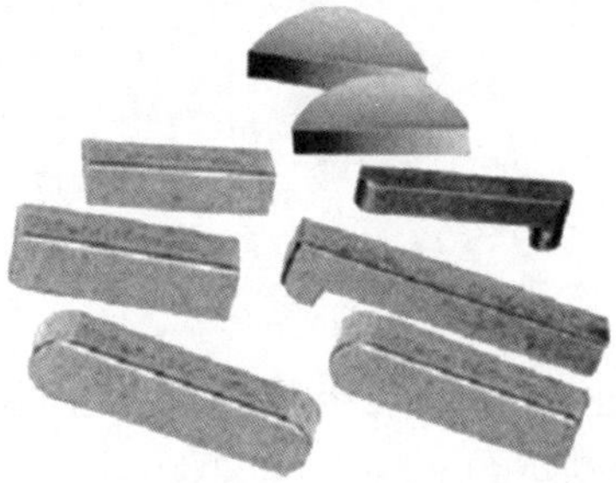

图 3-3-1 各种键

图 3-3-2 各种销

想一想

1. 键、销起什么作用？
2. 不同形状和结构的键、销，其使用特点有何不同？

且行且知

读一读

在机械中，常用连接件将零件相互连接。连接分为可拆连接和不可拆连接，不损坏组成零件就不能拆开的连接为不可拆连接，如焊接、黏接、铆接等；允许多次装拆而无损其使用性能的连

接为可拆连接，如螺纹连接、键连接、销连接等。

一、键连接

键的用途是将轴上零件与轴连接在一起，实现周向固定以传递转矩。使用时，键的一部分嵌入轴内，另一部分则嵌于轮毂的凹槽中，如图 3-3-3 所示。

键连接结构简单、装拆方便、固定可靠。键是标准零件，不需另行设计，在机械中应用广泛。

1. 普通平键

普通平键的两侧面是工作面，定心性较好、装拆方便。可制成圆头（A 型）、方头（B 型）和单圆头（C 型），如图 3-3-4 所示。

图 3-3-3 键连接

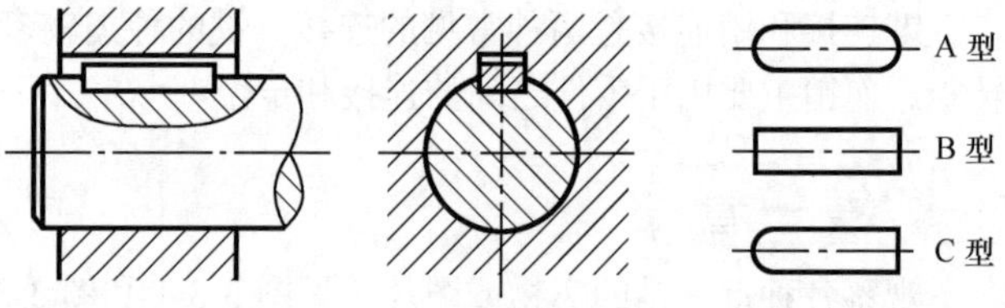

图 3-3-4 普通平键的形式

2. 导向平键

这种键能实现轴上零件的轴向移动，构成动连接，如图 3-3-5 所示。

3. 半圆键

半圆键两侧面是工作面，有较好的对中性。轴上的轴槽也为半圆形，半圆键可在轴上的键槽中绕槽底圆弧摆动，适用于锥形轴与轮毂的连接，如图 3-3-6 所示。

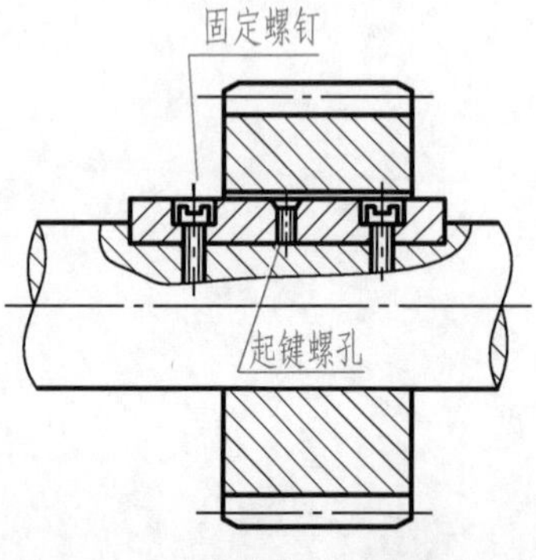

图 3-3-5 导向平键

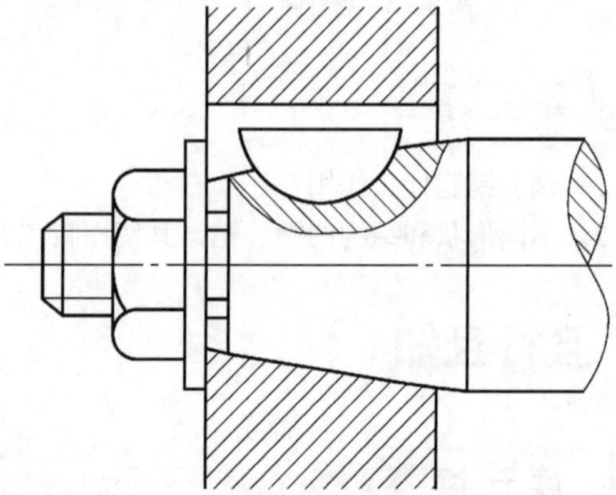

图 3-3-6 半圆键

4. 楔键

楔键上、下面是工作面，按端部形状可分为普通楔键和钩头楔键。依靠工作面的摩擦力传递转矩。楔键连接如图 3-3-7 所示。

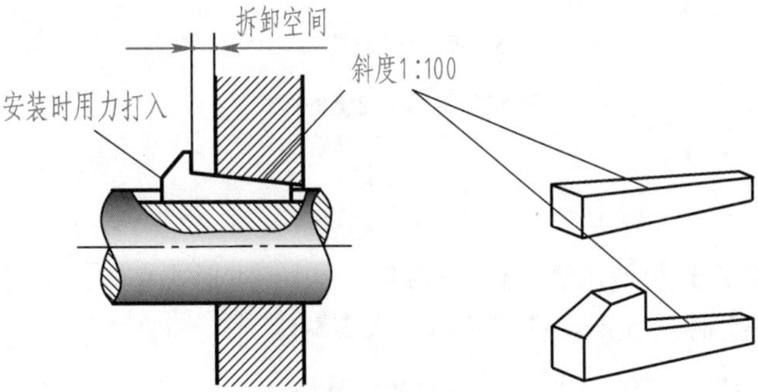

图 3-3-7　楔键连接

5. 切向键

切向键是由两个斜度为 1:100 的键沿斜面贴合而成，切向键主要用于重型机械中，若要传递双向转矩则须用两个切向键。切向键连接如图 3-3-8 所示。

6. 花键

花键是平键在数目上的发展，可承受较大的载荷，轴上零件与轴的对中性好，导向性好。花键的制造工艺较复杂，需要专门的制造设备，成本较高。花键适用于定心精度要求高、传递转矩大或经常滑移的连接。

花键连接由内花键和外花键组成，如图 3-3-9 所示。内、外花键均为多齿零件，已标准化。

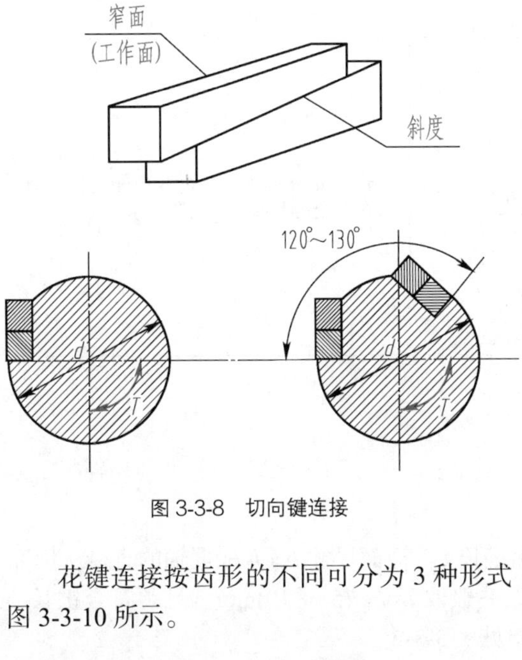

图 3-3-8　切向键连接

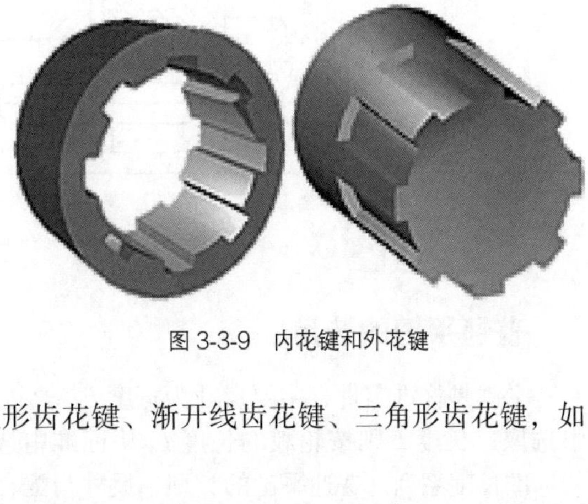

图 3-3-9　内花键和外花键

花键连接按齿形的不同可分为 3 种形式：矩形齿花键、渐开线齿花键、三角形齿花键，如图 3-3-10 所示。

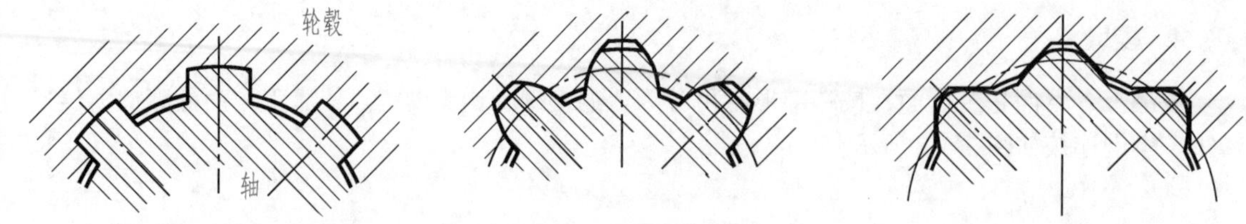

（a）矩形齿花键　　（b）渐开线齿花键　　（c）三角形齿花键

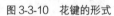

图 3-3-10　花键的形式

二、销连接

传动件在轴上的固定还可使用销，销是标准件，其基本形式有圆柱销、圆锥销、槽销、开口销等，销的材料多为 35 钢、45 钢。销的应用见表 3-3-1。

表 3-3-1　销的应用

名　称	图　例	特点和应用
定位销	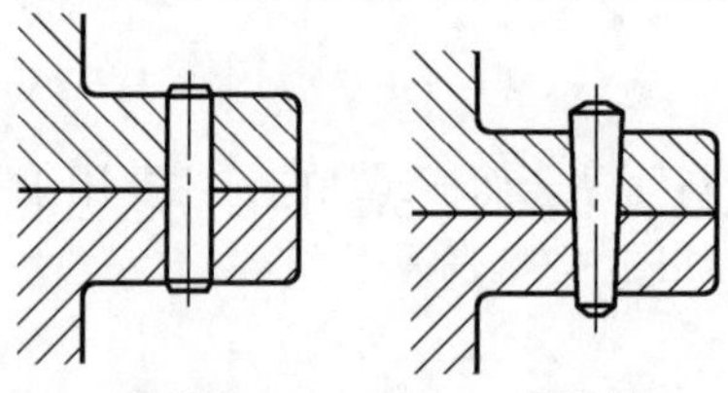	用来确定零件之间的相对位置。通常不受载荷或只受很小的载荷，数目一般不少于两个
连接销	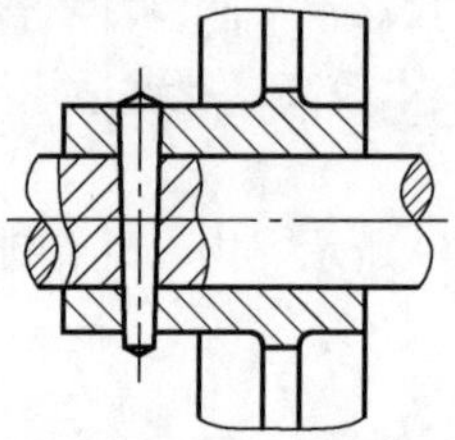	可以传递不大的载荷
安全销	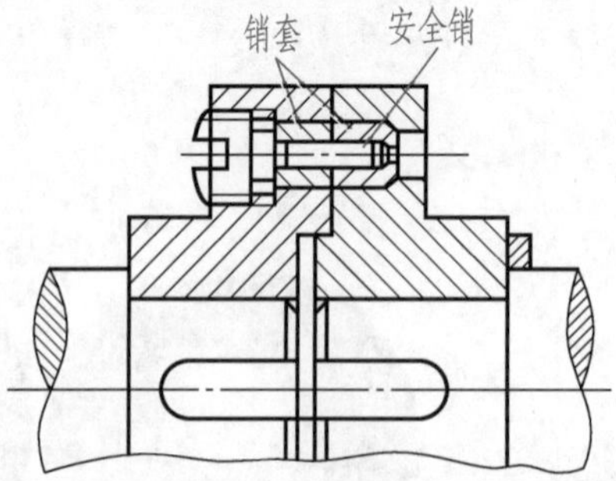	作为安全装置中的过载剪断元件，通常在安全销上加一个销套

讲一讲

普通平键的选用

平键是标准零件，主要尺寸为宽度 b、高度 h 和键长 L。截面尺寸 $b \times h$ 根据轴的直径从标准中选取，长度 L 则按轮毂的长度 L_1 从标准中选取。一般取 $L=L_1-(5 \sim 10)$mm，且须符合键长 L 的标准长度系列。普通平键的类型、尺寸与配合公差见表 3-3-2。

表 3-3-2　　普通平键、导向键和键槽的截面尺寸（GB/T 1095 ～ 1096—2003 摘录）

键尺寸				键槽											
				基本尺寸	宽度 b					深度				半径 r	
					松连接		正常连接		紧密连接	轴 t_1		毂 t_2			
宽度 b	高度 h	长度 L	倒角、倒圆 s		轴 H9	毂 D10	轴 N9	毂 JS9	轴和毂 P9	基本尺寸	极限偏差	基本尺寸	极限偏差	min	max
2	2	6 ～ 20	0.16 ～ 0.25	2	+0.025 0	+0.060 +0.020	−0.004 −0.029	± 0.012 5	−0.006 −0.031	1.2	+0.1 0	1	+0.1 0	0.08	0.16
3	3	6 ～ 36		3						1.8		1.4			
4	4	8 ～ 45		4	+0.030 0	+0.078 +0.030	0 −0.030	± 0.015	−0.012 −0.042	2.5		1.8			
5	5	10 ～ 56	0.25 ～ 0.40	5						3.0		2.3		0.16	0.25
6	6	14 ～ 70		6						3.5		2.8			
8	7	18 ～ 90		8	+0.036 0	+0.098 +0.040	0 −0.036	± 0.018	−0.015 −0.051	4.0	+0.2 0	3.3	+0.2 0		
10	8	22 ～ 110	0.40 ～ 0.60	10						5.0		3.3		0.25	0.40
12	8	28 ～ 140		12	+0.043 0	+0.120 +0.050	0 −0.043	± 0.021 5	−0.018 −0.061	5.0		3.3			
14	9	36 ～ 160		14						5.5		3.8			
16	10	45 ～ 180		16						6.0		4.3			
18	11	50 ～ 200		18						7.0		4.4			
L 系列			6、8、10、12、14、16、18、20、22、25、28、32、36、40、45、50、56、63、70、80、90、100、110、125、140、160、180、200												

注：（$d-t_1$）和（$d+t_2$）的极限偏差按相应的 t_1 和 t_2 的极限偏差选取，但（$d-t_1$）的极限偏差应取负号。

做一做

装拆普通平键

第一步 检查尺寸

用千分尺、内径百分表，检查轴和配合件的配合尺寸（见图 3-3-11）。

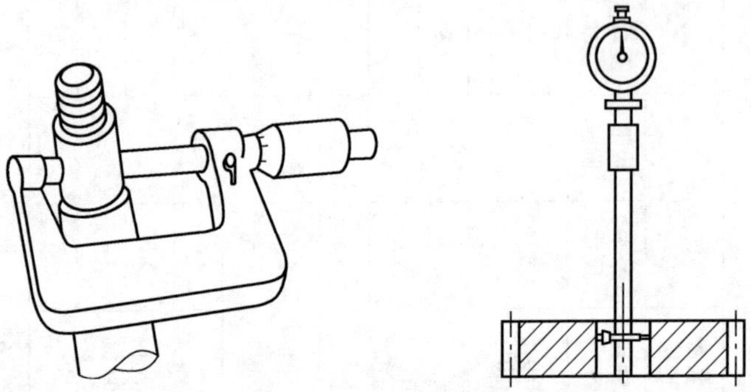

图 3-3-11 检查轴和配合件的配合尺寸

第二步 修整键槽

按照平键的尺寸，用锉刀修整轴槽和轮毂槽（见图 3-3-12）。

第三步 装平键

先试装轴与轴上零件，检查轴和孔的配合状况，然后在平键和轴槽配合面上加注润滑油，用铜棒敲击，把平键压入轴槽内，并使之与槽底紧贴（见图 3-3-13）。

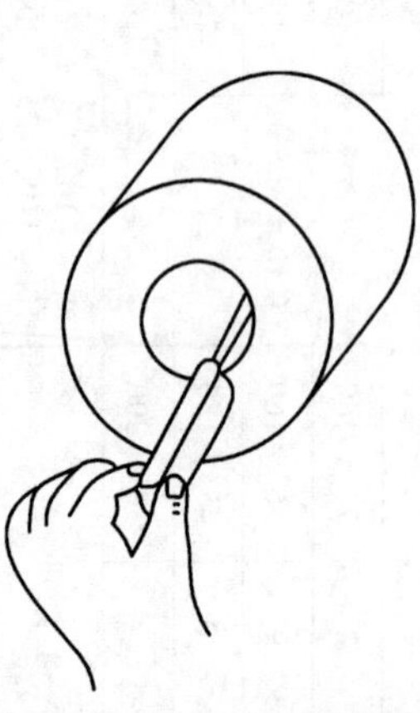

图 3-3-12 用锉刀修整键槽

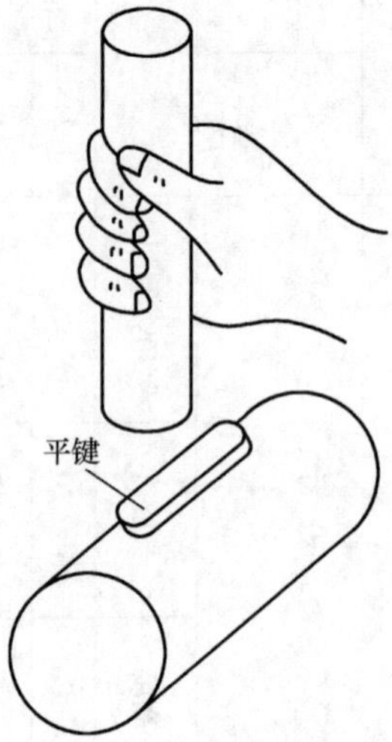

图 3-3-13 将平键装入轴槽

第四步 装齿轮

先将装配完平键的轴，夹在钳口带有软钳口的台虎钳上（见图 3-3-14），并在轴和孔表面加注润滑油，再把齿轮上的键槽对准平键，目测齿轮端面与轴的轴心线垂直后，用铜棒、手锤敲击齿轮，慢慢地将其装入到位（应在 *A*、*B* 两点处轮换敲击）（见图 3-3-15），最后装上垫圈，旋上螺母。

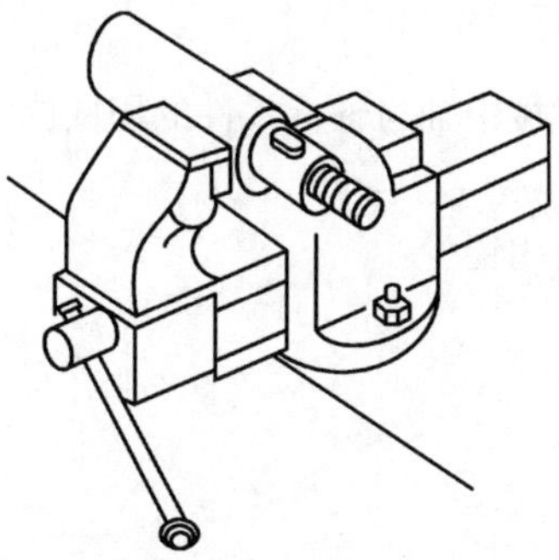
图 3-3-14 将轴装在台虎钳上

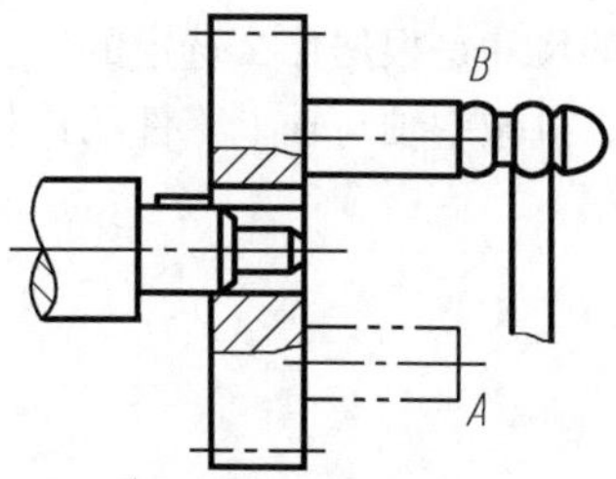

图 3-3-15 装齿轮

拆卸时，用扳手松开螺母，取下挡圈，将齿轮用拉卸工具拆下即可。

学习评价

一、观察与评价

根据“观察点”列举的内容，进行自我评估或学生互评。“观察点”内容可视实情在教师引导下拓展。

观 察 点	☺	😐	☹
知道键、销的类型和作用			
会选用普通平键			
能说出安装普通平键的步骤			

二、反思与探究

从学习过程和评价结果两方面，对存在的问题进行反思，寻求解决的办法。

存在的问题	解决的办法

三、修正与完善

根据反思与探究中寻求到的解决问题的办法，进一步修正与完善对键、销连接的作用、类型和拆装的认知方法，并能结合实际进行分析。

巩固拓展

1．了解自行车、缝纫机、电风扇、车床主轴箱等机械中轴与轴上零件的周向固定方式。

2．平键的尺寸是根据什么选定的?

3．为什么机械中轴与轴上零件的连接一般用键多而用销少?

阶段性实习训练一

支承零部件拆卸

学习目标

1. 理解轴系的结构
2. 会正确安装、拆卸轴承

学习任务

1. 分析轴系结构
2. 拆卸轴系零部件
3. 安装轴系零部件

行动设计

设施与器材	轴系结构的模型或实物，扳手、起子、锤子、圆棒、轴承拆卸器、旋具、钢板尺、游标卡尺、内卡钳、外卡钳、铅笔、直尺等工具
活动安排	分析轴系结构（约20分钟） 拆卸轴系零部件（约35分钟） 安装轴系零部件（约35分钟）

任务实施

第一步 分析轴系结构

打开轴系所在机器或模型的箱盖，初步了解轴系的整体结构，取出轴承压盖，将轴系部件取出并放在木板或胶皮上，仔细观察（见实训图 1-1）。

1. 判断轴上零件采用的轴向和周向固定方式，分析每一个轴上零件的结构及功用，填入实训表 1-1。

实训图 1-1 轴系部件实物图

实训表 1-1　　轴上零件的结构及功用

零部件	左端固定方式	右端轴向固定	周向固定	结构特点	功用
齿轮					
左轴承					
右轴承					
联轴器					

2．判断轴承的配合。

内圈与轴的配合是 ______________，外圈与机座的配合是 ______________。

3．确定轴系部件的拆卸顺序。

左端轴系部件的拆卸顺序是 ____。

右端轴系部件的拆卸顺序是 ____。

问题探讨

1. 阶梯轴为何两头小、中间大？
2. 为什么轴承不用键连接？

第二步 拆卸轴系零部件

1．从轴两端按顺序拆卸轴承、挡圈、齿轮、键等零部件，小心放置。

2．按拆卸顺序给所有零部件编号，并登记名称和数量，然后分类、分组保管，以免混乱和丢失。

3．轴的结构分析。

轴上的键槽的宽度是____________，长度是____________，深度是____________。

工作轴颈的长度是__________，齿轮的宽度是__________，支承轴颈的长度是____________，支承轴颈的直径是____________。

4．确定轴系结构所用的轴承型号并测量出（或从手册中查出）有关尺寸。

轴承的标记是________________，类型是______________，内径是____________，外径是__________，宽度是__________。

知识技能拓展

轴承的拆卸

轴承是精密机械零件，其装拆是否正确，直接影响轴承的精度、寿命和性能。因此，轴承的安装和拆卸应严格地按规程进行，并采用正确的方法和适当的工具。

1. 非分离型轴承

可用压力机将轴承从配合表面压出，如实训图 1-2 所示。还可用专门的拆卸器拆卸轴承，如实训图 1-3 和实训图 1-4 所示。

2. 可分离型轴承

可分离型轴承的内圈与轴一般是紧配合，可采用轴承感应加热器（见实训图 1-5）加热轴承内圈，在其热膨胀的状态下进行拆卸。

3. 大型轴承

对于大型轴承的拆卸往往利用油压的方法（见实训图 1-6），在锥形轴上的油孔中加压送油，使内圈膨胀，以拆卸轴承。

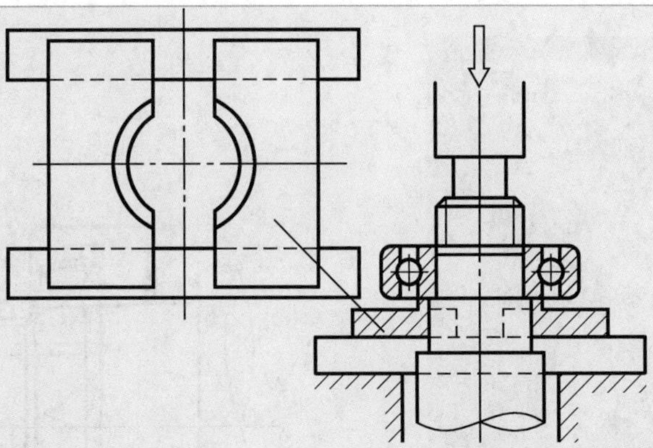

实训图 1-2　用压力机将内圈压出

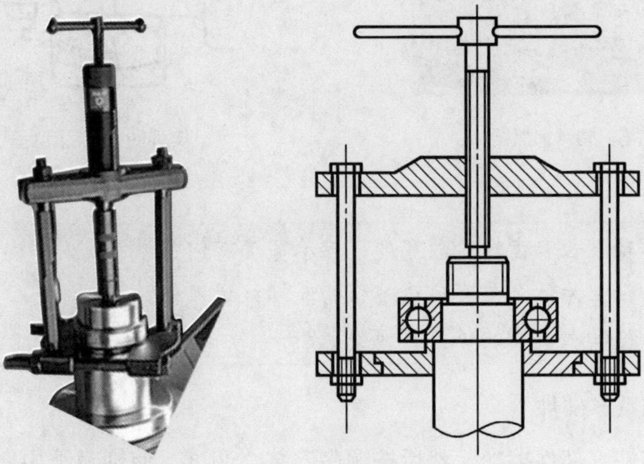

（a）　（b）

实训图 1-3　双拉杆拆卸器

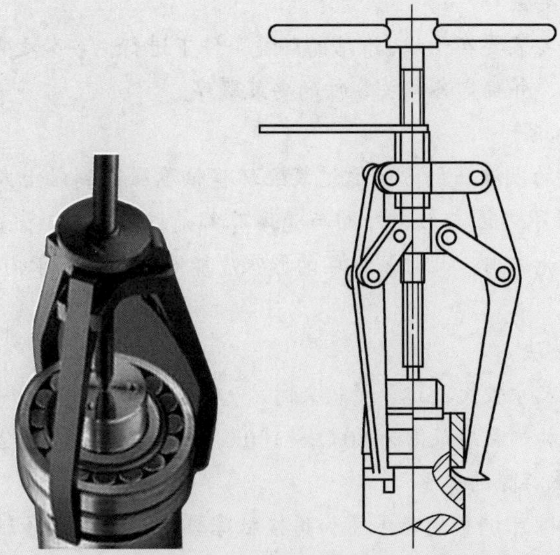

（a）　（b）

实训图 1-4　三拉杆拆卸器

实训图 1-5　轴承加热器

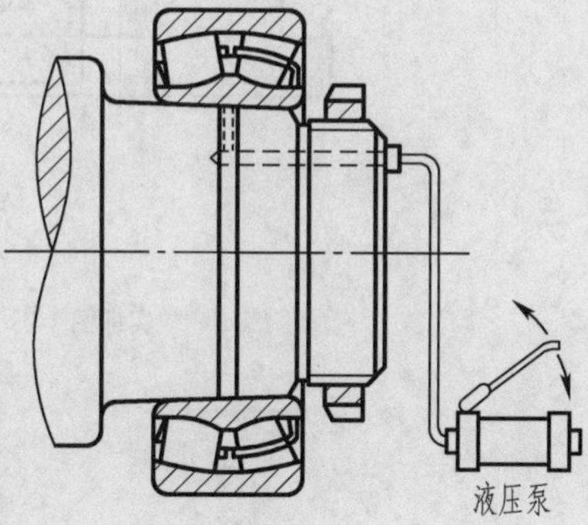

实训图 1-6　用油压法拆卸

问题探讨

1. 轴段长和齿轮轮毂宽度、轴承宽度有何关系？
2. 轴上为什么要有砂轮越程槽或螺纹退刀槽？
3. 对轴上键槽的位置有何要求？

第三步　安装轴系零部件

用棉纱将每个零件、部件擦净，然后按顺序安装、调试，使轴系结构复原后放回原处。经指导老师检查装配良好、工具齐全后，方能离开现场。

知识技能拓展

轴承的安装

轴承的安装要在干燥、清洁的环境条件下进行。安装之前应准备好所有的部件、工具及设备，并确定各相关零件的安装顺序。

1. 压入法

用机械的或液压的方法通过装配环将轴承压装到轴上或壳体中，如实训图 1-7 所示。若轴承内圈与轴、外圈与壳体孔都是过盈配合，装配时轴承内、外圈要同时压入轴和壳体内，此时装配环的形状应能同时压紧轴承内、外圈的端面，如实训图 1-8 所示。

2. 加热法

当轴承尺寸较大或过盈量较大时，一般采用油浴加热或感应加热器加热的方法。较为适宜的加热温度范围为 80℃～100℃，最高不能超过 120℃。

3. 轴承游隙的调整

对于游隙可调整的轴承（如角接触球轴承，圆锥滚子轴承等），安装的最后阶段是调整游隙，调整游隙的常用方法如实训图 1-9 和实训图 1-10 所示。

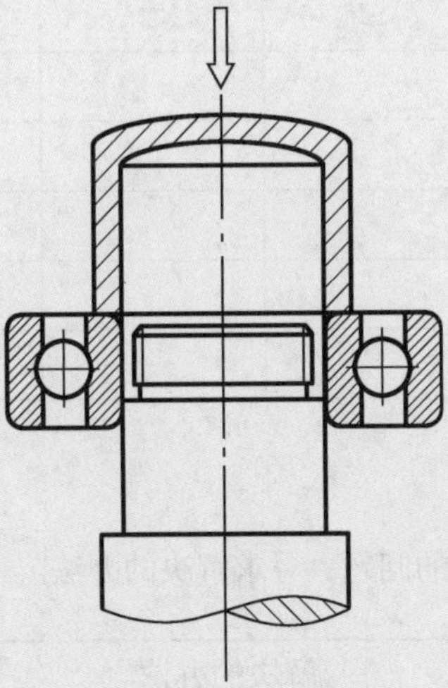

实训图 1-7　内圈压入

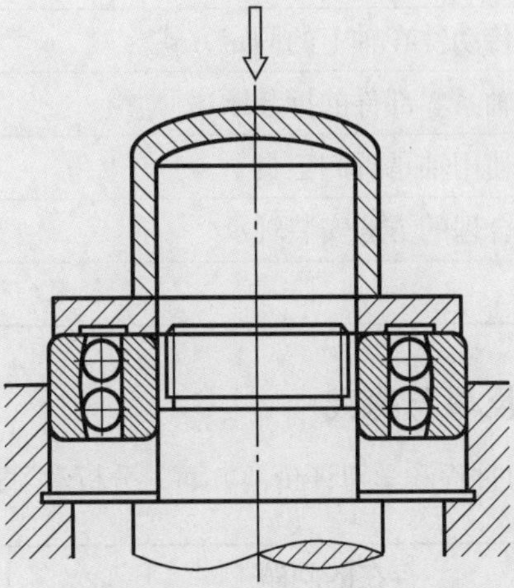

实训图 1-8　内、外圈同时压入

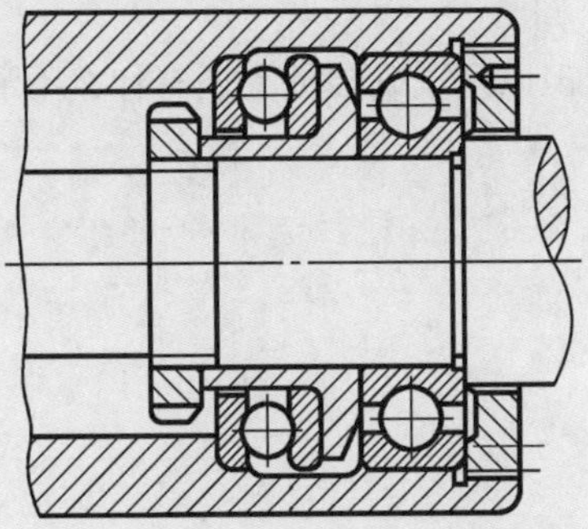

实训图 1-9　用壳体上的螺母调整游隙

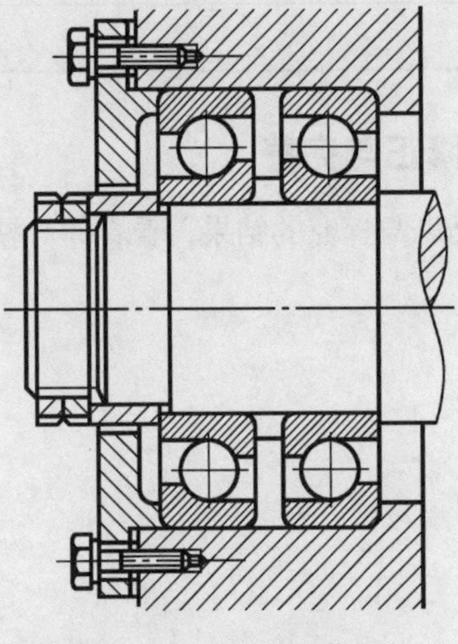

实训图 1-10　用衬垫调整游隙

问题探讨

1. 安装顺序和拆卸顺序是什么关系？
2. 加热法的原理是什么？
3. 安装轴承为什么要调整游隙？

学习评价

一、观察与评价

根据“观察点”列举的内容，进行自我评估或学生互评。“观察点”内容可视实情在教师引导下拓展。

观察点	☺	😐	☹
能分清传动件在轴上的固定方式			
会确定轴系零部件的拆装顺序			
会正确使用轴承拆卸工具			
能选择合理的方法安装轴承			

二、反思与探究

从学习过程和学习评价两方面，分析学习过程中存在的问题，寻求解决的办法。

存在的问题	解决的办法

三、修正与完善

根据反思与探究的结果，看看你对轴系部件的认识以及正确装拆上还有什么不清楚的地方，并改进。

第四节　螺纹连接

学习目标

1．了解常用螺纹的类型、特点和应用
2．熟悉螺纹连接的主要类型、应用、结构和防松方法

学习导入

螺纹连接构造简单，连接可靠，装拆方便，且螺栓、螺钉、螺母和垫圈等均已标准化，成本低廉，在机械设备中广泛应用。

看一看

观察调节阀、三爪卡盘上的螺纹连接件，如图 3-4-1 所示。

（a）调节阀　　（b）车床三爪卡盘

图 3-4-1　螺纹连接的应用

想一想

1．螺纹连接由哪些标准件所组成？
2．生产和生活中，你所见到过的螺纹连接可以归纳为哪几种类型？

且行且知

读一读

一、认识螺纹

1. 螺纹的形成

如图 3-4-2（a）所示，假想将一直角三角形 *ABC* 绕到一圆柱体上，并使三角形的底边 *AC* 与圆柱体底面圆周重合，则三角形斜边 *AB* 在圆柱体表面上形成一条螺旋线。一平面图形（牙型）沿螺旋线运动，如图 3-4-2（b）所示，运动时保持该图形通过圆柱体轴线，得到螺纹，如图 3-4-2（c）所示。

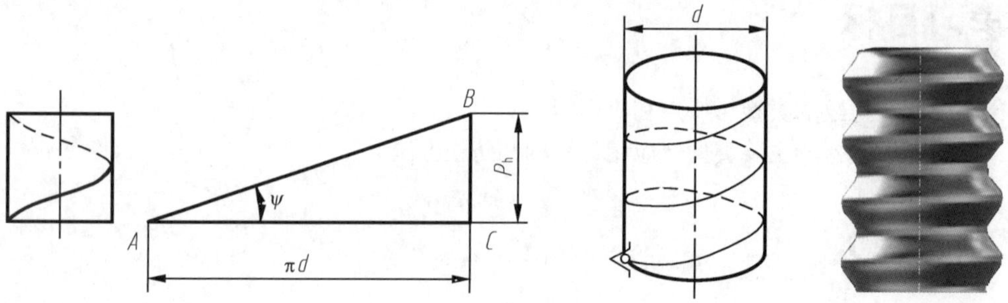

（a）　　（b）　　（c）

图 3-4-2　螺纹的形成

2. 螺纹的主要参数

（1）螺纹的线数 *n*。

由一条螺旋线所形成的螺纹为单线螺纹（*n*=1），如图 3-4-3（a）所示。

由两条或两条以上，在轴向等距分布的螺旋线形成的螺纹为多线螺纹（*n*=2、3、4…），图 3-4-3（b）所示为双线螺纹（*n*=2）。

（2）螺纹的旋向。

螺纹旋向有左旋、右旋之分。螺纹旋向的判断方法如图 3-4-4 所示，手心对着自己，螺纹旋向与右手大拇指的指向一致即为右旋螺纹，如图 3-4-4（a）所示；反之为左旋螺纹，如图 3-4-4（b）所示。

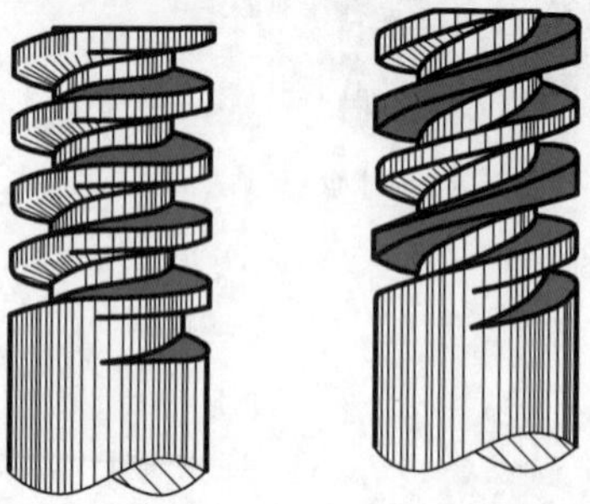

（a）单线螺纹　　（b）双线螺纹

图 3-4-3　单线螺纹与双线螺纹

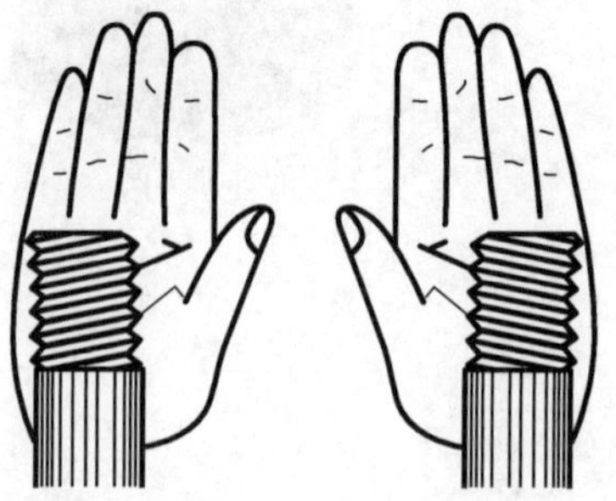

（a）右旋螺纹　　（b）左旋螺纹

图 3-4-4　螺纹旋向的判断

（3）螺纹的大径 *d*、*D*。

与外螺纹牙顶或内螺纹牙底相切的假想圆柱的直径称为大径，如图 3-4-5 所示。外螺纹大径用 *d* 表示，内螺纹大径用 *D* 表示。

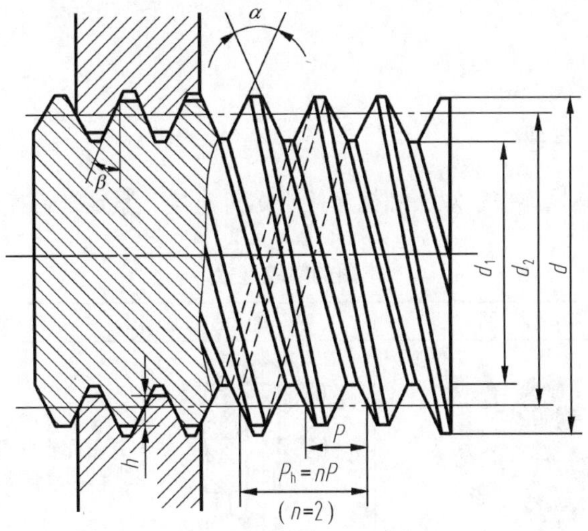

图 3-4-5　螺纹的主要参数

（4）螺距 P 与导程 P_h。

相邻两牙在中径（d_2）线上对应两点间的轴向距离称为螺距 P。

同一条螺旋线上的相邻两牙在中径线上对应两点间的轴向距离称为导程 P_h，$P_h = nP$。

（5）螺纹的牙型角 α。

如图 3-4-5 所示，在螺纹牙型上，相邻两牙侧间的夹角 α 称为牙型角。

二、常用螺纹

根据牙型角的不同，常用螺纹有三角螺纹、矩形螺纹、梯形螺纹、锯齿形螺纹等。

三角螺纹可分为普通三角螺纹（见图 3-4-6）和管螺纹。普通三角螺纹牙型角为 60°，管螺纹牙型角通常是 55°。普通三角螺纹摩擦大、强度高，一般连接用普通粗牙螺纹。

梯形螺纹如图 3-4-7 所示，广泛应用于螺旋传动。

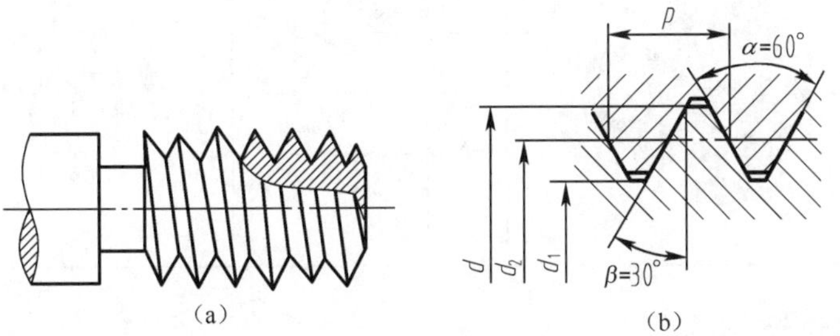

（a）　（b）

图 3-4-6　普通三角螺纹

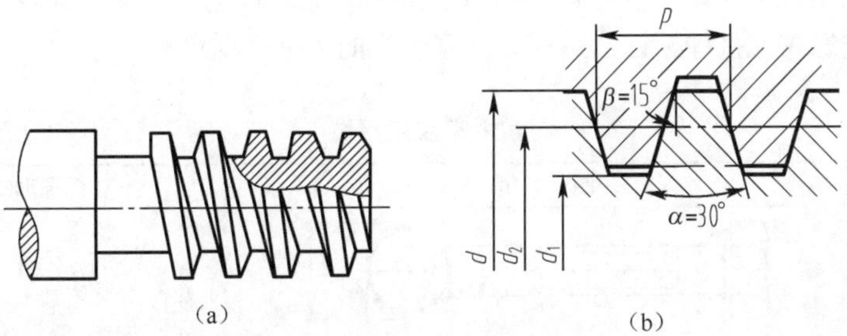

（a）　（b）

图 3-4-7　梯形螺纹

讲一讲

一、常用的螺纹连接

常用的螺纹连接有螺栓连接、双头螺柱连接、螺钉连接、紧定螺钉连接等，见表 3-4-1。

表 3-4-1　　常用的螺纹连接

类　型	实 体 图	装 配 图	特点及应用
螺栓连接	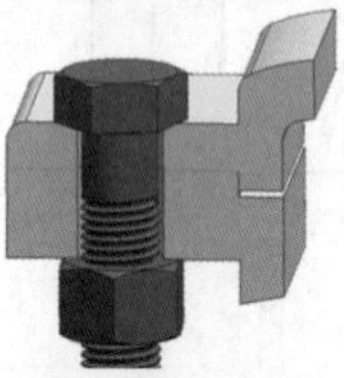	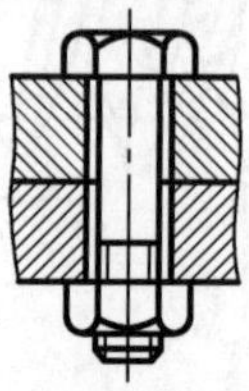	被连接件均无螺纹，根据螺栓与孔间是否存在间隙，分为普通螺栓连接和铰制孔用螺栓连接
双头螺柱连接	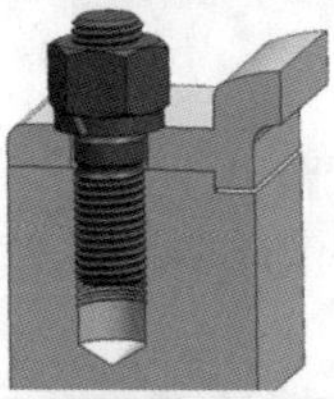	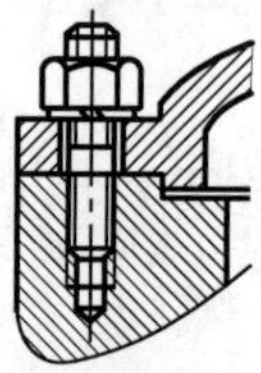	主要用于被连接件之一较厚或必须采用盲孔且经常拆卸的场合
螺钉连接	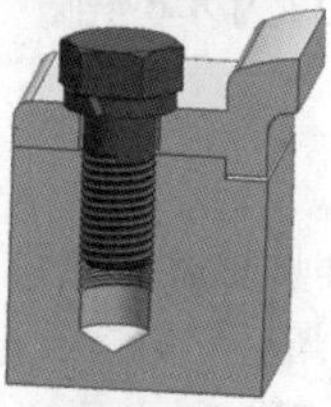	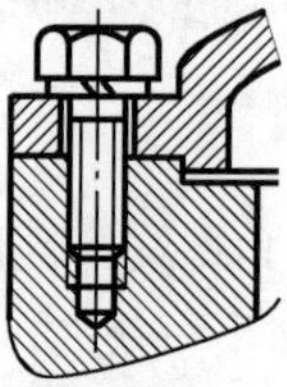	主要用于被连接件之一较厚或必须采用盲孔且不经常拆卸的场合
紧定螺钉连接	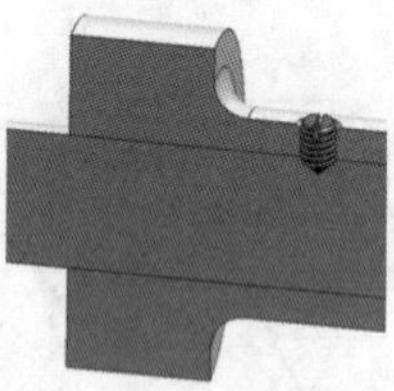	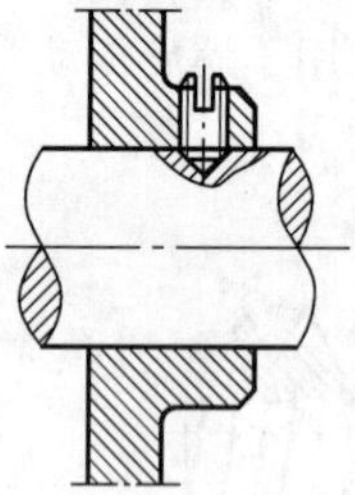	主要用于固定两个零件间位置，并传递不大的力或转矩

二、常用螺纹连接件

螺纹连接一般由螺栓、螺柱、螺钉、螺母、垫圈等标准件构成，常用螺纹连接件见表 3-4-2。应用时，一般根据螺纹连接件标记选用专业厂家生产的标准件即可。

表 3-4-2　　常用螺纹连接件

名　称	图　例	标记形式及示例
六角头螺栓	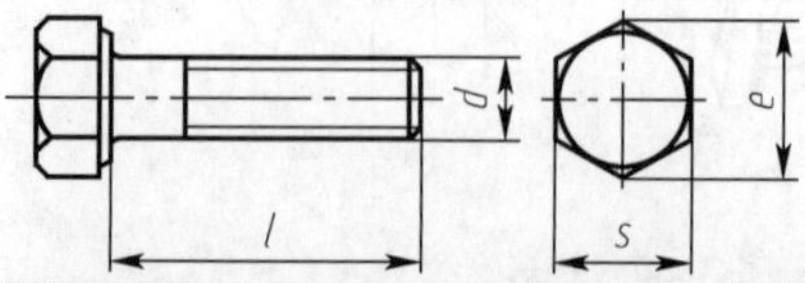	标记形式：名称　标准代码　牙型代号　公称直径 × 公称长度 标记示例：螺栓　GB/T 5782 M12×80

续表

名　　称	图　　例	标记形式及示例
双头螺柱	A 型（GB/T 897－1988）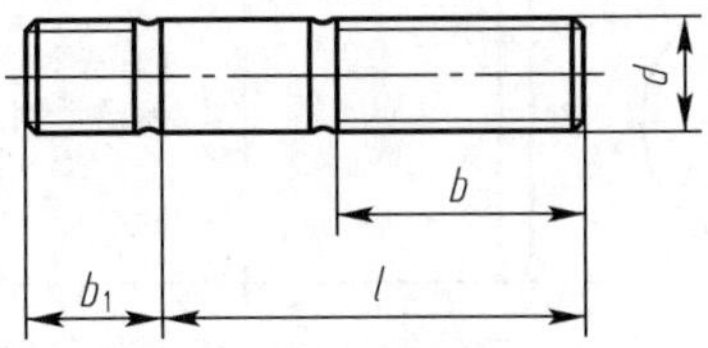 B 型（GB/T 898－1988）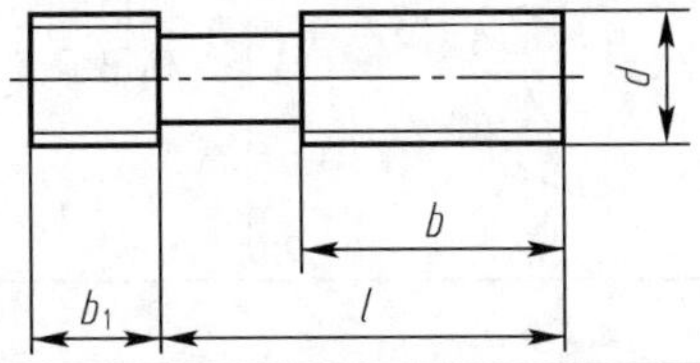	标记形式：名称 标准代码 牙型代号 公称直径 × 公称长度 标记示例：螺纹 GB/T 897 M12 × 4 螺柱国家标准：GB/T 897~900—1988
六角螺母	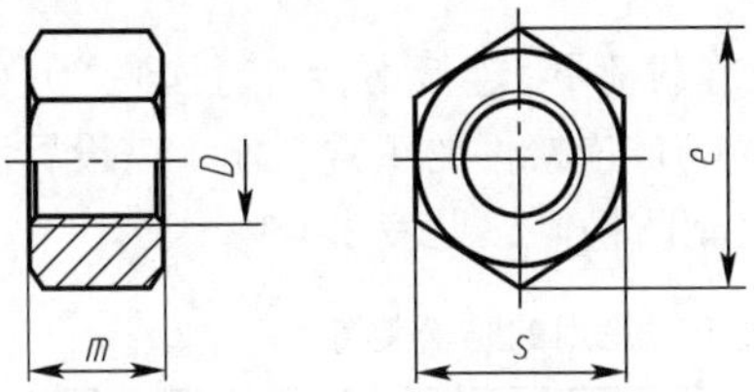	标记形式：名称 标准代码 牙型代号 公称直径 标记示例：螺母 GB/T 6170 M12
六角开槽螺母	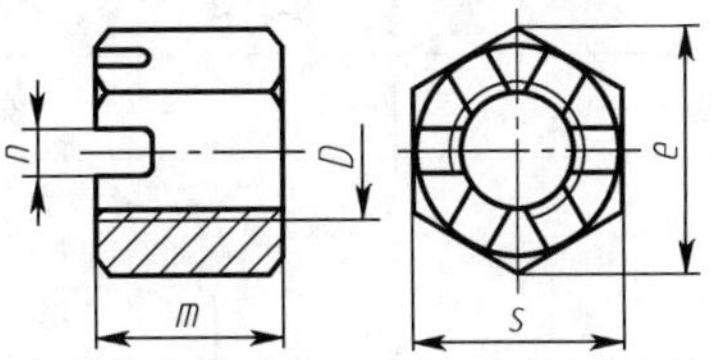	标记形式：名称 标准代码 牙型代号 公称直径 标记示例：螺母 GB/T 6178 M12
圆螺母	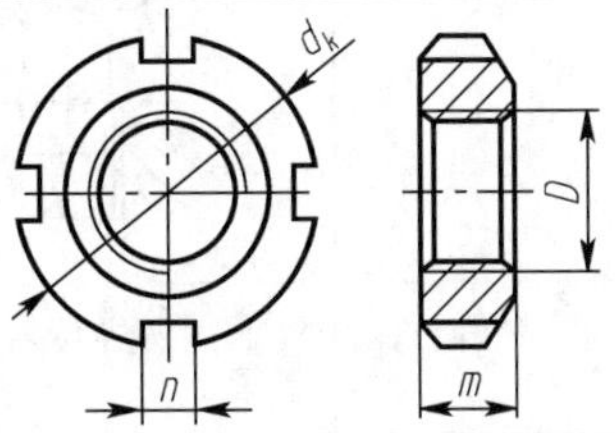	标记形式：名称 标准代码 牙型代号 公称直径 标记示例：螺母 GB/T 812 M12
紧定螺钉	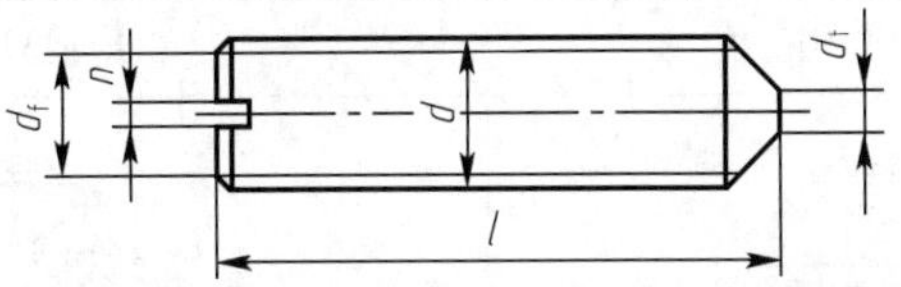	标记形式：名称 标准代码 牙型代号 公称直径 × 公称长度 标记示例：螺钉 GB/T 71 M10 × 45
内六角螺钉	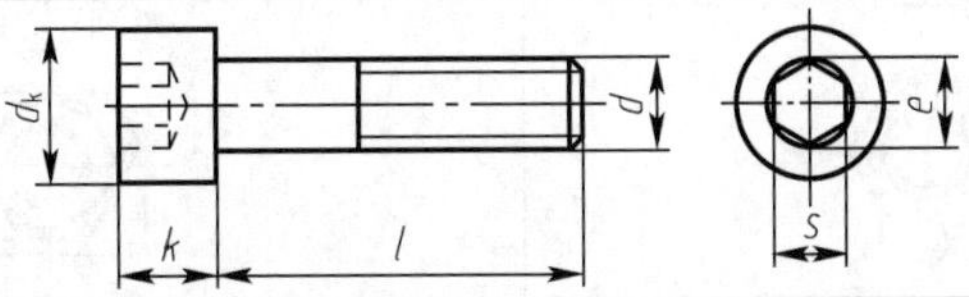	标记形式：名称 标准代码 牙型代号 公称直径 × 公称长度 标记示例：螺钉 GB/T 70 M10 × 32
开槽沉头螺钉	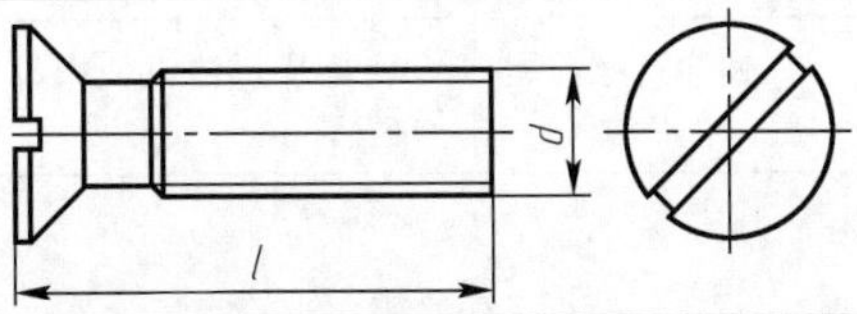	标记形式：名称 标准代码 牙型代号 公称直径 × 公称长度 标记示例：螺钉 GB/T 68 M10 × 50

续表

名　称	图　例	标记形式及示例
平垫圈	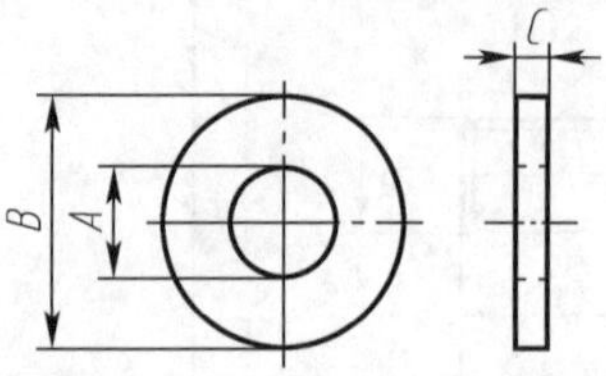	标记形式：名称 标准代码 公称直径 标记示例：垫圈 GB/T 97.1　12
标准型弹簧垫圈	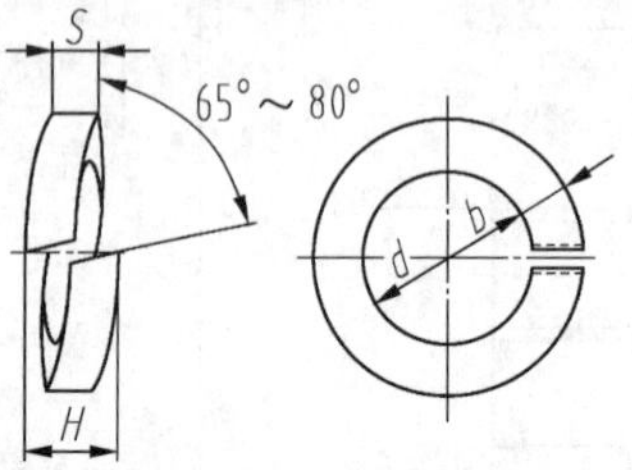	标记形式：名称 标准代码 公称直径 标记示例：垫圈 GB/T 93　16

三、螺纹连接的防松

三角螺纹具有较好的自锁性能，一般静载荷下，连接不会自行松脱，但在冲击、振动等情况下，可能会失去自锁能力，导致连接松动，影响被连接件的正常工作，需设置防松装置。常用螺纹防松方法有摩擦防松、机械防松和破坏螺纹副防松等，见表 3-4-3。

表 3-4-3　　螺纹连接常用的防松装置

类　型	防 松 措 施	
摩擦防松	弹簧垫圈防松	双螺母防松
	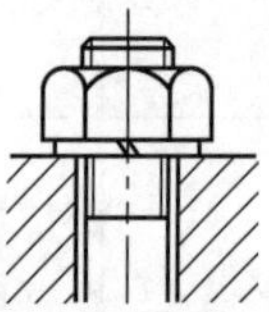	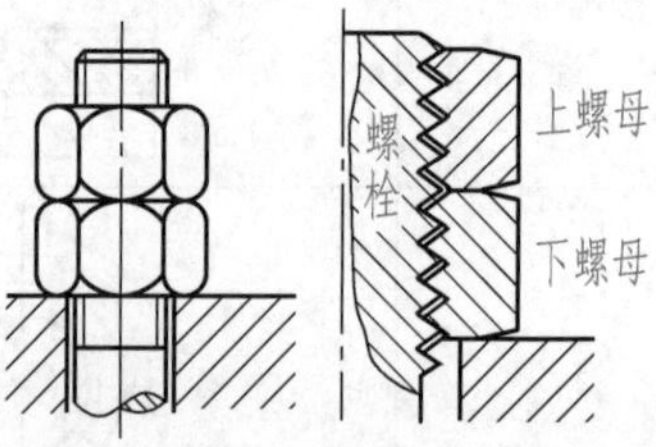
	利用弹簧垫圈被压平后的反力使螺纹间保持摩擦力而锁紧	利用两螺母对顶作用受到附加力和摩擦力以锁紧
机械防松	槽形螺母开口销防松	止动垫片防松
	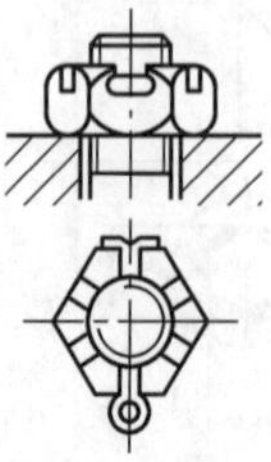	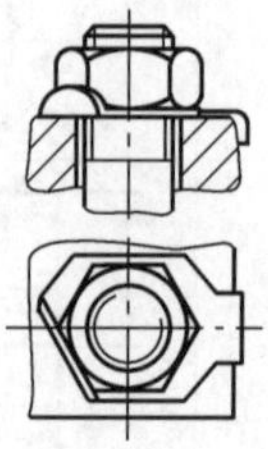
	槽形螺母拧紧后，用开口销穿过螺栓尾部小孔和螺母槽紧固	将垫片折边以使螺母和被连接零件不能相对转动

续表

类 型	防 松 措 施	
	焊接防松	冲点防松
破坏螺纹副防松	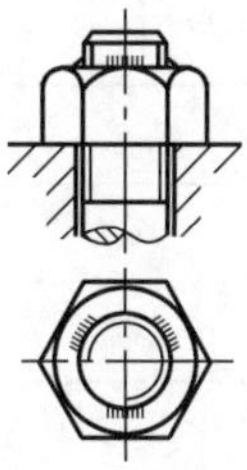	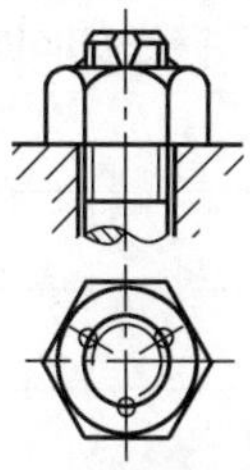
	用焊接的方式固定螺纹连接件使其不能相对转动	用冲点破坏螺纹副，使螺纹连接件不能相对转动

做一做

螺纹标准件的选配

用游标卡尺测量两个螺栓（粗牙、细牙各一个）的大径、螺纹长度，用螺纹规测量螺距，并判断螺纹旋向，查阅螺纹标准件国家标准，填写表 3-4-4。

表 3-4-4　　螺纹参数记录表

项　目	螺栓（粗牙）	螺栓（细牙）
螺栓大径 d（mm）		
螺距（mm）		
螺纹旋向		
螺栓长度 l（mm）		
螺栓标记		
相配螺母标记		
相配垫圈标记		

学习评价

一、观察与评价

观 察 点	☺	😐	☹
能说出4个以上螺纹的主要参数			
能指出生产和生活中3种以上常用螺纹连接类型			
能根据螺栓选配其他标准件			
能指出生产和生活中至少一处螺纹连接防松			

二、反思与探究

从学习过程和评价结果两方面，分析学习过程中存在的问题，寻求解决的办法。

存在的问题	解决的办法

三、修正与完善

根据反思与探究中寻求到的解决问题的办法，进一步认识螺纹类型、螺纹连接，掌握螺纹标准件的选用、常用的螺纹防松方法等。

巩固拓展

1．到车间分别了解一下铣床与地面固定、铣床平口钳与铣床工作台固定用到的螺纹连接形式？还有哪些常用螺纹连接形式？

2．自行车后轴固定时，往往每一端有两个螺母，为什么采用这种形式？螺纹连接常用的防松方法和装置还有哪些？

3．上网检索了解更多的螺纹连接件，如计算机机箱连接、主板固定中应用到的螺纹连接件。

第五节　联轴器与离合器

学习目标

1. 了解联轴器的功用、类型、特点和应用
2. * 了解离合器的功用、类型、特点和应用
3. * 了解弹簧的类型、特点和应用

学习导入

机器设备中，常用联轴器或离合器实现轴与轴之间的连接和分离，并传递运动和动力。

看一看

观察汽车、卷扬机、输送带中的联轴器，如图 3-5-1 所示。

（a）汽车　　（b）卷扬机　　（c）输送带

图 3-5-1　联轴器的应用

想一想

1. 在生产和生活中，有哪些类型的联轴器应用？
2. 联轴器连接的两轴在运行过程中能否脱离和接合？

且行且知

读一读

一、联轴器

联轴器连接两根轴或轴和回转件，使它们一起旋转，传递运动和动力，运动过程中不能实现两轴或轴和回转件的分离。

联轴器按照有无弹性元件可分为刚性联轴器和弹性联轴器两大类。其中刚性联轴器没有弹性元件，不能缓冲吸振；弹性联轴器不但可以缓冲吸振，还能补偿轴线偏移。表 3-5-1 中列出了一

些常用的联轴器型式。

表 3-5-1 常用联轴器

名　称	实 物 图	结 构 简 图	特点与应用
凸缘联轴器		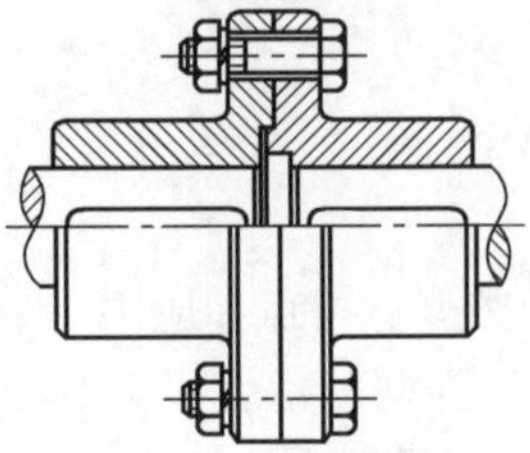	构造简单，传递转矩较大。用于转速低，无冲击，对中性较好的场合
弹性套柱销联轴器		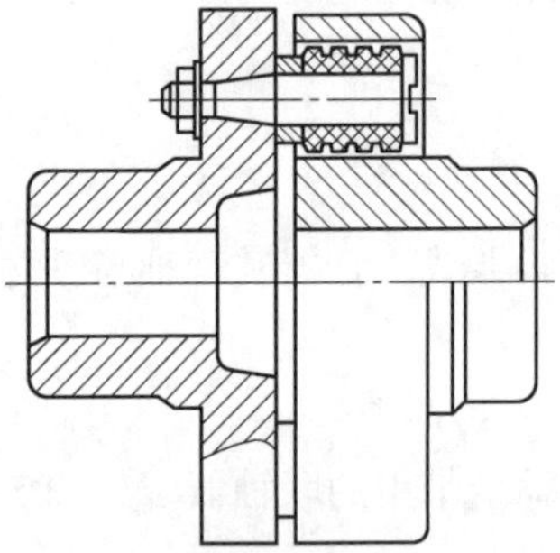	用于潮湿、多尘、有冲击、振动、正反转频繁启动的高速场合
十字滑块联轴器		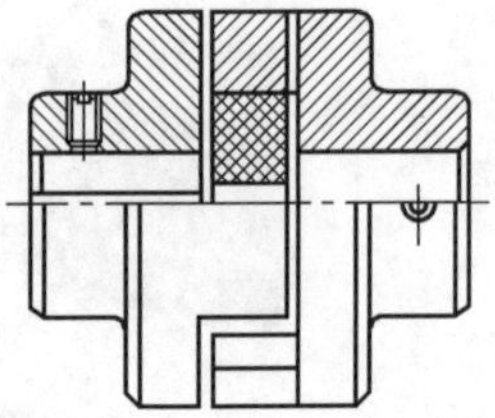	用于转速 n<250r/min，轴的刚度较大，无剧烈冲击的场合
万向联轴器		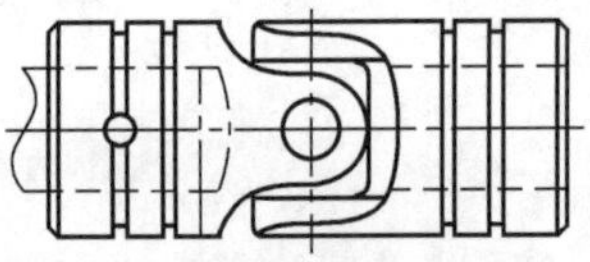	结构紧凑，传动效率高。用于汽车、重型机械及精密机械中
链轮摩擦式安全联轴器		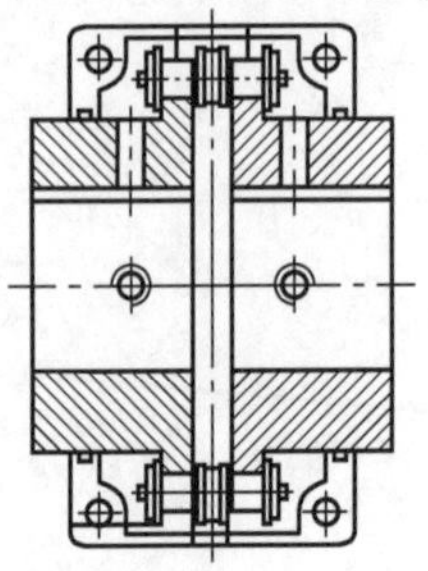	对电动机和其他零件起安全保护作用，装拆维修方便。多用于潮湿多尘等恶劣环境

二、离合器

离合器用来连接同一轴线上的主、从动部件，传递运动和动力，在工作时可以根据需要进行接合或分离。大部分离合器已标准化，广泛应用于机床、汽车、工程机械等。

常用离合器有牙嵌式离合器、摩擦式离合器、安全离合器等，见表 3-5-2。

表 3-5-2　　常用离合器

名　称	实 体 图	结 构 简 图	特点与应用
牙嵌式离合器		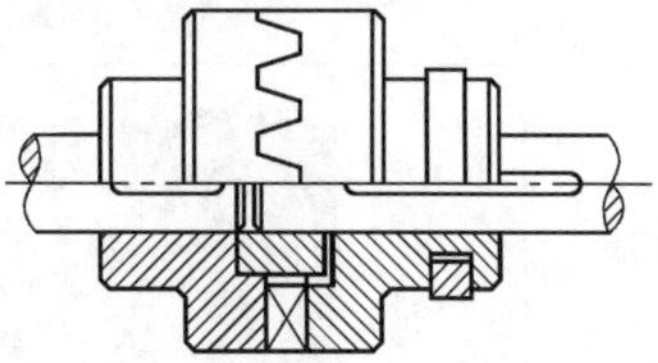	结构简单，零件少，一般用于转矩不大，低速接合的场合
单片摩擦离合器		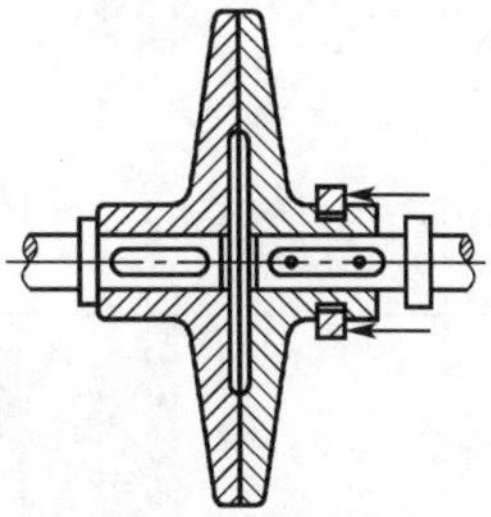	结构简单，径向尺寸大，多用于小转矩的轻型机械
多片摩擦离合器		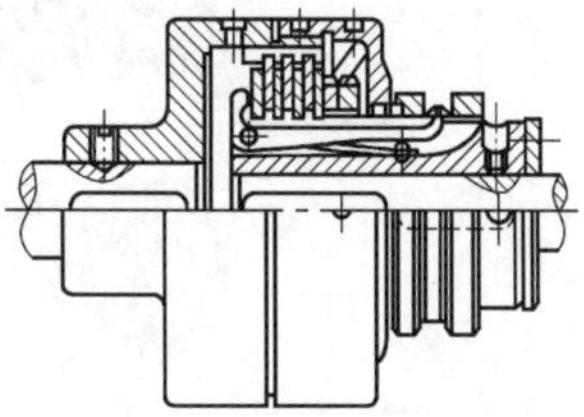	摩擦面多，传递转矩大，径向尺寸小。散热差，结构复杂
超越离合器		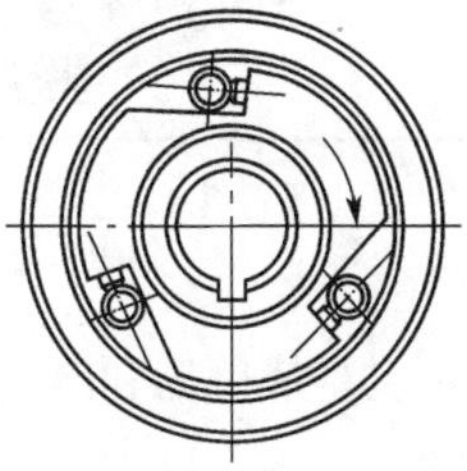	自动离合器，结构尺寸小，接合和分离平稳，可用于高速传动

三、* 弹簧

弹簧在外力作用下，能够产生相当大的弹性变形，是机器中广泛应用的一种弹性元件。

弹簧具有如下主要功能。

（1）控制机械的运动。例如内燃机中控制气缸阀门启闭的弹簧，离合器中的控制弹簧等。

（2）吸收振动和冲击能量。例如各种车辆中的减振弹簧、缓冲器的弹簧等。

（3）存储和释放能量。例如钟表弹簧、枪栓弹簧等。

（4）测量力的大小。例如弹簧秤、测力器中的弹簧等。

弹簧种类很多，按其承受的载荷性质，主要分为拉伸弹簧、压缩弹簧、扭转弹簧、弯曲弹簧等，见表 3-5-3。圆柱形螺旋弹簧制造简便，成本低，在机械中应用广泛。

表 3-5-3　　常用弹簧

类　型		承载形式	简　图	特点及应用
圆柱形螺旋弹簧		拉伸	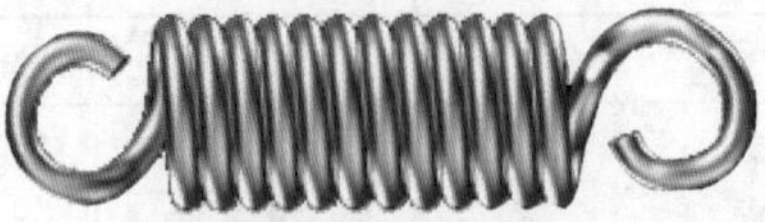	承受拉力。制造方便、成本低，机械中应用广泛
		压缩		承受压力。结构简单，制造方便，应用最广泛
		扭转	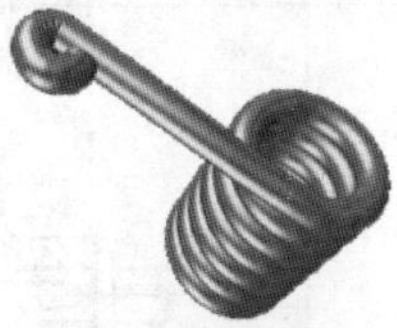	承受扭矩。主要用于压紧、蓄能
其他弹簧	蝶形弹簧	压缩		承受压力。具有良好的缓冲吸震性能，多作为缓冲装置使用
	盘簧	扭转		承受扭矩。弹簧圈数多、变形较大、储存能量大，多用于仪表中的动力装置
	板弹簧	弯曲		承受弯矩。具有较好的消振能力，在汽车、拖拉机和铁路车辆的悬挂装置中普遍使用

做一做

上网检索本节中没有介绍的其他联轴器和离合器，了解其名称和主要应用场合。

学习评价

一、观察与评价

观　察　点	☺	😐	☹
知道生产和生活中2种以上联轴器的应用及其主要特点			
*了解生产和生活中2种以上离合器的应用及其主要特点			
*能说出生产和生活中3种以上弹簧应用及其主要特点			

二、反思与探究

从学习过程和评价结果两方面，分析学习过程中存在的问题，寻求解决的办法。

存在的问题	解决的办法

三、修正与完善

根据反思与探究中寻求到的解决问题的办法，进一步掌握常用联轴器、离合器的类型、特点及应用等。

巩固拓展

1．根据表 3-5-1 所示的常用联轴器，指出哪些是刚性联轴器，哪些是弹性联轴器，各自有何特点？

2．车床上所用的摩擦式离合器与牙嵌式离合器各自有什么特点？

3．了解自行车后轴上飞轮的结构和工作原理。

4．一机器（如车床、卷扬机）为实现快速停机，往往采用制动器加速制动。查阅相关资料，了解制动器的工作原理。

阶段性实习训练二

*联轴器的安装与找正

学习目标

1. 能根据联轴器与轴的配合类型确定安装方式，并正确安装联轴器
2. 会使用百分表测量联轴器径向跳动误差、端面跳动误差，会找正联轴器

学习任务

1. 手工安装间隙配合的凸缘联轴器的两半联轴器
2. 用两个百分表的方式找正

行动设计

设施设备	自吸入泵（或其他带联轴器设备）、百分表、磁性表座、润滑油、扳手、锉刀、塞尺等
活动安排	制订安装、找正方案（约20分钟） 安装两半联轴器（约25分钟） 找正联轴器（约35分钟） 师生交流讨论（约10分钟）

任务实施

第一步 制订联轴器的安装、找正方案

观察如实训图2-1所示的自吸入泵3与电动机1轴的连接方式，制订联轴器2的安装、找正方案。

（a）

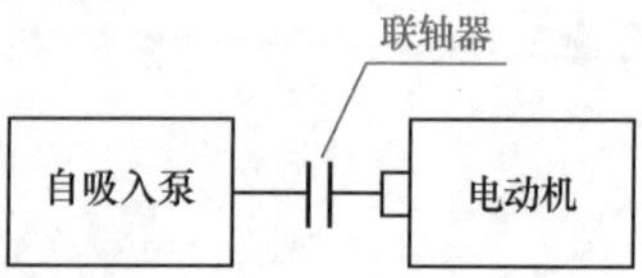

（b）

实训图2-1 自吸入泵

1—电动机；2—联轴器；3—自吸入泵

1. 本设备采用的联轴器是________________。

2．制定联轴器的安装、找正方案，填入实训表 2-1 中。

实训表 2-1 联轴器的安装、找正

项　目	内　容
装配顺序	
装配工具	
测量工具	
测量仪表	

知识技能拓展

1．联轴器的径向偏差、轴向倾斜

两轴的径向偏差、轴向倾斜（两轴线的相对倾斜斜率）如实训图 2-2 所示，这两个误差均在 360° 范围内出现。

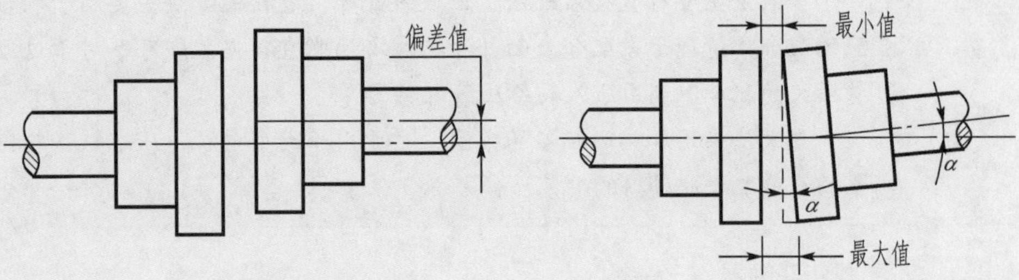

（a）径向偏差　（b）轴向倾斜

实训图 2-2 联轴器同轴度误差

2．联轴器的装配要求

联轴器的种类较多，结构不同，其装配的技术要求可归纳为以下两点。

（1）应严格保证两轴的同轴度，装配时应检查联轴器的圆跳动量和两轴同轴度误差，具体要求见实训表 2-2。

实训表 2-2 联轴器的圆跳动和两轴同轴度要求 （单位：mm）

项　目		弹性柱销联轴器（按半个联轴器大径） 105 ～ 170	190 ～ 260	290 ～ 350	十字滑块联轴器	凸缘联轴器
半联轴器跳动	径　向	0.07	0.08	0.09	—	—
	端　面	0.16	0.18	0.20		
同轴度	径　向	0.14	0.16	0.18	0.04*d*（*d* 为轴径）	0.05~0.10
	轴线倾斜（′）	40			30	

（2）装配时，应保证连接件（螺栓、螺母、键、圆柱或圆锥销）有可靠、牢固的连接，不允许有松脱现象。

问题探讨

联轴器安装后，为什么需要对两轴轴线进行找正，以使两轴线同轴度误差在允许的范围内？

第二步 安装平键

1．用百分表找正自吸入泵的轴线与安装底座的基准边基本平行或垂直，并固定自吸入泵。

2．消除键槽的锐边，试装半联轴器（不安装平键），避免孔轴装配过紧；修配平键与键槽宽度的配合精度至稍紧；修锉平键与键槽间留有 0.1mm 左右间隙。

3．平键安装于轴的键槽中，配合面涂机械油，在轴端下方垫铜棒至适当高度，用铜棒敲击键上表面，至其底面与槽底接触。

第三步 安装两半联轴器

在两半联轴器内孔涂上机械油，分别安装于泵轴端和电动机轴端。

知识技能拓展

联轴器装配方式的确定

根据联轴器与轴的配合类型不同，可以用冷装法和热装法来装配联轴器。

冷装法主要有直接装配法、压入装配等。直接装配法主要用于联轴器与轴有间隙的配合，清理干净配合表面并涂抹润滑油脂直接安装即可；对于过渡配合或过盈量不大的配合，利用压入设备压装联轴器。

热装法采用加热联轴器的方法，主要用于大型电机、压缩机、轧钢机等重型设备的过盈配合联轴器的安装。

第四步 找正联轴器

多次测量径向跳动、端面跳动误差并调整至允许范围，记录测量数据于实训表 2-3。

实训表 2-3　　联轴器找正时测量数据　　（单位：mm）

径向跳动					轴向跳动				
		第 1 次	第 2 次	第 3 次			第 1 次	第 2 次	第 3 次
测量值	最大值				测量值	最大值			
	最小值					最小值			
径向跳动误差					端面跳动误差				

1．将两个百分表固定在自吸入泵的轴上（见实训图 2-3），转动泵轴，测量径向跳动和端面跳动误差。

百分表量程置于中间位置，外圆上百分表指针最大值与最小值差值的一半即为径向跳动误差。

根据测量值，判断两轴在空间的位置关系，先在水平方向上移动电动机位置，再在垂直方向上加减电动机支脚下面的垫片，以保证联轴器的同轴度。若两者高低相差较多，可在电动机或泵底面垫入适当厚度的垫片进行调整。

2．移动电动机，使电动机联轴器圆盘的凸肩插入泵联轴器圆盘的凹台少许。

第五步 拧紧螺栓组

转动自吸入泵的轴，检查并调整联轴器两圆盘间的间隙，直至间隙均匀。再移动电动机，使联轴器两圆盘端面完全接触。对称地、逐步地（分两次或三次）拧紧连接螺栓（见实训图 2-4），固定联轴器和电动机。

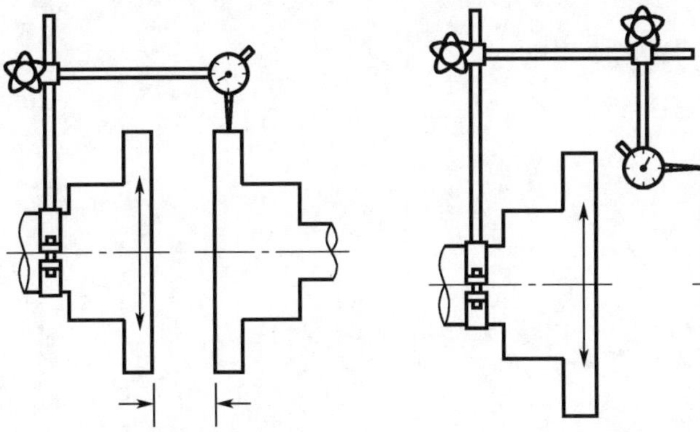

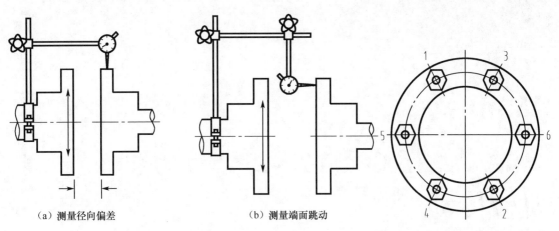

（a）测量径向偏差　　（b）测量端面跳动

实训图 2-3　凸缘联轴器的找正

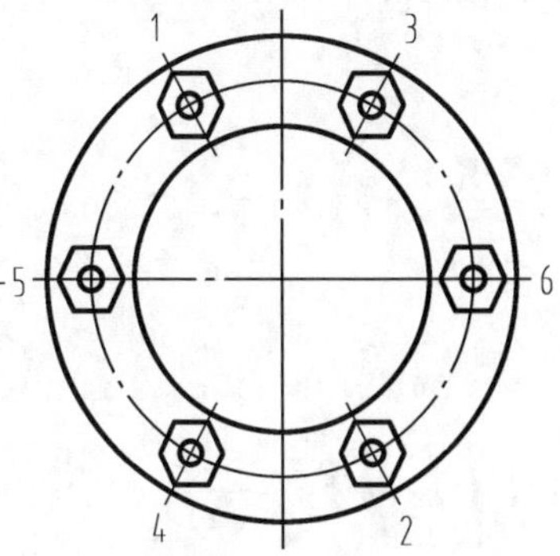

实训图 2-4　圆周均布螺栓组拧紧顺序

学习评价

一、观察与评价

根据“观察点”列举的内容，进行自我评估或学生互评。“观察点”内容可视实情在教师引导下拓展。

观　察　点	☺	😐	☹
能制订联轴器合理的安装找正方案			
能在规定时间内规范地安装联轴器			
能在规定时间内找正联轴器至符合要求			

二、反思与探究

从实施过程和评价结果两方面，分析学习过程中存在的问题，寻求解决办法。

存在的问题	解决的办法

三、修正与完善

根据反思与探究中寻求到的解决问题的办法，进一步规范联轴器的安装与找正。

第四章

机械传动

第一节　带传动

学习目标

1. 了解带传动的工作原理、特点、类型和应用
2. 了解 V 带的结构和标准
3. 了解 V 带轮的材料和结构
4. 会选用 V 带传动的参数
5. 能正确安装、张紧、调试和维护 V 带传动

学习导入

在生产和生活中，车床、钻床、缝纫机、洗衣机等都采用了带传动，用来进行运动和动力的传递。

看一看

拆开台式钻床的防护罩，启动台式钻床，观察带传动情况（见图 4-1-1）。

图 4-1-1　台式钻床

1—塔式带轮；2—V 带

想一想

1．你见过哪些种类的带传动？
2．V 带张紧程度对带传动有什么影响？
3．带轮采用塔式结构起什么作用？

且行且知

读一读

一、带传动

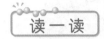

带传动是通过带和带轮之间的摩擦或啮合传递运动和动力的传动装置。带传动的类型见表 4-1-1。

表 4-1-1　　带传动的类型

类　型		图　示	特　点		应用实例
摩擦类	圆带传动		带有弹性，能缓冲、吸振，传动平稳，无噪声，使用维护方便，可用于中心距较大的传动场合；过载时，带发生打滑，对其他零件起保护作用；传动比不准确，带的寿命较短，传动效率较低	传动能力小，主要用于低速、小功率传动	 缝纫机
	平带传动			带的内面是工作面，质量轻且挠曲性好，多用于高速和中心距较大的传动	 带式输送机
	V 带传动	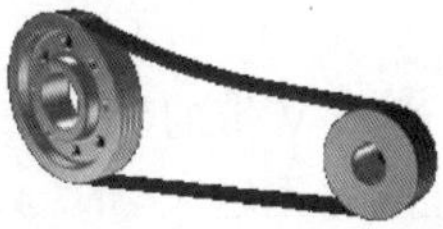		截面形状为等腰梯形，两侧面为工作面，在相同张紧力和摩擦系数情况下，V 带传动能力比平带大，结构更加紧凑	 手扶拖拉机
啮合类	同步带传动		靠带内侧的齿与带轮的齿啮合传递运动和动力，传动比较准确，但价格较贵		 内燃机

新型带传动除了同步带传动以外，主要有切边式 V 带传动和多楔带传动。

切边式 V 带（见图 4-1-2）由于胶带结构侧面没有包布，带体十分柔软，抗疲劳破坏的性能好，提高了传动带的使用寿命，因而得到迅速发展。

多楔带（见图 4-1-3）是在平带的基体下做出许多纵向楔，带轮也有相应的环形轮槽，其工作面为楔的侧面，兼有平型带和 V 带的优点。运动平稳、传递功率大、张紧力小、传动比范围大、传动速度高、结构合理、使用寿命长。适用于要求结构紧凑、传动功率较大的场合，特别适合要求 V 带根数多且垂直地面的平行轴传动。

图 4-1-2 切边式 V 带

图 4-1-3 多楔带

二、V 带

V 带是没有接头的环形带，由包布层、伸张层、强力层和压缩层组成，如图 4-1-4 所示。

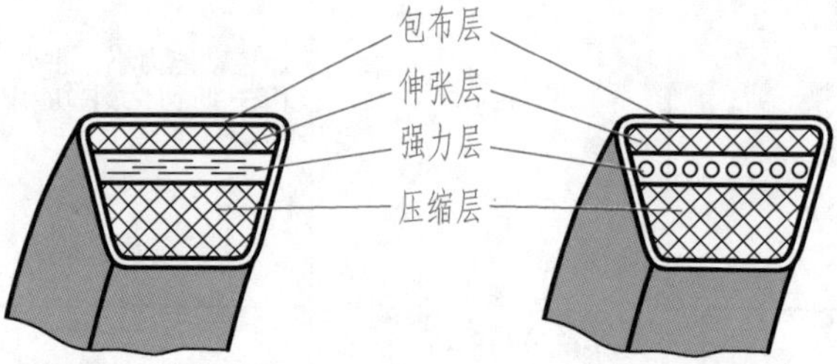

（a）帘布结构　　（b）线绳结构

图 4-1-4 V 带的结构

包布层由胶帆布制成，主要起耐磨和保护作用；伸张层和压缩层一般用橡胶制成，在 V 带工作时分别受到拉伸和压缩；强力层是 V 带工作时的主要承载部分，有帘布和线绳两种结构，其中帘布结构的 V 带抗拉强度高，制造方便，应用较广。

V 带是标准件，V 带的标记由型号、基准长度和标准号组成。如基准长度 L_d = 1 760mm 的 B 型普通 V 带的标记为 B1760　GB11544—1997。

常用 V 带类型有普通 V 带、窄 V 带、宽 V 带、半宽 V 带等。普通 V 带的型号分为 Y、Z、A、B、C、D、E 7 种，截面尺寸依次增大。V 带的截面积越大，传递功率也越大。

三、V 带轮

1. V 带轮结构

带轮一般由轮缘、轮辐、轮毂 3 部分组成。轮缘是带轮的工作部分，制有梯形轮槽，轮毂是带轮与轴的连接部分，轮缘与轮毂用轮辐连接成一整体。V 带轮的不同结构如图 4-1-5 所示。

图 4-1-5　V 带轮的结构

2. V 带轮材料

V 带轮材料主要根据带轮的圆周速度进行选择。具体可参考表 4-1-2。

表 4-1-2　　**V 带轮材料及适用范围**

材　料	适 用 范 围
HT150、HT200	带轮的圆周速度 $v \leqslant 25$m/s
铸钢或钢板	$v \geqslant 25$m/s 的高速传动
铸铝或工程塑料	小功率低速传动

讲一讲

一、V 带传动参数的选用

1. V 带传动参数

V 带传动简图如图 4-1-6 所示。

（1）传动比 i。不考虑 V 带的弹性滑动，V 带传动的传动比为主动轮转速 n_1 与从动轮转速 n_2 之比，也等于两轮基准直径的反比。

$$i = \frac{n_1}{n_2} = \frac{d_{d2}}{d_{d1}}$$

式中：n_1、n_2——主、从动轮转速；

d_{d1}、d_{d2}——主、从动轮基准直径。

（2）轮槽角 ϕ。带轮轮槽两侧面所夹的角。

（3）带轮基准直径 d_d。V 带绕在带轮上弯曲时产生伸张和压缩变形，介于两者之间某一无变形处所对应的带轮直径，如图 4-1-7 所示。

（4）中心距 a。两带轮轴心间的距离。

（5）小轮包角 α_1。V 带和小带轮接触弧所对应的中心角。

$$\alpha_1 = 180° - \frac{d_{d2} - d_{d1}}{a} \times 57.3°$$

（6）V 带的基准长度 L_d。V 带在规定的张紧力下，位于带轮基准直径上的周线长度。

$$L_d = 2a + \frac{\pi}{2}(d_{d2} + d_{d1}) + \frac{(d_{d2} - d_{d1})^2}{4a}$$

（7）带的线速度 v。

$$v=\frac{\pi d_{d1}n_1}{60\times 1\,000}=\frac{\pi d_{d2}n_2}{60\times 1\,000}$$

（8）V 带的根数 z。同一级 V 带传动所用 V 带的数量。

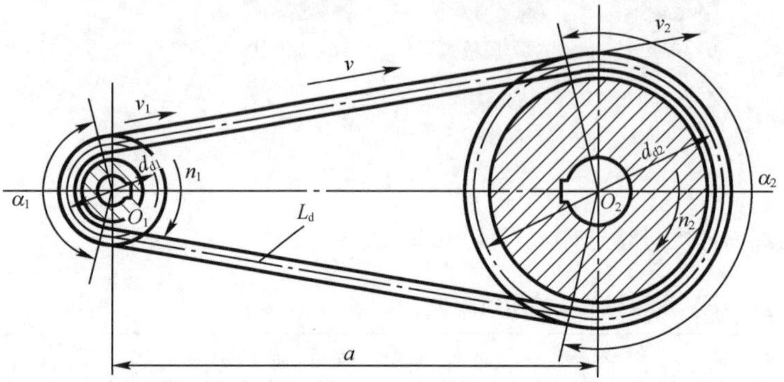

图 4-1-6　V 带传动简图

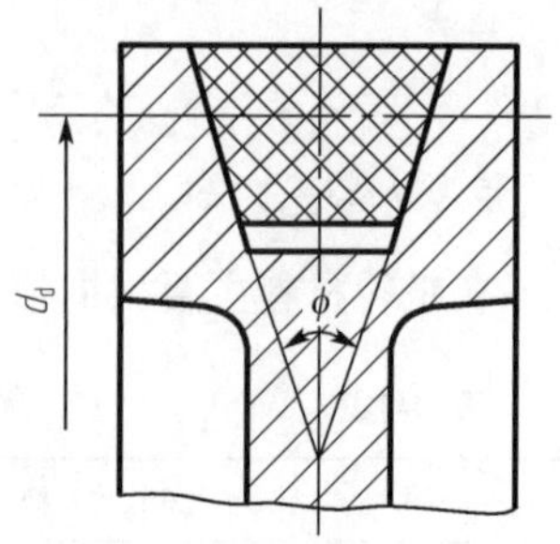

图 4-1-7　带轮基准直径

2．参数选用原则

为保证 V 带传动的传动能力，应综合考虑各参数对传动的影响，具体选用原则见表 4-1-3。

表 4-1-3　V 带传动参数选用原则

参　数	选 用 原 则	说　明
传动比 i	$i \leqslant 7$	避免小轮包角太小及轮廓尺寸过大
带轮基准直径 d_d	最小直径取决于带型	避免 V 带弯曲应力过大，导致疲劳断裂
轮槽角 ϕ	比 V 带的楔角（V 带两侧面所夹的角）略小	保证 V 带与带轮轮槽两侧面贴合紧密，增大摩擦力
小轮包角 α_1	$\alpha_1 \geqslant 120°$	增大 V 带与小带轮的接触面积，以增大摩擦力
中心距 a	$0.7(d_{d1}+d_{d2})\sim 2(d_{d1}+d_{d2})$	中心距太小，会降低传动能力，加速疲劳破坏。中心距过大，V 带工作时会产生颤动
带的基准长度 L_d	由中心距和两带轮直径确定	避免 V 带过松或过紧，影响传动能力
带速 v	$v=5\sim 25$m/s	带速太大会引起打滑；带速太小，所需带的根数增多，容易导致受力不均
带的根数 z	10 根以内	使各根带受力均匀

二、V 带传动安装要求

1．带轮要可靠固定，两带轮轴线平行，带轮 V 形槽对称平面重合，误差不得超过 20′，如图 4-1-8 所示，以免传动时 V 带发生扭曲和工作侧面过早磨损。

2．V 带型号和规格正确，张紧度应适当。张紧程度以用大拇指将 V 带压下 15mm 左右为宜。安装后 V 带顶面应和带轮轮槽顶面取齐，使 V 带和轮槽的工作面之间有充分和良好接触，以保证传动能力，如图 4-1-9 所示。

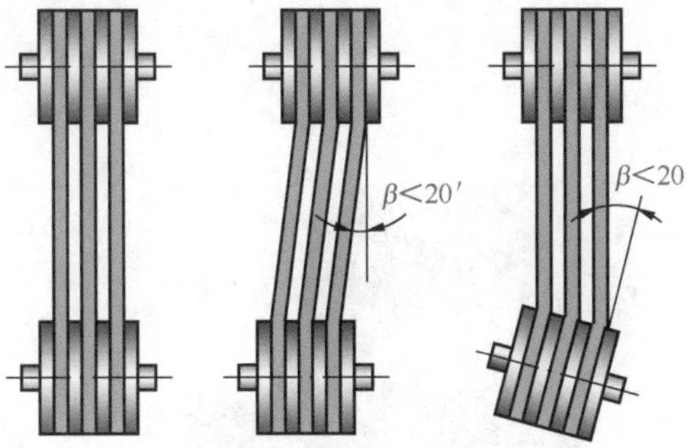

图 4-1-8　V 带轮的正确安装

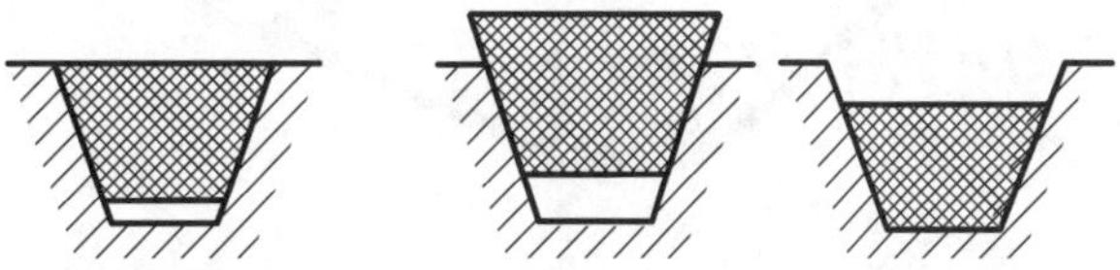

（a）正确位置　　（b）错误位置

图 4-1-9　V 带在轮槽中的位置

三、V 带传动维护要点

V 带工作时一直处于张紧状态，会因逐渐产生永久变形而松弛，影响正常传动，需要及时维护。

1. V 带松紧的定期检查

发现不宜继续使用的 V 带要及时更换。更换时应一组同时更换，尽量保证一组 V 带的实际长度相等。

2. V 带张紧方法

（1）调整中心距。

V 带的调整中心距定期张紧装置和自动张紧装置如图 4-1-10 和图 4-1-11 所示。

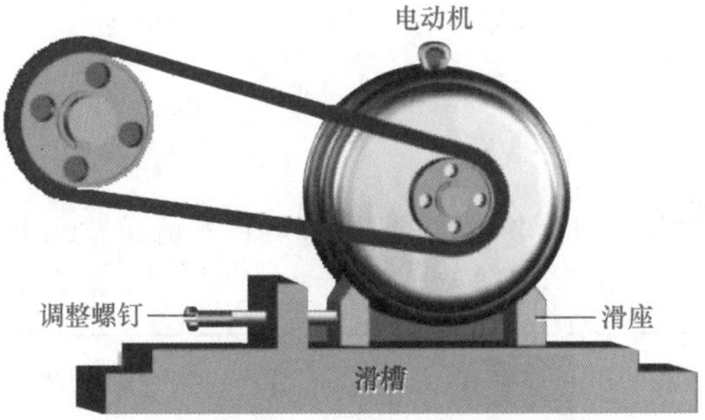

图 4-1-10　V 带的调整中心距定期张紧装置

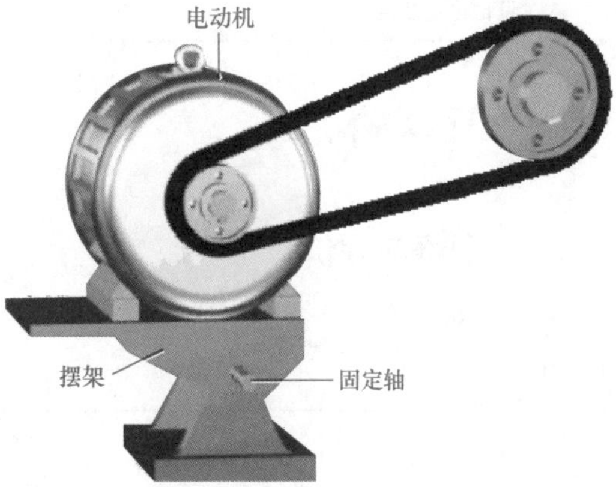

图 4-1-11　V 带的自动张紧装置

（2）使用张紧轮。

张紧轮张紧装置在两带轮的中心距不能调整时使用，张紧轮应安放在 V 带的松边（V 带离开主动轮的一边）内侧并尽量靠近大带轮，如图 4-1-12 所示。

3. V 带传动的防护

V 带传动必须使用防护罩（见图 4-1-13），以防止出现伤人事故，防止油、酸、碱、杂物对 V 带的侵蚀和避免 V 带的过早老化。

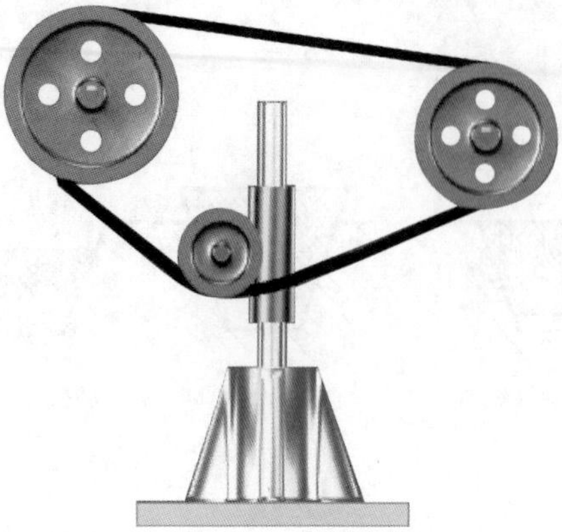

图 4-1-12 V 带传动的张紧轮张紧装置

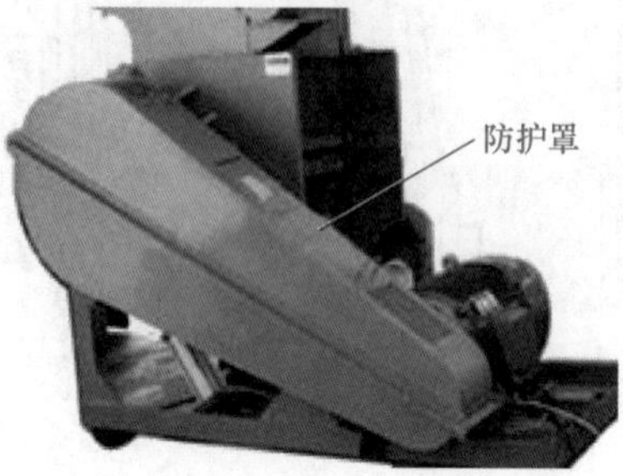

图 4-1-13 V 带传动防护罩

做一做

观察台式钻床的 V 带传动并剪开一根 V 带，填写表 4-1-4。

表 4-1-4 V 带的参数

V 带型号	
V 带带长	
V 带剖面结构	
带轮轮辐结构	

学习评价

一、观察与评价

根据“观察点”列举的内容，进行自我评价或学生互评。“观察点”内容可视实情在教师引导下拓展。

观 察 点	☺	😐	☹
能辨别 V 带型号和带轮的结构			
能根据工作情况选用 V 带			
能说出 3 个以上 V 带传动在生产和生活中的应用实例			

二、反思与探究

从学习过程和评价结果两方面进行反思，分析存在的问题，寻求解决的办法。

存在的问题	解决的办法

三、修正与完善

根据反思与探究中寻求到的解决问题的办法，进一步掌握V带传动的选用、安装与维护方法。

巩固拓展

1．某V带传动的主动带轮的基准直径 $d_{d1}=200$mm，从动带轮的基准直径 $d_{d2}=400$mm，设计中心距 $a=600$mm，主动轮转速 $n_1=1\,450$r/min，试计算从动带轮的转速、V带传动的传动比和V带的基准长度，验算小轮包角和V带的线速度。

2．对比台式钻床和普通车床中的V带传动在V带型号、根数、带轮结构、V带张紧方法等的异同点。

3．普通V带的安装和维护有哪些具体要求？检查家中洗衣机V带传动状况。如果V带已经老化，请购买合适的V带并尝试进行更换。

第二节 链传动

学习目标

1. 了解链传动的工作原理、类型、特点和应用
2. 会计算链传动的平均传动比
3. 了解链传动的安装与维护
4. * 能合理选用链传动的参数

学习导入

自行车、摩托车、起重机、链式输送机等常见机械都采用链传动进行运动和动力的传递。

看一看

观察自行车的链传动（见图 4-2-1），注意以下几点。

1. 前后链轮的大小。
2. 链条的结构。
3. 链条的接头形式。

想一想

1. 链传动的应用场合和带传动一样吗？
2. 自行车的主动链轮为什么比从动链轮大？

图 4-2-1　自行车

且行且知

读一读

一、链传动的工作原理、类型、特点和应用

链传动是由链条和链轮组成的传递运动和动力的装置，如图 4-2-2 所示。当主动链轮 1 回转时，用链条作为中间绕性件，依靠链条 2 与两链轮之间的啮合力，使从动链轮 3 回转，实现运动和（或）动力的传递。

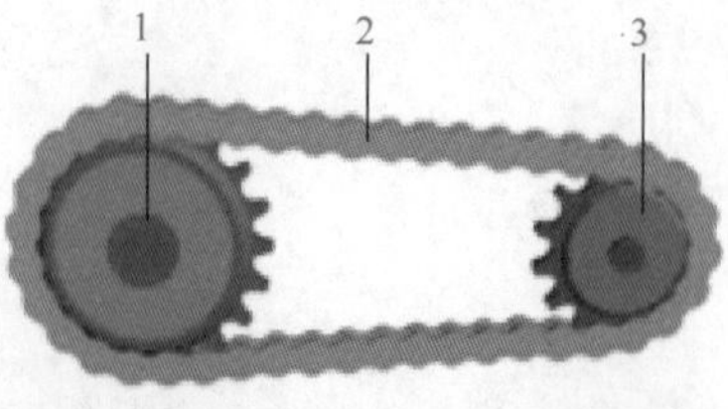

图 4-2-2　链传动

1—主动链轮；2—链条；3—从动链轮

链传动平均传动比准确，效率较高，承载能力强，所需张紧力小，能在高温、多尘、潮湿、有污染等恶劣环境中工作。一般用在两轴平行、中心距较远、传递功率较大且平均传动比要求准确、不宜采用其他传动的场合。

二、链条

常用的链条有传动链、输送链、起重链等。传动链常用于一般机械，主要有套筒滚子链（见图 4-2-3）和齿形链（见图 4-2-4）两种。齿形链由许多齿形链板通过铰链连接而成，运转较平稳，噪声小，一般用于高速传动，但重量大，成本较高。本节只介绍应用广泛的套筒滚子链传动。

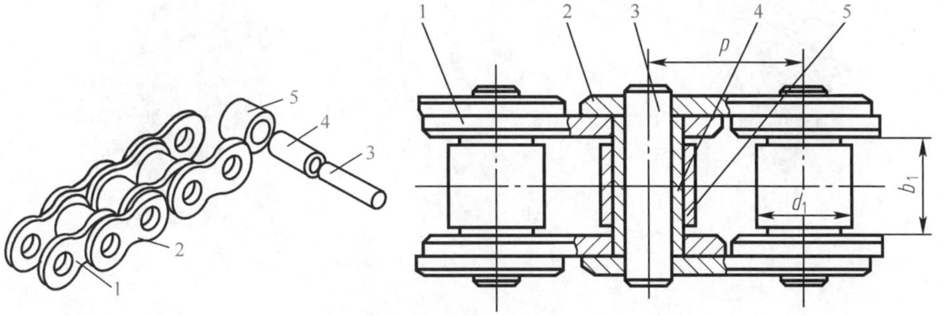

图 4-2-3　套筒滚子链结构

1—内链板；2—外链板；3—销轴；4—套筒；5—滚子

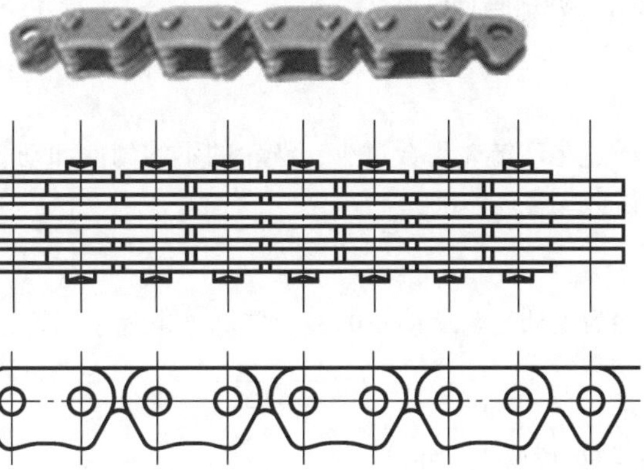

图 4-2-4　齿形链

滚子链已标准化，GB/T1243—2006 对传动用短节距精密滚子链、套筒链、链轮等作出了相应的规定。常用滚子链的主要参数和尺寸可查阅此标准。

滚子链的标记格式如下：

传动链 链号—排数 × 链节数 国标代号

链条接头有开口销、弹性锁片、过渡链节等形式（见图 4-2-5），其中开口销或弹性锁片用于偶数节链节的连接；过渡链节用于奇数节链节的连接，承载能力较弱。

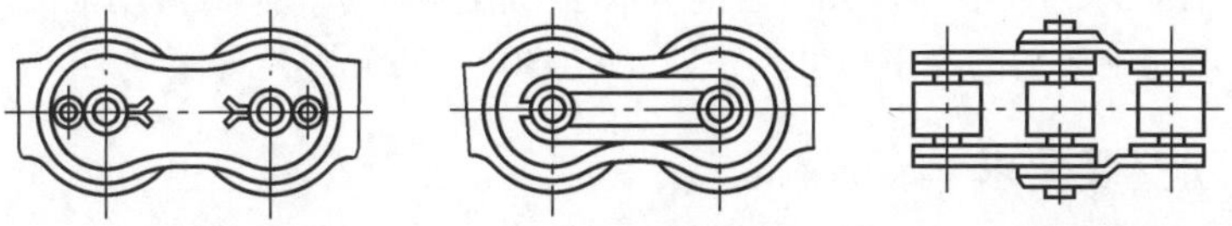

(a) 开口销　(b) 弹性锁片　(c) 过渡链节

图 4-2-5　链条的接头形式

三、链轮

链传动工作时，链与链轮轮齿之间有冲击和摩擦，故轮齿应有足够的接触强度和耐磨性，常采用低碳钢或低碳合金钢经过渗碳淬火后低温回火。链轮的常见结构如图 4-2-6 所示。

（a）实心式　　（b）孔板式　　（c）组合式

图 4-2-6　链轮的结构

讲一讲

一、链传动参数的选用原则

1. 链轮齿数 z

链轮齿数不宜过少或过多。链轮齿数过少，链轮的不均匀性和动载荷都会增加，会加速链条的磨损。通常链轮最少齿数 $z_{min} \geqslant 9$。

2. 平均传动比 i

链传动的平均传动比为主动轮与从动轮的转速之比，也等于两轮齿数的反比。

$$i = \frac{n_1}{n_2} = \frac{z_2}{z_1}$$

式中：n_1、n_2——主、从动轮转速（r/min）；

z_1、z_2——主、从动轮齿数。

为避免两链轮直径相差太大，一般 $i \leqslant 8$。

3. 链节距 p

链节距是指链条相邻两滚子中心间的距离。节距大可以提高承载能力，但运动的平稳性差。在满足功率要求的前提下，尽量选取小节距链条。

4. 中心距 a

链传动的中心距指两链轮轴心之间的距离。中心距不宜太大或太小。若中心距太小，链节在单位时间内承受变应力次数增加，会加速链节磨损和疲劳破坏，降低传动能力；若中心距太大，链条抖动加剧，增加了运动的不平稳性。一般 $a = (30 \sim 50)\,p$。

二、链传动安装要求

1. 两链轮的回转平面应布置在同一垂直平面内，否则容易脱链和影响正常啮合，产生不正常磨损。

2．链条应适度张紧，避免因垂度过大，引起啮合不良和链条振动。

三、链传动的维护要点

1. 链条的张紧

链条在使用中由于链节磨损会使链条拉长，容易造成脱链。如果链条松弛度不大，可以扩大中心距，使链条张紧。如果链条下垂度太大，可采用拆减链节的方法张紧。

2. 润滑

链传动应人工定期润滑，以减少冲击、降低磨损，延长使用寿命。

3. 防护

链传动最好加装封闭护罩，满足安全、清洁环境、防尘、减小噪音、润滑等需要。

做一做

自行车链传动的拆装与调试

第一步 拆卸自行车链条

用尖嘴钳拔去链条接头，将链条拆开。仔细观察，链条节数________，接头形式________。

第二步 链传动的安装与调试

1．将链条预装在链轮上并连接成环形。

2．调整前后链轮的位置，使链条适度张紧，连续驱动链传动，确保运动平稳、不脱链后固定两链轮的位置。

3．对链条以及链轮与轴的结合面加注一定量的润滑油，并尽量避免污染地面。

学习评价

一、观察与评价

根据“观察点”列举的内容，进行自我评价或学生互评。“观察点”内容可视实情在教师引导下拓展。

观　察　点	☺	😐	☹
会计算链传动的传动比			
能迅速找到链条的接头并说出接头形式			
会拆卸和连接链节			
链传动安装后不脱链			
会加注润滑油且不污染地面			

二、反思与探究

从学习过程和评价结果两方面进行反思，分析存在的问题，寻求解决的办法。

存在的问题	解决的办法

三、修正与完善

根据反思与探究中寻求到的解决问题的办法，进一步掌握链传动的安装与维护方法。

巩固拓展

1．计算自行车链传动的传动比。

主动链轮齿数	从动链轮齿数	传　动　比

2．比较链传动和 V 带传动在安装与维护上的异同点。

3．用学到的知识和操作技能，对自己的自行车链传动进行维护与保养。

4．寻找生产和生活中链传动应用实例，比较各处链传动的作用。

阶段性实习训练三

V 带传动的拆装与调试

学习目标

能正确拆装、调试及维护 V 带传动

学习任务

1. 拆装台式钻床的 V 带传动
2. 进行正确的 V 带传动调试及维护

行动设计

设施设备	台式钻床、扳手、游标卡尺、角度尺、不同型号的 V 带若干根、三爪拉马
活动安排	拆卸并测量台式钻床的传动部件（约 35 分钟） 安装和调试 V 带传动（约 35 分钟） 师生交流研讨（约 20 分钟）

任务实施

第一步 拆卸台式钻床（见图 4-1-1）的 V 带传动

1. 拆卸台式钻床的 V 带传动，填写实训表 3-1。

实训表 3-1　　V 带传动参数

电动机铭牌标示的电动机额定转速（r/min）	
V 带标记	
带轮的结构形式	
V 带楔角（°）	
带轮轮槽角（°）	

2. 计算钻床从动带轮转速 n_2

（1）先测量 V 带轮轮缘处的最大直径 d_a，$d_d=d_a-h_{amin}$，h_{amin} 的值见实训表 3-2。

实训表 3-2　　直径换算表　　（单位：mm）

型号 数值	Y	Z	A	B	C	D	E
h_{amin}	1.6	2.0	2.75	3.5	4.8	8.1	9.6

（2）根据配对带轮基准直径，由传动比公式 $i=\frac{n_1}{n_2}=\frac{d_{d2}}{d_{d1}}$（公式中 n_1 为主动带轮转速，也即电动机额定转速），计算各级从动带轮的转速 n_2 并将各配对带轮基准直径、传动比和从动带轮转速填入实训表 3-3。

实训表 3-3　　从动带轮转速　　（单位：r/min）

序　号	主动轮基准直径 d_{d1}	从动轮基准直径 d_{d2}	传动比 i	从动带轮转速 n_2
1				
2				
3				
4				

问题探讨

1. 测出的带轮轮槽角为什么比 V 带的楔角小？
2. 钻床主轴为什么需要多种转速？

第二步　安装并调试 V 带传动

1. 将 V 带预装在带轮上，调节带轮轴线的平行度、V 形槽对称面的重合度，检验 V 带张紧度，固定带轮。
2. 启动台式钻床，观察 V 带传动的运转情况并进行调试，直到能正常工作。
3. 停止运转，盖好防护罩。

问题探讨

1. V 带张紧在带轮上的张紧力是否越大越好？
2. V 带传动为什么必须装防护罩？

学习评价

一、观察与评价

根据“观察点”列举的内容，进行自我评价或学生互评。“观察点”内容可视实情在教师引导下拓展。

观　察　点	☺	😐	☹
会拆卸 V 带及带轮			
两带轮轮槽对称面重合度误差不超过 20′			
V 带型号及规格选择正确			
V 带张紧度适宜			

二、反思与探究

从学习过程和评价结果两方面进行反思，分析存在的问题，寻求解决的办法。

存在的问题	解决的办法

三、修正与完善

根据反思与探究中寻求到的解决问题的办法，对台式钻床 V 带传动进行再次拆卸、安装及调试。

第三节 齿轮传动

学习目标

1. 了解齿轮传动的特点、分类和应用
2. 了解渐开线齿轮各部分的名称和主要参数
3. 会计算标准直齿圆柱齿轮的几何尺寸
4. 会计算齿轮传动的平均传动比
5. 熟悉齿轮传动的维护措施

学习导入

齿轮传动是现代机械中应用最广泛的传动形式之一。随着科学技术的发展进步，齿轮传动在航空航天、军事、医疗等方面有着广阔的发展前景。

看一看

观察车床主轴箱的齿轮传动（见图 4-3-1），了解齿轮传动机构。

图 4-3-1　车床主轴箱的齿轮传动机构

想一想

1. 车床主轴箱中采用齿轮传动有什么好处？
2. 如何正确维护齿轮传动？

且行且知

读一读

一、齿轮传动

齿轮传动是利用主、从动齿轮的直接啮合传递两轴之间运动和动力的机械传动。

齿轮传动平稳，传动比精确，工作可靠、效率高、寿命长，适用的功率、速度和尺寸范围大，广泛应用于工程机械、矿山机械、冶金机械、各种机床及仪器仪表中。图 4-3-2 所示为齿轮传动应用实例。

（a）汽车差速器　（b）钟表

图 4-3-2　齿轮传动的应用

1. 齿轮传动的分类

齿轮传动的类型很多，根据两轴的相对位置不同分为：两轴线平行的齿轮传动，如图 4-3-3 所示；两轴线相交的齿轮传动，如图 4-3-4 所示；两轴线在空间交错的齿轮传动，如图 4-3-5 所示。

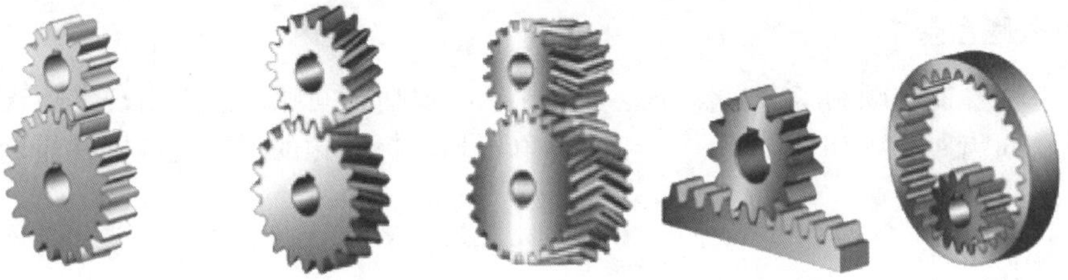

（a）直齿圆柱齿轮传动　（b）平行轴斜齿轮传动　（c）人字齿传动　（d）齿轮齿条传动　（e）内齿轮传动

图 4-3-3　两轴线平行的齿轮传动

（a）直齿锥齿轮传动　（b）斜齿锥齿轮传动　（c）曲线齿锥齿轮传动

图 4-3-4　两轴线相交的齿轮传动

（a）交错轴斜齿轮传动　（b）交错轴曲面齿轮传动

图 4-3-5　两轴线在空间交错的齿轮传动

根据齿轮的工作条件不同分为：闭式齿轮传动（见图 4-3-6）和开式齿轮传动（见图 4-3-7）。

2. 齿轮传动的传动比

齿轮传动的传动比是主动齿轮与从动齿轮转速之比，也等于从动轮齿数与主动轮齿数之比。即

$$i=\frac{n_1}{n_2}=\frac{z_2}{z_1}$$

式中：n_1、n_2——主动轮转速、从动轮转速；

z_1、z_2——主动轮齿数、从动轮齿数。

图 4-3-6　闭式齿轮传动

图 4-3-7　开式齿轮传动

二、* 齿轮传动啮合

1. 正确啮合条件

一对齿轮要能够顺利啮合，保证传动中既不出现啮合间隙，又不出现卡死现象，就要求两齿轮的法向齿距必须相等。模数 m 和齿形角 α 均已标准化的标准直齿圆柱齿轮的正确啮合条件为：

$$m_1=m_2=m$$

$$\alpha_1=\alpha_2=\alpha$$

2. 连续传动条件

齿轮传动时，必须使前一对轮齿终止啮合前，后一对轮齿已经进入啮合，保证在每一瞬间都有一对以上齿轮同时啮合，这样才能保证齿轮的连续传动，否则就会产生间歇运动或发生冲击。齿轮传动时，同时啮合的齿数越多传动越平稳。

三、* 齿轮传动精度

国家标准规定齿轮及齿轮副的精度等级为 12 个等级，从 1 级到 12 级，精度依次降低，其中常用精度等级为 6、7、8、9 四级，7 级为基础等级，1 级、2 级为待发展等级，12 级为精度最低的等级。

每个精度等级部分为三个公差组（Ⅰ组、Ⅱ组、Ⅲ组），Ⅰ组影响传递运动的准确性，Ⅱ组影响运动的平稳性，Ⅲ组影响载荷分布的均匀性。

四、齿轮常用材料

齿轮应根据使用时的工作条件选用合适的材料，齿轮材料的选择对齿轮的加工性能和使用寿命都有直接的影响。齿轮常用的材料见表 4-3-1。

表 4-3-1　　齿轮常用的材料

材　料	牌　号	热 处 理	应 用 范 围
优质碳素钢	45	正　火 调　质 表面淬火	低速轻载 低速中载 高速中载或低速重载，冲击很小
	50	正　火	低速轻载
合金钢	40Cr	调　质 表面淬火	中速中载 高速中载，无剧烈冲击
	42SiMn	调　质 表面淬火	高速中载，无剧烈冲击
	20Cr	渗碳淬火	高速中载，承受冲击
	20CrMnTi	渗碳淬火	
铸钢	ZG310～570	正　火 表面淬火	中速、中载、大直径
	ZG340～640	正　火 调　质	
球墨铸铁	QT600-2 QT500-5	正　火	低中速轻载，有小的冲击
灰铸铁	HT200 HT300	人工时效 （低温退火）	低速轻载，冲击很小
非金属材料	塑料、尼龙等		高速轻载

讲一讲

一、直齿圆柱齿轮的主要参数

1. 齿数 z

齿数是一个齿轮的轮齿数目。

2. 模数 m

模数是为了齿轮加工标准化而规定的系列数值，它是齿距 P 与圆周率 π 的比值（见表 4-3-2）。依据模数和齿数计算出轮齿的大小、齿形，生产出的齿轮标准化。

表 4-3-2　　标准模数系列摘录（GB/T 1357—2008）　　（单位：mm）

第一系列	1	1.25	1.5	2	2.5	3	4	5	6	8	10	12	16	20	25	32	40	50

对于相同齿数的齿轮，模数越大，齿轮的几何尺寸越大，轮齿越大，承载能力也越强，如图 4-3-8 所示。

3. 齿形角 α

齿形角是端面齿廓上一点的径向直线与切线所夹的锐角，如图 4-3-9 所示。通常所说的齿形角是指分度圆上的齿形角。

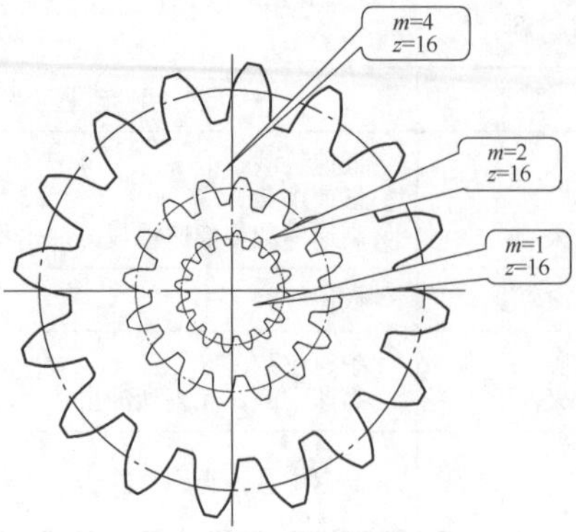

图 4-3-8　相同齿数不同模数轮齿的比较

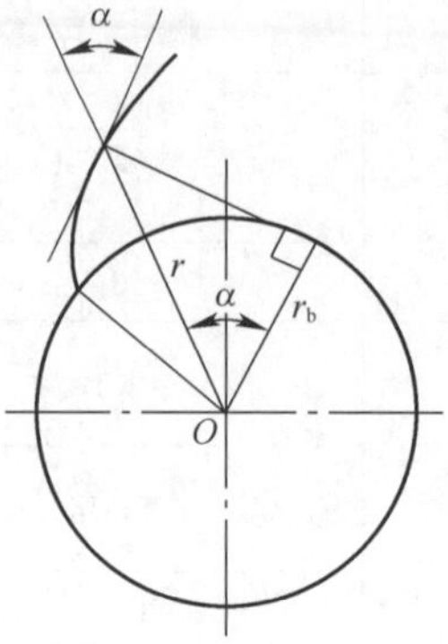

图 4-3-9　渐开线齿轮齿形角

齿形角大小影响齿轮传动性能，齿形角小，齿根强度低，传动较省力；齿形角大，齿根强度高，传动较费力。国家标准规定的标准齿形角是 20°。

二、直齿圆柱齿轮几何尺寸计算

直齿圆柱齿轮几何要素名称如图 4-3-10 所示。

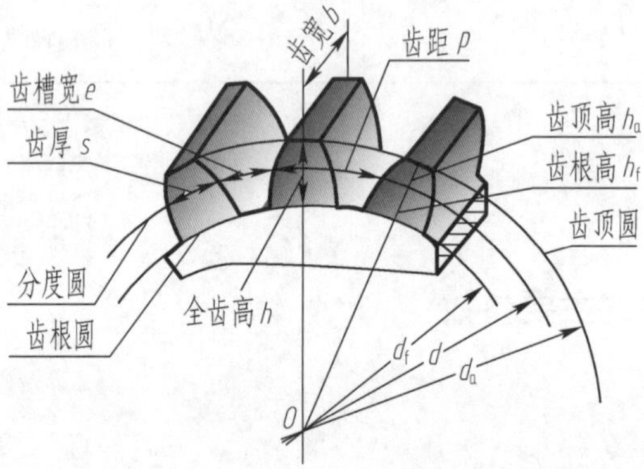

图 4-3-10　齿轮几何要素名称

齿轮计算中，选择分度圆为计算基准，标准直齿圆柱齿轮分度圆上齿厚与齿槽宽相等。标准直齿圆柱齿轮几何尺寸的计算公式见表 4-3-3。

表 4-3-3　　标准直齿圆柱齿轮几何尺寸的计算公式

名　称	代　号	计 算 公 式
齿距	p	$p=\pi m$
齿厚	s	$s=\dfrac{p}{2}=\dfrac{\pi m}{2}$
槽宽	e	$e=s=\dfrac{p}{2}=\dfrac{\pi m}{2}$
基圆齿距	p_b	$p_b=p\cos\alpha=\pi m\cos\alpha$

续表

名　称	代　号	计 算 公 式
齿顶高	h_a	$h_a = h_a^* m = m$
齿根高	h_f	$h_f = (h_a^* + c^*)\ m = 1.25m$
齿高	h	$h = (h_a + h_f) = 2.25m$
顶隙	c	$c = c^* m = 0.25m$
分度圆直径	d	$d = mz$
基圆直径	d_b	$d_b = d\cos\alpha = mz\cos\alpha$
齿顶圆直径	d_a	$d_a = d + 2h_a = m\ (z + 2)$
齿根圆直径	d_f	$d_f = \mathrm{d} - 2h_f = m\ (z - 2.5)$
齿宽	b	$b = (6 \sim 12)\ m$，通常取 $b = 10m$
中心距	a	$a = \dfrac{d_1}{2} + \dfrac{d_2}{2} = \dfrac{m(z_1 + z_2)}{2}$

注：标准直齿圆柱齿轮齿顶高系数 $h_a^* = 1$，顶隙系数 $c^* = 0.25$；短齿制齿轮齿顶高系数 $h_a^* = 0.8$，顶隙系数 $c^* = 0.3$。

三、* 齿轮的根切现象和变位齿轮

1. 渐开线齿轮的加工

加工齿轮可采用仿形法和范成法两种方法。仿形法一般是指在普通铣床上用与被切齿轮齿槽形状完全相同的盘形铣刀或指状铣刀切制齿轮的方法，如图 4-3-11 所示。

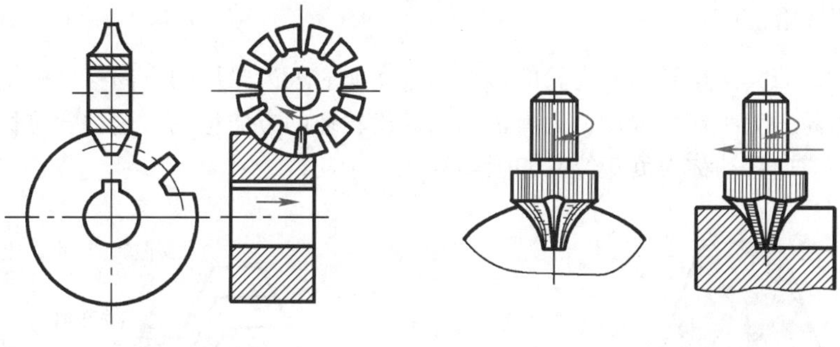

（a）盘形铣刀切制齿轮　　（b）指状铣刀切制齿轮

图 4-3-11　仿形法加工齿轮

范成法又称展成法。用范成法加工齿轮时刀具与齿坯的运动就像一对互相啮合的齿轮，最后刀具将齿坯切出渐开线齿廓。范成法切制齿轮常用的刀具有齿轮插刀、齿条插刀和齿轮滚刀 3 种，如图 4-3-12 所示。

用范成法加工渐开线标准齿轮时，如果刀具的齿顶线（或齿顶圆）超过理论啮合线极限点时，被加工齿轮齿根附近的渐开线齿廓将被切去一部分，这就是根切现象，如图 4-3-13 所示。

解决根切现象有两种方法：一是增加小齿轮的齿数，标准直齿圆柱齿轮不产生根切的最少齿数是 17；二是采用正变位齿轮。

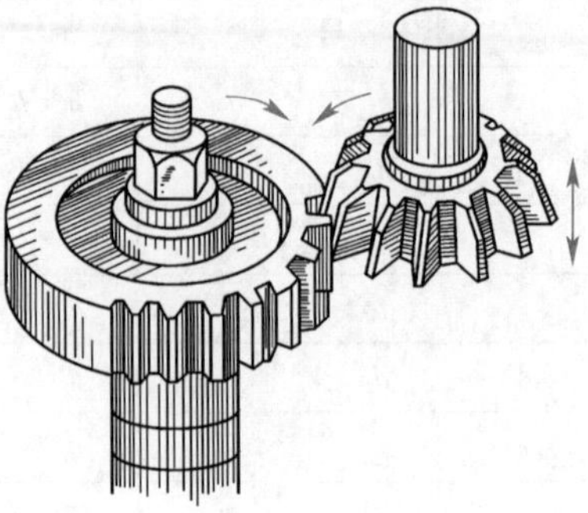

（a）齿轮插刀加工齿轮

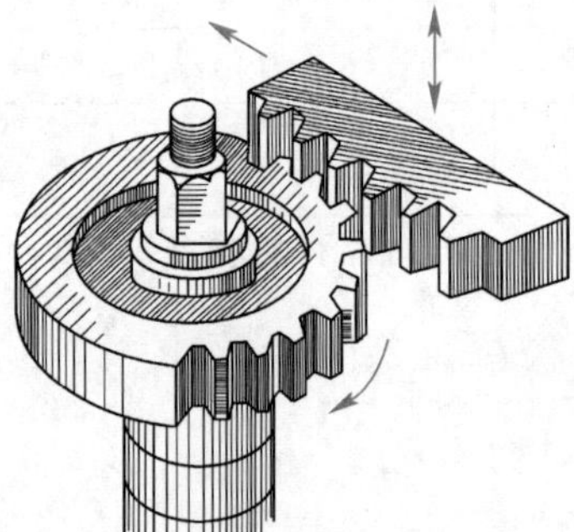

（b）齿条插刀加工齿轮

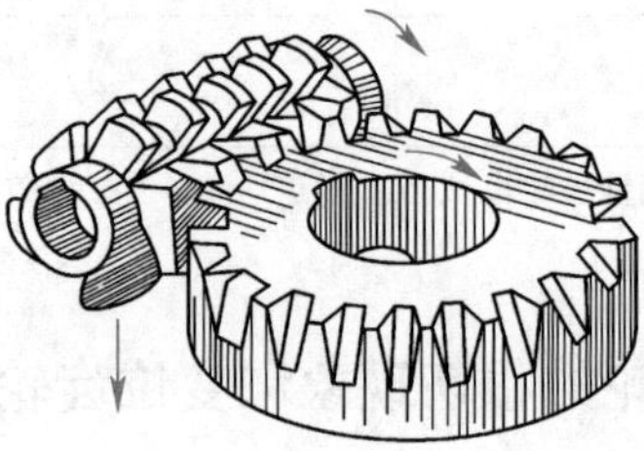

（c）齿轮滚刀加工齿轮

图 4-3-12　范成法加工齿轮

2. ＊变位齿轮的加工

加工齿轮时，刀具从切制标准齿轮的位置向远离或靠近齿轮坯的方向移动一定距离后切制的齿轮称为变位齿轮。为了避免根切，刀具需向远离齿轮坯的方向移动，这种变位称为正变位，刀具向靠近齿轮坯方向移动称为负变位，如图 4-3-14 所示。

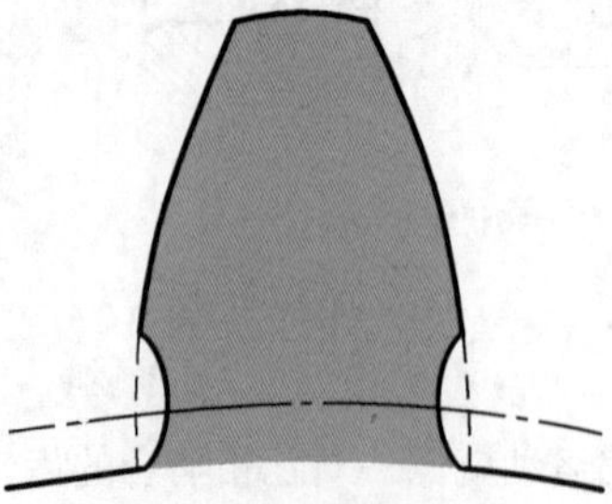

图 4-3-13　轮齿的根切现象

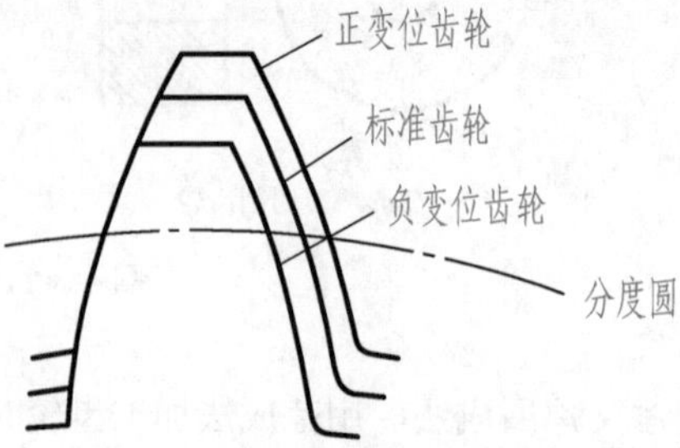

图 4-3-14　变位齿轮的轮齿

变位齿轮的模数、压力角、齿数以及分度圆、基圆都与标准齿轮相同。正变位齿轮齿根部分齿厚增大，齿顶变窄，提高了齿轮的抗弯强度。

四、齿轮失效

齿轮失效是指齿轮在传动过程中发生的失去正常工作能力的现象，齿轮失效形式见表 4-3-4。

表 4-3-4　　齿轮失效形式

形式	现　　象	预防措施
轮齿折断	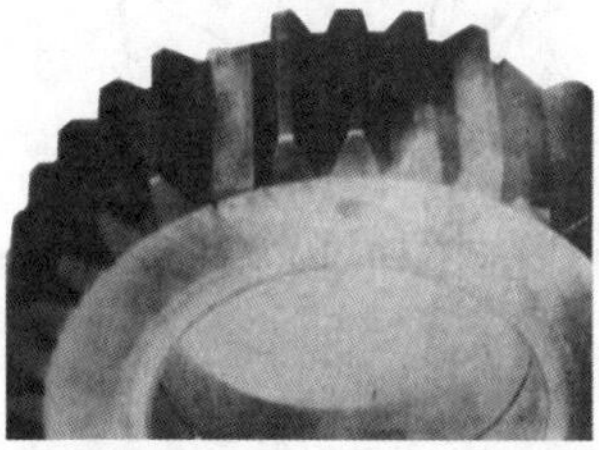 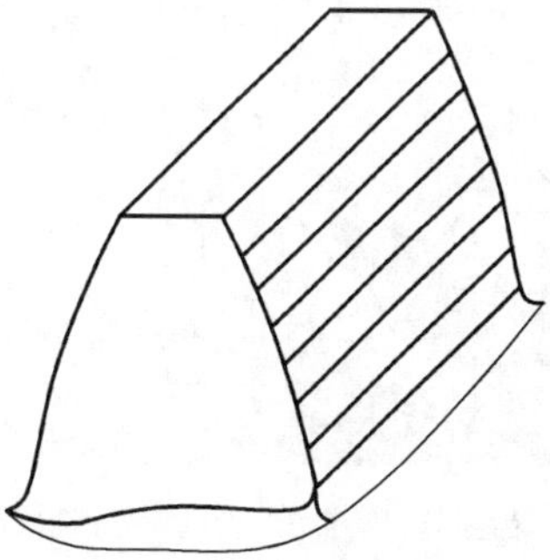 轮齿严重过载或反复受到冲击致使弯曲应力超过齿根弯曲疲劳强度，在轮齿的根部发生折断	保证轮齿的强度，采用合适的材料和热处理方法，增大齿根圆角，减小轮齿表面粗糙度值
齿面磨损	 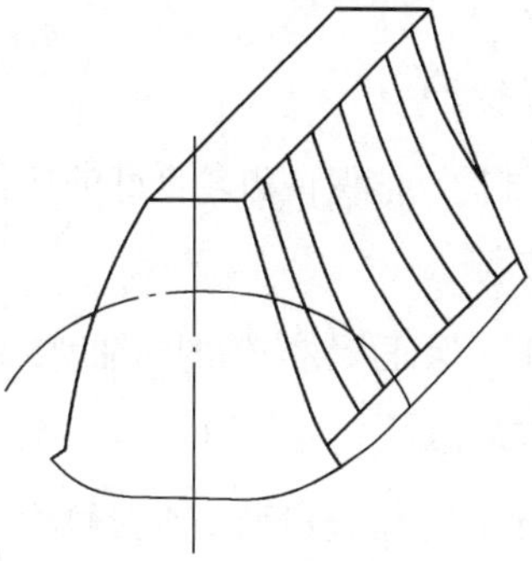 齿面产生磨损使齿侧间隙增大引起传动不平稳，产生冲击和噪声，齿厚过度磨损时发生轮齿折断	采用闭式传动，提高齿面硬度，减小轮齿表面粗糙度值
齿面点蚀	 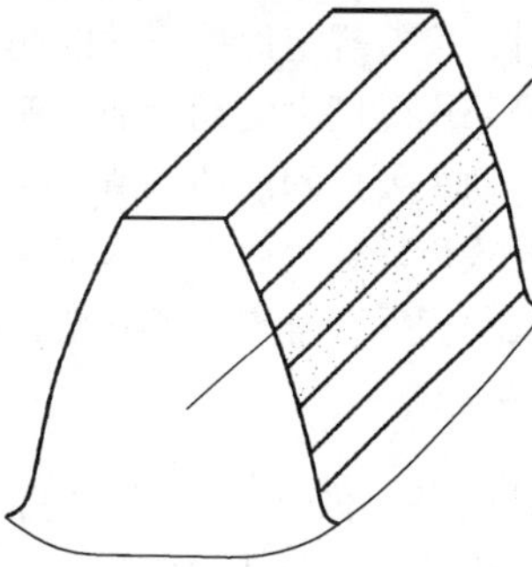 轮齿表面的接触区受到循环接触变应力的作用而产生齿面疲劳，形成小点状疲劳剥落，使轮齿工作表面损坏，造成传动不平稳和产生噪声，严重时导致齿轮报废	采用正变位齿轮传动，提高齿面硬度，减小轮齿表面粗糙度值，增大润滑油黏度，都有利于提高齿轮传动的接触疲劳强度
齿面胶合	 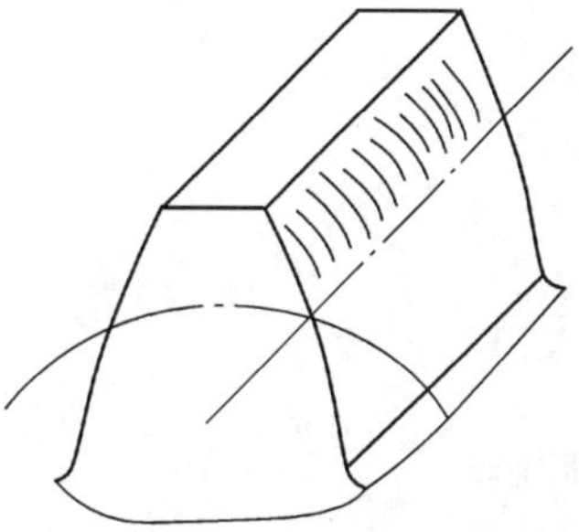 高速重载传动中，啮合处产生高温而破坏齿面油膜，造成齿面直接接触，发生胶合撕裂，破坏轮齿齿面	提高齿面硬度，减小轮齿表面粗糙度值，两齿轮选用不同材料

续表

形式	现象	预防措施
齿面塑变	 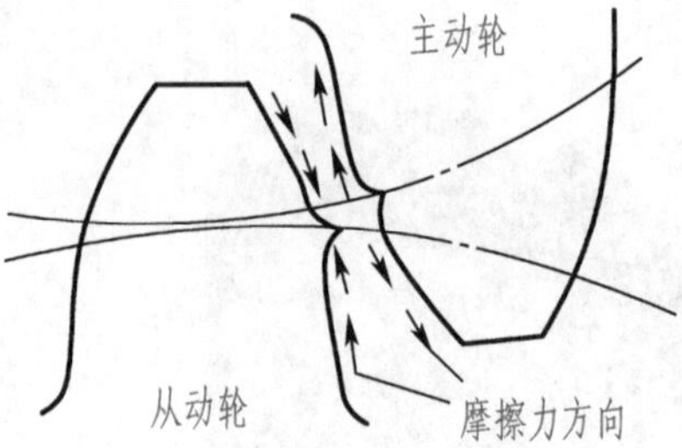 轮齿材料过软、齿面频繁啮合、严重过载等，造成因啮合齿面之间的滑动摩擦而产生塑性变形，破坏齿廓	提高齿面硬度，采用黏度较高的润滑油

五、齿轮传动维护

齿轮传动的正确维护，能保证齿轮良好的运行状态，有效提高使用效率，延长使用寿命。

1. 齿轮传动的安装

齿轮传动安装要求：保证齿轮与轴的同轴度，平行两轴的平行度和相交、交错两轴的角度公差。

2. 齿轮传动的试运行

齿轮传动使用前要试车检查齿面是否接触均匀，重要齿轮要涂色检查齿轮的接触情况。

3. 齿轮传动的润滑

齿轮传动运行时，应按规定保持正常的润滑条件。

（1）低速传动可采用黏度大的润滑油，高速传动可采用硫化润滑油。

（2）闭式齿轮传动主要用润滑油润滑，通常将大齿轮的轮齿浸入油池中润滑。

（3）开式及半开式齿轮传动主要用润滑油或润滑脂润滑，通常是人工周期性加油润滑，为了避免灰尘等杂物侵入和确保人身与设备安全，开式传动装置应加防护罩。

4. 齿轮传动的检修

定期对齿轮传动的各部件进行检修，包括拆卸、清洗、清除润滑油中杂质，检查轴承状况，按照要求定期对齿轮传动进行合理的维护。

齿轮如果因失效不能正常工作，要及时调配。调配新齿轮有两种方法。

（1）购配同型号的配对齿轮。

（2）加工配对齿轮。

做一做

测算齿轮几何尺寸

第一步 测量齿顶圆直径

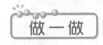

1. 偶数齿齿轮齿顶圆直径测量方法

如图 4-3-15 所示，用游标卡尺的卡脚卡对称齿的齿顶直接测得齿顶圆直径。

2. 奇数齿齿轮齿顶圆直径测量方法

当齿数为奇数时，因为轮齿不对称，不能直接测量到齿顶圆直径 d_a。可先测量出定位轴孔直径 D 和孔壁到齿顶的距离 H，如图 4-3-16 所示。

可得：$d_a = D + 2H$

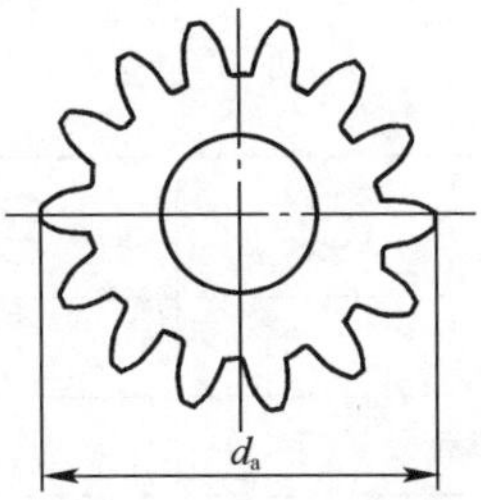

图 4-3-15 偶数齿测顶圆直径

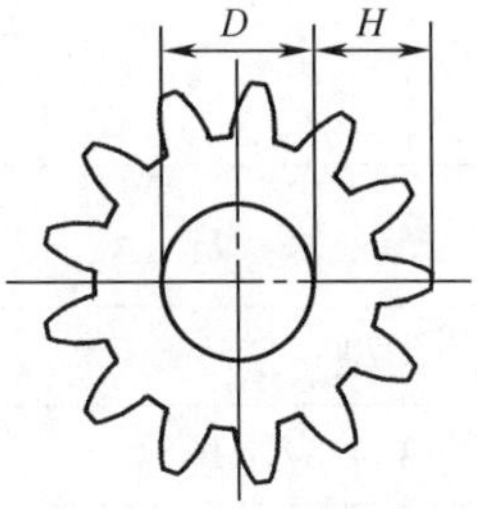

图 4-3-16 奇数齿测顶圆直径

第二步 计算齿轮模数

由公式：$d_a = m(z + 2h_a^*)$

得：$m = \dfrac{d_a}{z + 2h_a^*}$

第三步 记录测算数值，确定标准模数

根据测量和计算填写表 4-3-5。

表 4-3-5 齿轮的参数（一）

名　　称	数　　值
齿　　数	
齿顶圆直径	
模数计算值	
标准模数值 m	

第四步 计算齿轮几何尺寸

根据确定的齿轮模数，计算齿轮几何尺寸，填写表 4-3-6。

表 4-3-6 齿轮的参数（二）

名　　称	数　　值
分度圆直径	
齿根圆直径	
基圆直径	
齿　　距	
齿　　厚	

学习评价

一、观察与评价

根据“观察点”列举的内容，进行自我评价或学生互评。“观察点”内容可视实情在教师引导下拓展。

观 察 点	☺	😐	☹
能识别齿轮传动的类型			
能列举齿轮传动的 3 个应用场合			
会计算齿轮传动的传动比			
会测算标准直齿圆柱齿轮的模数			

二、反思与探究

从学习过程和评价结果两方面进行反思，分析存在的问题，寻求解决的办法。

存在的问题	解决的办法

三、修正与完善

根据反思与探究中寻求到的解决问题的办法，进一步修正与完善齿轮传动的实际应用与正确维护的方法。

巩固拓展

1．试计算标准直齿圆柱齿轮 $z = 40$、$m = 5$mm 的几何尺寸。

2．设计一减速器，要求传动比 $i = 4$，中心距 $a = 200$mm。试选取合适的主、从动齿轮进行组装。

3．要组配一对能够实现正常传动的啮合齿轮副，相互啮合的两个齿轮要满足什么条件？

4．齿轮的传动失效形式有哪些？各种失效形式的特点是什么？

5．列举你生活中最常见的一例齿轮传动，设计一个维护方案。

6．调查了解润滑油、润滑脂相关信息，比较两者在使用上的区别。

第四节 蜗杆传动

学习目标

1. 了解蜗杆传动的特点、类型、主要参数和应用
2. * 了解蜗轮蜗杆的结构和常用材料
3. 熟悉蜗杆传动的维护措施

学习导入

蜗杆传动作为诸多传动方式中的一种，有着自身独特的优点，在机床、汽车、仪器、起重运输机械、冶金机械等机器或设备中得到广泛应用。

看一看

观察一级蜗杆减速机，如图 4-4-1 所示，了解蜗杆传动。

图 4-4-1 一级蜗杆减速机

想一想

1. 蜗杆传动是通过什么实现减速的？
2. 如何正确维护蜗杆传动？

且行且知

读一读

一、蜗杆传动及其特点

蜗杆传动是在空间两交错轴间传递运动和动力的机械传动。**蜗杆传动由蜗杆和蜗轮组成，如图 4-4-2 所示，一般蜗杆为主动件。**

图 4-4-2 蜗杆传动

蜗杆传动的传动比大，承载能力大，传动平稳，噪声小，容易实现自锁，但传动效率低，通常用于功率不大或工作不连续的场合。

二、蜗杆传动的分类

按蜗杆形状不同，蜗杆传动可分为圆柱蜗杆传动、环面蜗杆传动、锥蜗杆传动 3 类，如图 4-4-3 所示。

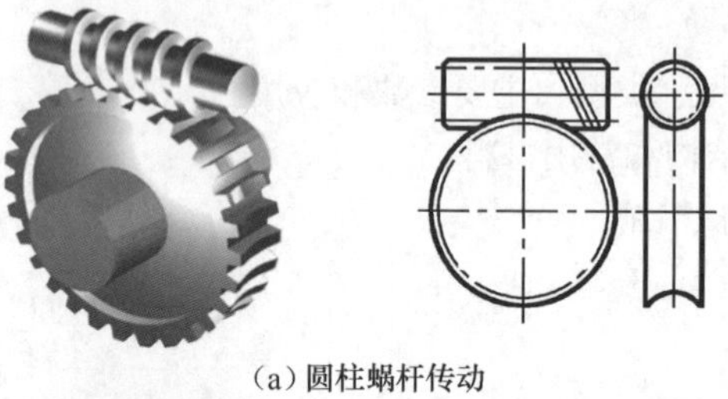

（a）圆柱蜗杆传动

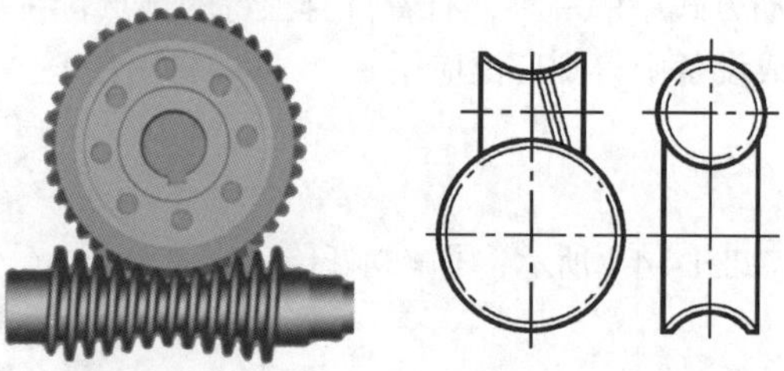

（b）环面蜗杆传动

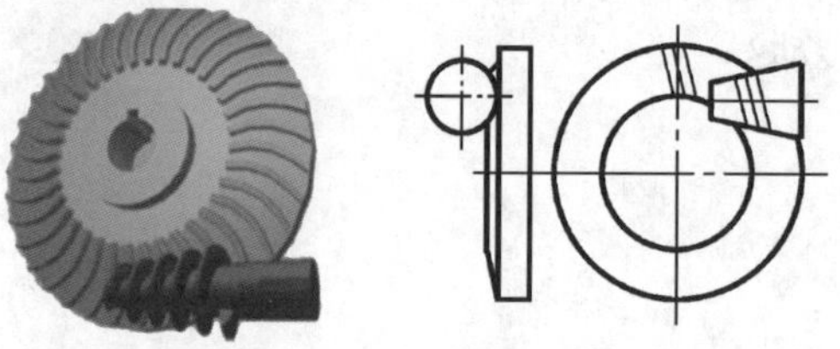

（c）锥蜗杆传动

图 4-4-3　蜗杆传动的类型

按螺旋线的方向不同蜗杆有左旋和右旋两种，如图 4-4-4 所示。

（a）右旋蜗杆　　（b）左旋蜗杆

图 4-4-4　蜗杆螺旋线的方向

三、* 蜗轮蜗杆的结构

1．蜗杆结构形式分为无退刀槽和有退刀槽两种，如图 4-4-5 所示。

2．蜗轮结构形式有整体式、齿圈式、螺栓连接式和镶铸式 4 种，如图 4-4-6 所示。

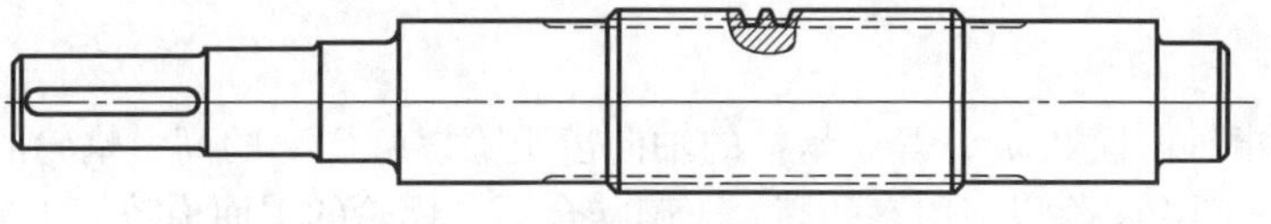

（a）无退刀槽蜗杆

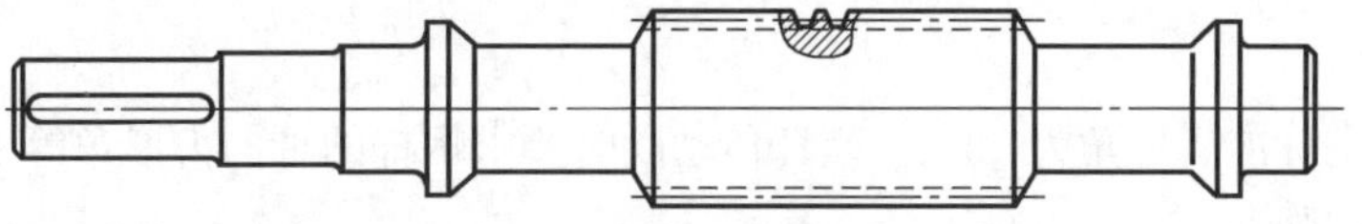

（b）有退刀槽蜗杆

图 4-4-5　蜗杆的结构形式

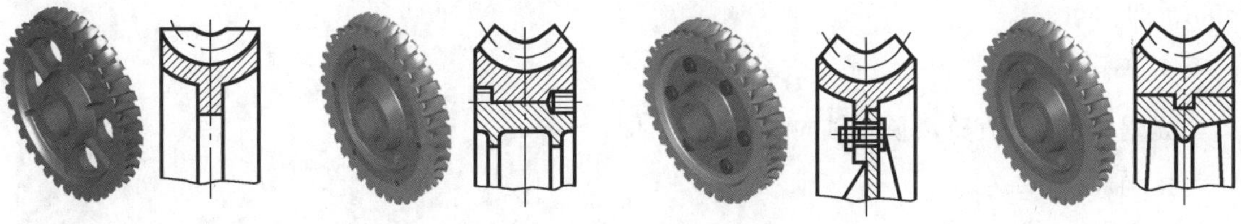

（a）整体式　（b）齿圈式　（c）螺栓连接式　（d）镶铸式

图 4-4-6　蜗轮的结构形式

四、* 蜗轮、蜗杆的材料

蜗杆传动时，蜗轮齿面磨损严重、易胶合。蜗杆一般用碳钢或合金钢制成。蜗轮齿面材料选择要考虑材料的耐磨性和抗胶合性，多采用摩擦系数较低、抗胶合性较好的锡青铜、铝青铜或黄铜，低速时可采用铸铁。新材料锌铝合金以耐磨性能好、价格低廉得到了广泛的推广。

讲一讲

一、蜗杆传动的基本参数

蜗杆传动的基本参数如图 4-4-7 所示。

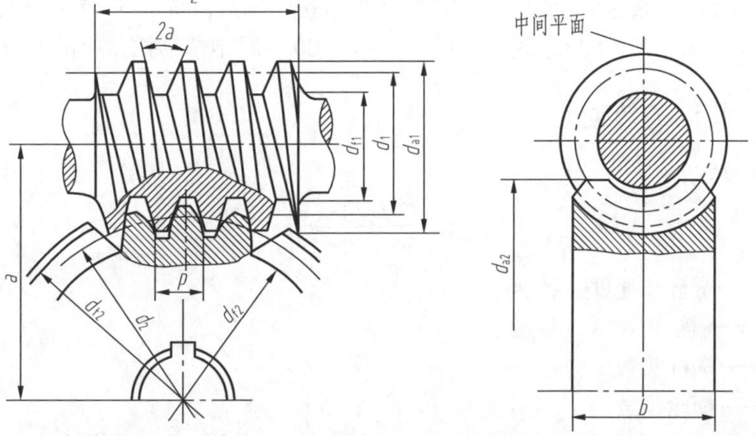

图 4-4-7　蜗杆传动的基本参数

1. 模数 m

蜗杆的模数指轴向模数 m_a，等于蜗杆的轴向齿距除以圆周率的高；蜗轮的模数指端面模数 m_t，等于蜗轮分度圆齿距除以圆周率的高。正确啮合要求蜗轮的端面模数等于配对蜗杆的轴向模数，即 $m_t = m_a = m$。

2. 齿形角 α

国家标准规定标准齿形角为 20° 。蜗杆传动同时要求蜗杆的轴向齿形角等于蜗轮的端面齿形角，才能实现正确啮合。

3. 分度圆柱导程角 γ

圆柱蜗杆的分度圆螺旋线上任一点的切线与端平面间所夹的锐角，等于蜗轮分度圆柱面螺旋角 β，即 $\gamma = \beta$。

4. 蜗杆直径系数 q

是蜗杆分度圆直径 d_1 除以轴向模数的商，即 $q = d_1/m_a$。

5. 轴向齿距 p_2

轴平面上，蜗杆相邻的两同侧齿廓间的轴向距离。

6. 蜗杆头数 z_1

国家标准规定的蜗杆头数有 1、2、4、6，如图 4-4-8 所示。

7. 齿顶圆直径 d_{a1} 和齿根圆直径 d_{f1}

$$d_{a1} = d_1 + 2h_{a1}$$

$$d_{f1} = d_1 - 2h_{f1}$$

图 4-4-8　蜗杆头数

8. 中心距 a

蜗杆轴线与蜗轮轴线间的距离。一般圆柱蜗杆传动减速装置的中心距应按下列数值选取：40、50、63、80、100、125、160、200、250、315、400、500。大于 500 的中心距可按优先数系 *R*20 的优先数系选用。

9. 传动比 i

一般圆柱蜗杆传动减速装置的传动比的公称值应按下列数值选取 5、7.5、10、12.5、15、20、25、30、40、50、60、70、80。其中：10、20、40、80 为基本传动比，应优先采用。

二、蜗杆传动的传动比

蜗杆传动的传动比

$$i = \frac{\omega_1}{\omega_2} = \frac{n_1}{n_2} = \frac{z_2}{z_1}$$

式中：ω_1、n_1——蜗杆角速度、转速；

ω_2、n_2——蜗轮角速度、转速；

z_1——蜗杆头数；

z_2——蜗轮齿数。

蜗杆传动用于分度机构时，一般采用单头蜗杆（$z_1 = 1$）；用于动力传动时，常取 $z_1 = 2 \sim 3$；

当传递功率较大时，为提高传动效率，可取 $z_1 = 4$。

三、蜗轮的回转方向

蜗杆按蜗杆轮齿的螺旋方向不同，可分为右旋蜗杆和左旋蜗杆，蜗杆副中配对蜗轮的旋向与蜗杆相同。蜗杆传动时，蜗轮的回转方向的判定方法如下：蜗杆右旋时用右手，蜗杆左旋时用左手。半握拳，四指指向蜗杆回转方向，蜗轮的回转方向与大拇指指向相反，如图 4-4-9 所示。

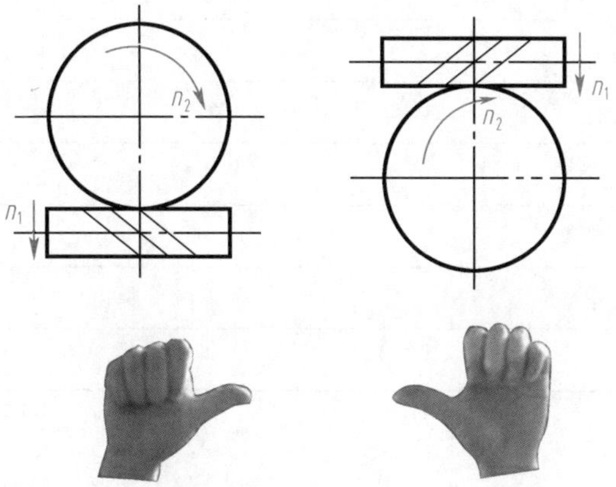

右手定则判断　　左手定则判断

图 4-4-9　蜗轮回转方向的判定

四、蜗杆传动的失效形式

蜗杆传动和齿轮传动相似，失效形式有齿面点蚀、齿面胶合、齿面磨损、齿根折断等几种。蜗杆传动的齿面滑动速度较大、发热量大、磨损较为严重，一般开式传动的失效形式主要是润滑不良、润滑油不清洁造成蜗轮齿面磨损；润滑良好的闭式传动失效形式主要是蜗轮齿面胶合。

五、蜗杆传动的维护

1. 蜗杆传动的试运行

蜗杆传动正式使用前应进行空载运转，时间不得少于 2h。运转应平稳，无冲击、振动、杂音及渗漏油现象，发现异常应及时排除。

2. 蜗杆传动的润滑

（1）蜗杆传动通常采用浸油润滑，对于蜗杆下置式，浸油深度为蜗杆全齿高；对于蜗杆上置式，浸油深度为蜗轮外径的 1/3。

（2）蜗杆传动中，如果发现有油温显著升高、产生噪声等不正常现象时，应立即停车，检查原因，排除故障，更换润滑油后再继续使用。

3. 蜗杆传动的检修

蜗杆传动应定期检修，发现胶合或显著磨损必须采取及时有效的制止措施。

做一做

蜗杆机构简易分析

打开一级蜗杆减速机上盖，手动转动蜗杆，观察蜗轮蜗杆结构和转动情况，填写表 4-4-1。

表 4-4-1 蜗轮蜗杆的参数

蜗杆头数	
蜗轮齿数	
蜗杆旋向	
蜗轮旋向	
蜗杆转向	
蜗轮转向	
传动比	

学习评价

一、观察与评价

根据“观察点”列举的内容，进行自我评价或学生互评。“观察点”内容可视实情在教师引导下拓展。

观 察 点	☺	😐	☹
会计算蜗杆传动的传动比			
会判定蜗杆传动中蜗轮的旋转方向			
能说出 3 种蜗轮常用材料			

二、反思与探究

从学习过程和评价结果两方面进行反思，分析存在的问题，寻求解决的办法。

存在的问题	解决的办法

三、修正与完善

根据反思与探究中寻求到的解决问题的办法，进一步修正与完善蜗杆传动机构的实际应用与正确维护蜗杆传动的方法。

巩固拓展

1．已知图 4-4-10 所示 I 轴的转向，欲提升重物 W，则蜗杆螺旋线方向及蜗轮轮齿旋向应为________。

A．右、右　　B．右、左　　C．左、左　　D．左、右

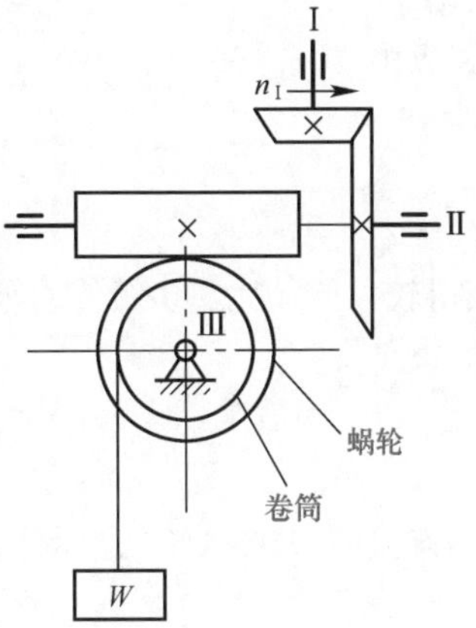

图 4-4-10　题 1 图

2．已知一蜗杆传动，蜗杆转速为 $n_1 = 960$r/min，蜗杆头数 $z_1 = 2$，蜗轮齿数 $z_2 = 60$，求蜗轮转速。如果要求蜗轮的转速 $n_2 = 40$r/min，求蜗轮的齿数 z_2。

3．拆开家用电风扇电机罩壳，观察电风扇摇头装置，了解蜗杆传动的实际应用，并分析摇头装置采用蜗杆传动的目的。

第五节 齿轮系与减速器

学习目标

1. 了解常用轮系的分类及应用
2. 掌握定轴轮系传动比的计算
3. * 了解行星轮系传动比的计算
4. 了解减速器的类型、标准和应用

学习导入

一对齿轮啮合通常不能满足获得较大传动比、多级传动等要求，往往需要采用一系列相互啮合的齿轮组成传动系统来实现。

看一看

观察机械钟表、车床进给箱的齿轮系，如图 4-5-1 所示。

（a）钟表

（b）车床进给箱

图 4-5-1 轮系的应用

想一想

1. 轮系如何实现变速、换向功能？
2. 轮系变速比如何计算？

且行且知

读一读

轮系即为由一系列相互啮合的齿轮组成的传动系统。

根据轮系运转时各齿轮的几何轴线在空间的相对位置是否固定，轮系分为定轴轮系和周转轮系两种。

1. 定轴轮系

如图 4-5-2 所示，所有齿轮轴线都是固定不变的轮系即为定轴轮系。定轴轮系能够实现大的传动比、变速及换向传动等功能，广泛应用于车床主轴箱、进给箱、汽车变速器等。

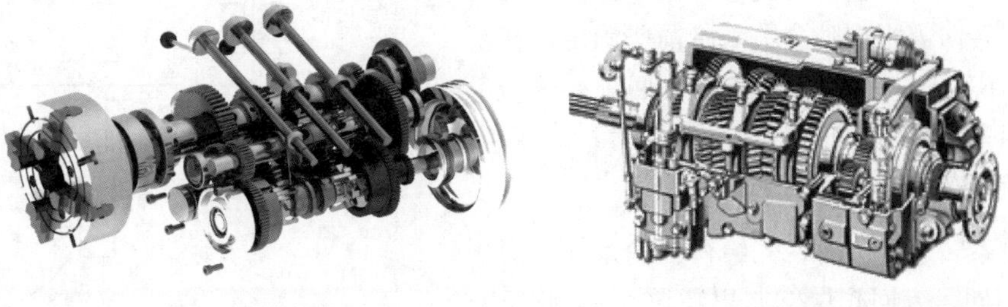

（a）车床主轴箱　　（b）汽车变速器

图 4-5-2　定轴轮系

2. 周转轮系

如图 4-5-3 所示，齿轮 1 和构件（系杆）H 绕自身几何中心旋转，齿轮 2 绕自身中心旋转同时又绕齿轮 1 和构件 H 的中心旋转，这种至少有一个齿轮的轴线绕另一齿轮轴线转动的轮系称为周转轮系。

图 4-5-3（a）所示的周转轮系中，有两个主动件（构件 H 和齿轮 3），即为差动轮系；若构件 H 或齿轮 3 中只有一个主动件，则这样的周转轮系称为行星轮系，如图 4-5-3（b）所示，齿轮 2 为行星轮。

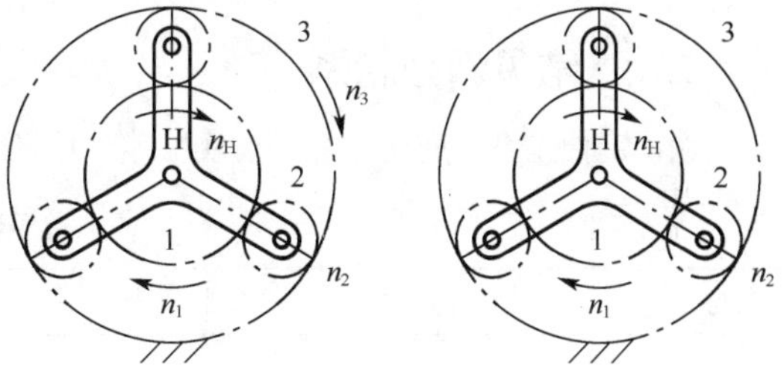

（a）差动轮系　　（b）行星轮系

图 4-5-3　周转轮系

周转轮系结构紧凑，可获得较大传动比。结构紧凑的大功率传动，可以将两个输入运动合成一个输出运动或将一个运动分解成两个运动（如汽车后桥差速器）。

讲一讲

一、轮系传动比的计算

1. 定轴轮系传动比计算

轮系中输入轴与输出轴转速（或角速度）之比是轮系的传动比，用 i_{AB} 表示，下标 A、B 分别表示输入轴和输出轴，i_{AB} 可用式（4-5-1）计算。

$$i_{AB}=\frac{n_A}{n_B}=\frac{\omega_A}{\omega_B} \tag{4-5-1}$$

式中：n_A、n_B——输入轴转速、输出轴转速；

ω_A、ω_B——输入轴角速度、输出轴角速度。

对于所有轴线都相互平行的定轴轮系，可用式（4-5-2）计算轮系传动比，其中 m 是从输入轴 A 到输出轴 B 全部外啮合齿轮对数。

$$i_{AB}=\frac{n_A}{n_B}=(-1)^m\frac{\text{从齿轮A到齿轮B间相啮合的所有从动轮齿数的乘积}}{\text{从齿轮A到齿轮B间相啮合的所有主动轮齿数的乘积}} \quad (4\text{-}5\text{-}2)$$

若传动比为负，说明输出轴转向与输入轴转向相反。

若定轴轮系中存在圆锥齿轮、蜗杆蜗轮等轴线不平行的啮合时，也可用式（4-5-2）计算传动比大小，但转向需根据啮合关系画箭头确定。如图 4-5-4 所示轮系，若已知输入轮转向，其余各轮转向则如图中箭头所示。

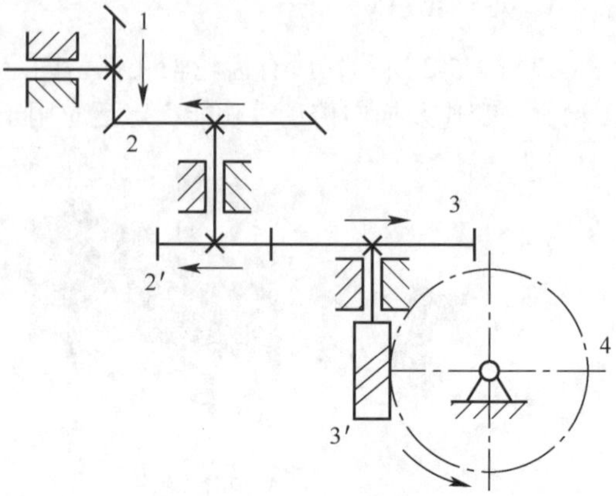

图 4-5-4　轮系转向判定

2. ＊行星轮系传动比计算

行星轮系转速计算时，先给行星轮系加一与系杆大小相同、方向相反的假想转速 $-n_H$，轮系成为假想的定轴轮系，再按照式（4-5-3）计算传动比。

$$i_{GK}^{H}=\frac{n_G-n_H}{n_K-n_H}=(-1)^m\frac{\text{假想轮系中从齿轮G到齿轮K之间的所有从动轮齿数的乘积}}{\text{假想轮系中从齿轮G到齿轮K之间的所有主动轮齿数的乘积}} \quad (4\text{-}5\text{-}3)$$

式中：n_G、n_K——行星轮系中任意两个齿轮 G 和齿轮 K 的转速；

m——齿轮 G 至齿轮 K 之间外啮合齿轮的对数。

二、＊常见新型轮系

除了定轴轮系、周转轮系，在实际生产中还有其他新型轮系以满足特殊的应用场合，见表 4-5-1。

表 4-5-1　常见新型轮系

名称	结　构　图	原　理　图	特点与应用
渐开线少齿差行星传动		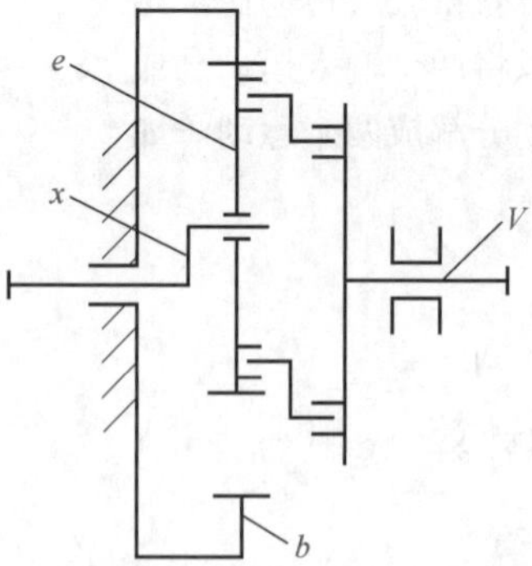	结构简单、紧凑，传动效率高，单级传动比达 10 ～ 100。主要用于冶金机械、化工、船舶、食品等领域的设备
摆线针轮行星传动		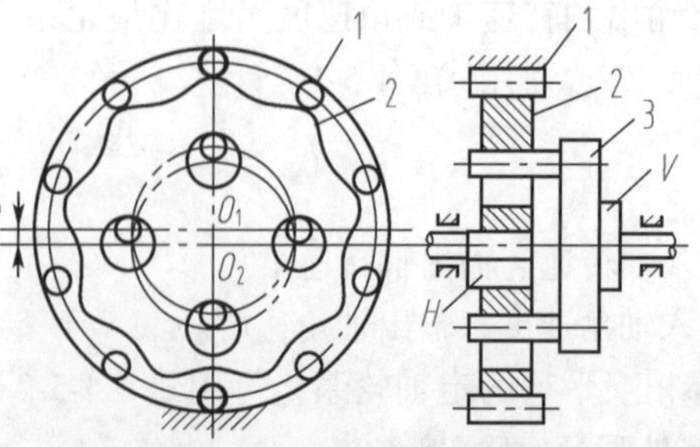	单级传动比大、效率高，结构紧凑、传动平稳，噪声低；承载能力大。在国防、冶金、化工、纺织等行业有广泛应用

续表

名称	结构图	原理图	特点与应用
谐波齿轮传动		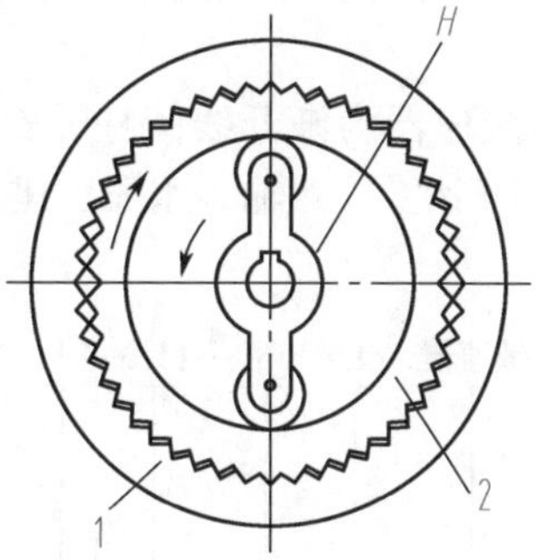	单级传动比达70～320，传动效率高，承载能力强。广泛应用于空间技术、雷达通信、能源、机床、仪器仪表、机器人、造船、纺织、冶金、常规武器、精密光学设备等领域

三、减速器

减速器是传动比固定的轮系，由齿轮或蜗轮蜗杆组成，是用来降低转速增大扭矩的封闭机械装置。减速器结构紧凑、效率高，使用维护方便，在工业中应用广泛。

1. 减速器的类型

减速器作为独立的部件，由专业厂家成批生产，且已系列化，常用减速器见表 4-5-2。

表 4-5-2 常用减速器

类型	结构图	机构简图	特点与应用
单级圆柱齿轮减速器		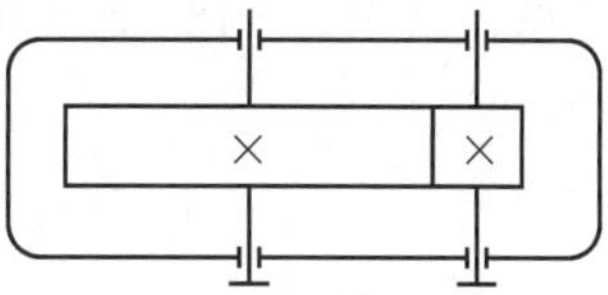	传动比 $i \leqslant 8 \sim 10$，常见齿形为直齿
双级圆柱齿轮减速器		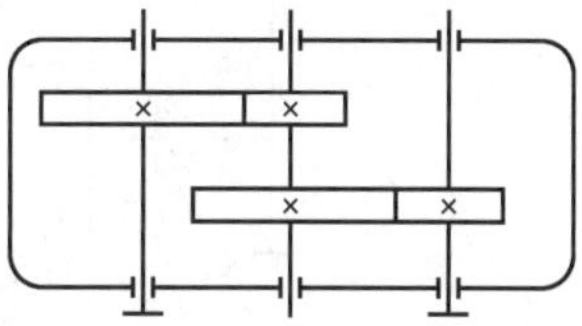	结构简单，用于载荷平稳的场合。通常，高速级为斜齿，低速级为直齿
单级圆锥齿轮减速器		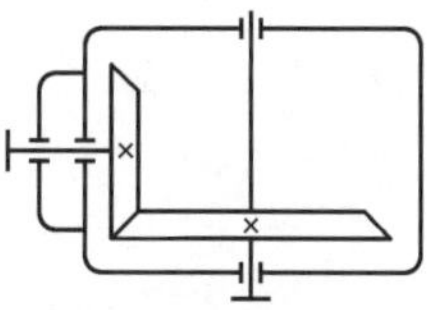	用于两垂直相交或交错轴传动。制造安装复杂，仅在传动需要时采用
下置式蜗杆减速器		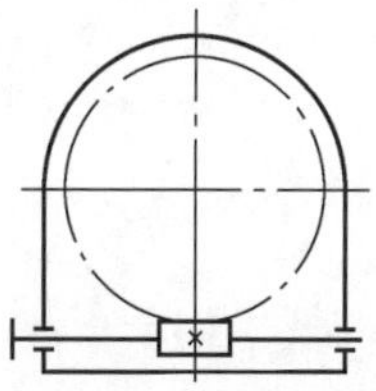	蜗杆冷却、润滑较好，适用于蜗杆圆周速度 $v < 10$m/s 的场合

2. 减速器的标准

减速器种类较多，与减速器相关的标准超过 100 多个，其中 JB/T 8853—2001 是关于圆柱齿轮减速器。

JB/T 8853—2001 中的减速器为渐开线圆柱（Z）齿轮减速器，分单级（D）、两级（L）、三级（S）3 个系列，主要用于冶金、运输、水泥、建筑、化工、纺织、轻工等行业。

减速器标记形式如下：

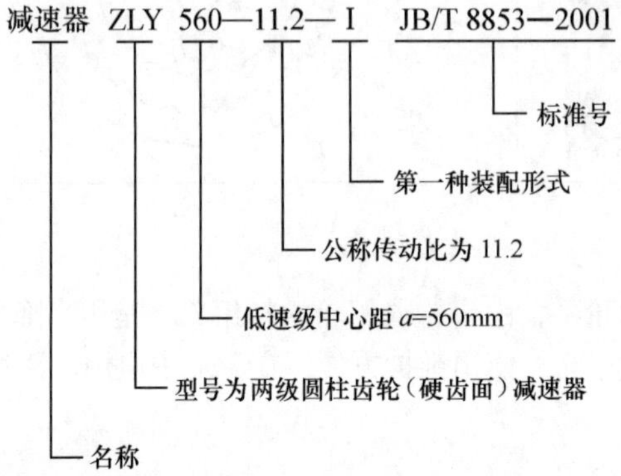

做一做

计算定轴轮系的传动比

如图 4-5-5 所示的轮系，已知 $z_1 = 18$、$z_2 = 20$、$z_{2'} = z_3 = 25$、$z_{3'} = 2$、$z_4 = 40$，若 n_1 转速为 100r/min，求 n_4 的大小和方向？

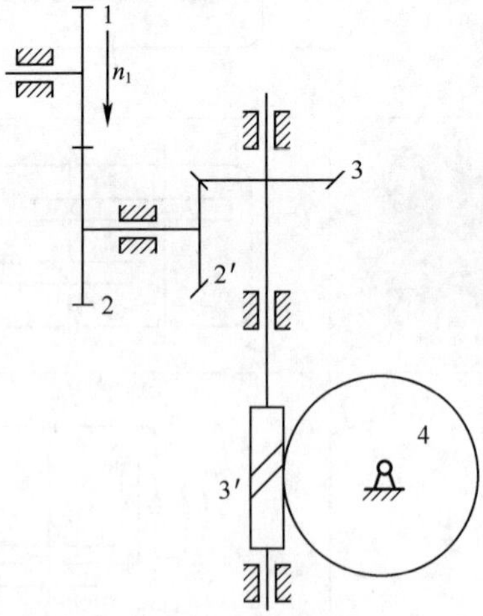

图 4-5-5 轮系计算

学习评价

一、观察与评价

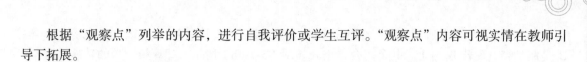

根据“观察点”列举的内容，进行自我评价或学生互评。“观察点”内容可视实情在教师引导下拓展。

观察点	☺	😐	☹
能从生产和生活中分别找出 2 个定轴轮系、周转轮系的应用			
能正确计算定轴轮系传动比			
* 能从网上检索到 3 个以上新型轮系应用			
能从网上检索到 2 个三级圆柱齿轮减速器			

二、反思与探究

从学习过程和评价结果两方面进行反思，分析存在的问题，寻求解决的办法。

存在的问题	解决的办法

三、修正与完善

根据反思与探究中寻求到的解决问题的办法，进一步掌握定轴轮系传动比的计算。

巩固拓展

1．图 4-5-6 所示轮系，已知各轮齿数为：$z_1 = z_{2'} = z_{3'} = 15$、$z_2 = 25$、$z_3 = z_4 = 30$、$z_{4'} = 2$、$z_5 = 60$、$z_{5'} = 20$（$m = 4$mm）。若 $n_1 = 500$r/min，转向如图所示，求齿条 6 的线速度 v 的大小和方向。

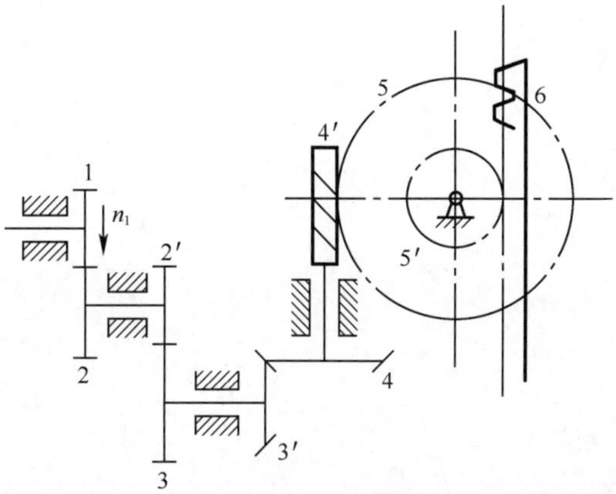

图 4-5-6　题 1 图

2．* 图 4-5-7（a）所示为国产红旗轿车的自动变速机构，其中上 B_1、B_2、B_3、C 是离合器，B_r 是制动器。现若 B_1 合上，其余离合器松开如图 4-5-7（b）所示，计算第一挡的转速，即 $i_{I,II}$、的转速。

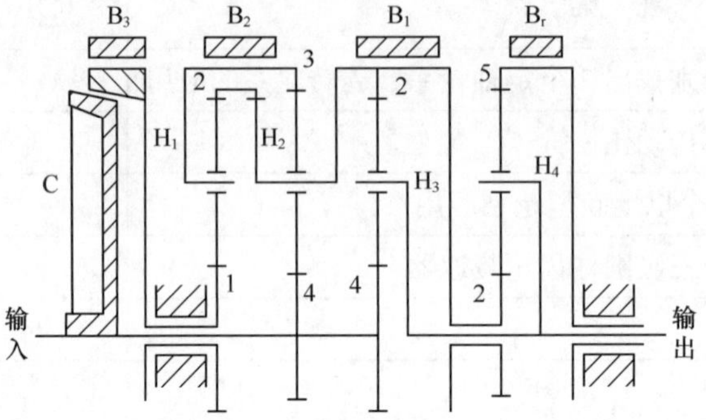

（a）

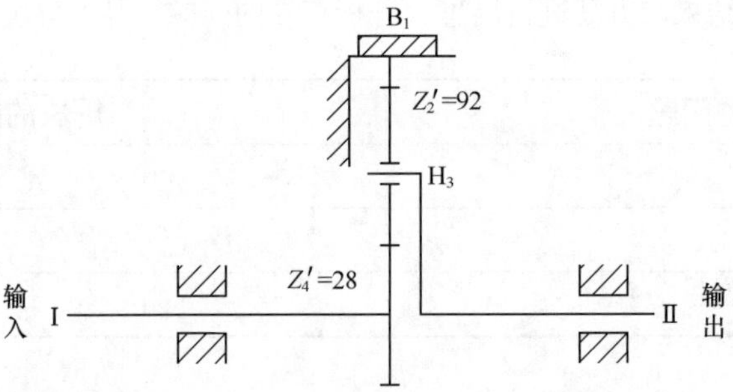

（b）

图 4-5-7　题 2 图

3．上网检索，了解常用行星减速器的应用。

第六节 机械润滑与机械密封

学习目标

1. 了解润滑剂的种类、性能及选用
2. 了解机械中常用润滑剂和润滑方法
3. 了解常用密封装置的分类、特点和应用

学习导入

一台机器或设备要正常运行，良好的润滑和密封是必不可少的。

看一看

观察轴承、车床的润滑方式，如图 4-6-1 所示。

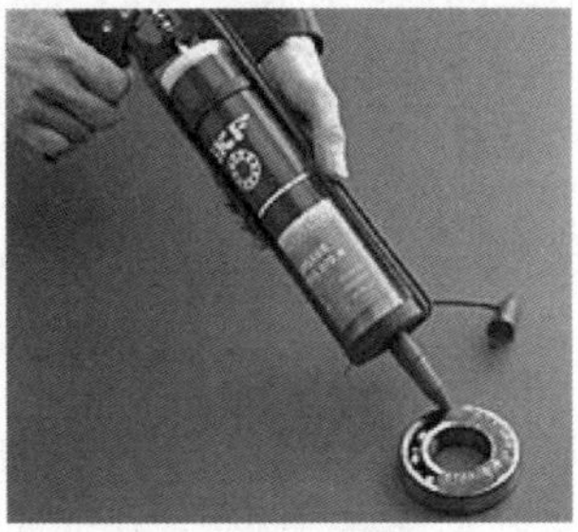

（a）轴承润滑

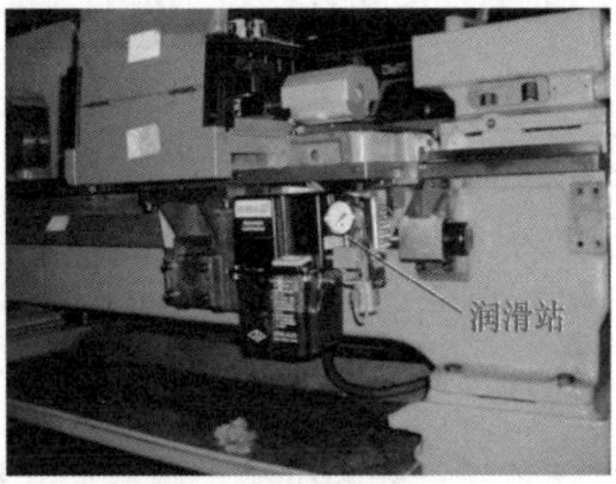

（b）车床润滑站

图 4-6-1 机械润滑

想一想

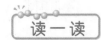

1. 说明轴承和车床分别采用的润滑剂和润滑方式。
2. 列举日常生活和生产中应用润滑的场合。

且行且知

读一读

一、润滑剂

润滑剂是能降低摩擦阻力的介质。气态的空气、液态的润滑油、半固态的润滑脂和固体的润

滑剂，均可作为润滑剂。

二、常用的润滑剂及其应用

常用润滑剂有润滑油和润滑脂。润滑油流动性能好，冷却好，用于高速机械，但易从箱体内流出，需采用结构复杂的密封装置，且需经常加油。常用润滑油的牌号见表 4-6-1。

表 4-6-1　　常用润滑油的牌号

类　型	牌　号	主要用途
全损耗系统用油（GB/T 443—1989）	L-AN7	用于高速低负荷机械、精密机床的润滑和冷却
	L-AN10	
	L-AN15	普通机床的液压油，用于一般滑动轴承、齿轮、蜗轮的润滑
	L-AN32	
	L-AN46	
工业闭式齿轮油（GB/T 5903—1995）	L-CKC100	适用于煤炭、水泥、冶金等工业部门的大型封闭式齿轮传动装置的润滑
	L-CKC150	
	L-CKC220	

润滑脂不易流失，密封简单，使用时间长，受温度影响小，对载荷、速度等适应范围大。用于不允许漏油，加油不方便场合，特别适合低速、重载或间歇、摇摆运动的机械。常用润滑脂有黄油和干油。

讲一讲

一、常用的润滑方法

常用润滑方法有手工定时润滑和连续润滑。手工定时润滑主要靠手工定时加油、加脂，主要用于低速、轻载或不连续运转的机械。润滑油杯有压配式压注油杯、旋套式注油油杯如图 4-6-2（a）和图 4-6-2（b）所示。图 4-6-2（c）所示为旋盖式油杯，用于润滑脂的定期润滑。

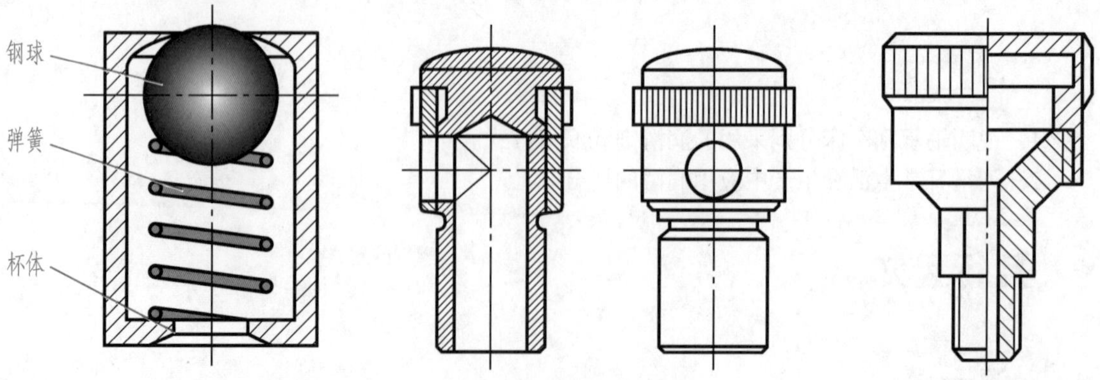

（a）压配式压注油杯　（b）旋套式流油油杯　（c）旋盖式油杯

图 4-6-2　润滑油杯

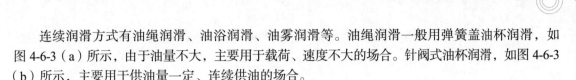

连续润滑方式有油绳润滑、油浴润滑、油雾润滑等。油绳润滑一般用弹簧盖油杯润滑，如图 4-6-3（a）所示，由于油量不大，主要用于载荷、速度不大的场合。针阀式油杯润滑，如图 4-6-3（b）所示，主要用于供油量一定、连续供油的场合。

油浴润滑，如图 4-6-3（c）所示，主要由浸入油池一定深度的大齿轮通过旋转，将润滑油带入啮合区进行润滑，用于齿轮速度小于 12m/s 的场合；当齿轮速度大于 12m/s 时，采用将压力油喷入啮合区的方法。

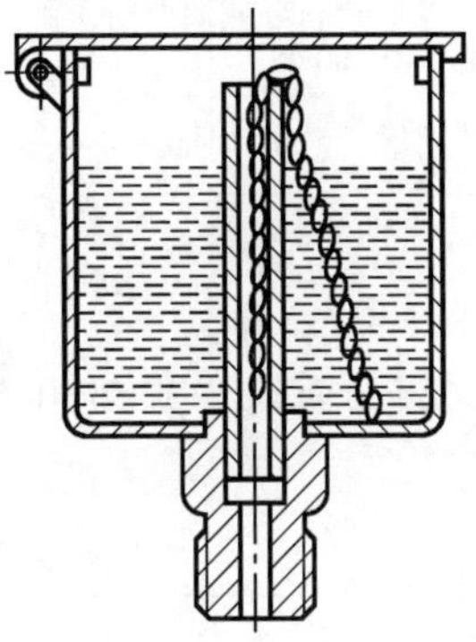

（a）弹簧盖油杯润滑

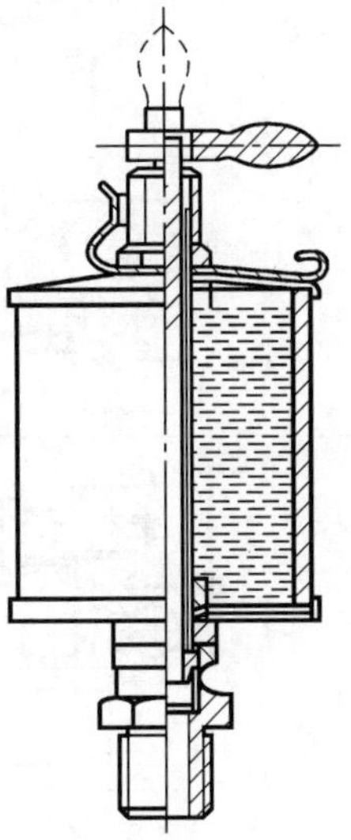

（b）针阀式油杯润滑

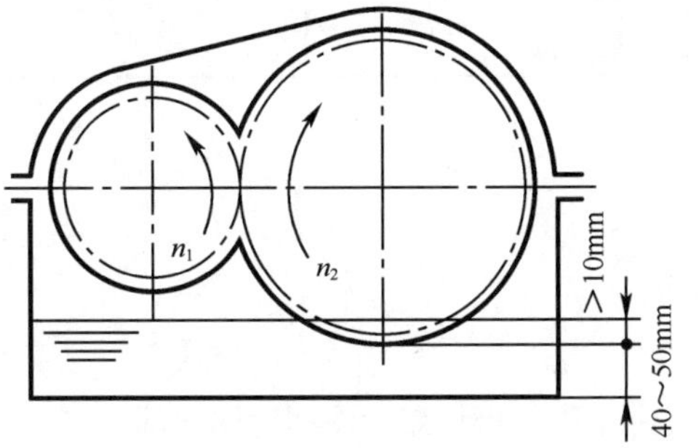

（c）油浴润滑

图 4-6-3　连续润滑方式

油雾润滑则用压缩空气将润滑油从喷嘴喷出，使润滑油雾化后随压缩空气弥散至摩擦表面起润滑作用，常用于高速滚动轴承、齿轮传动及导轨的润滑。

二、密封装置

机械装置中有些装有油、气或其他介质，有些介质的压力很高，有些则要求形成真空。为保证这些机械的正常工作，不出现漏油、渗油等现象，阻止灰尘、水分及其他杂质进入润滑部位，必须采用可靠的密封。

根据结合面是否具有相对运动，密封分为静密封和动密封。常用的静密封有垫片密封、密封圈密封、密封胶密封。常用的垫片有纸垫片、橡胶垫片、塑料垫片和金属垫片。常用的动密封装置见表 4-6-2。

表 4-6-2　　常用的动密封装置

名　称	示 意 图	特点与应用
毛毡圈密封	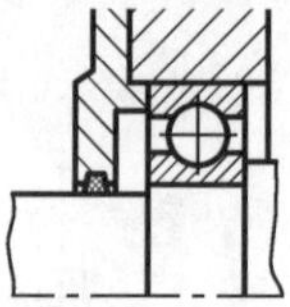	用于脂润滑，环境清洁，圆周速度小于 4m/s，工作温度小于 90℃
皮碗密封	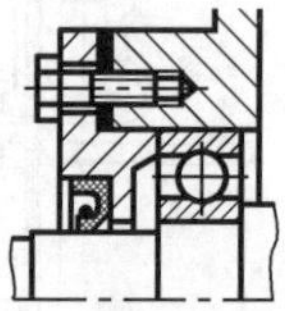	用于脂润滑或油润滑，圆周速度小于 7m/s，工作温度小于 100℃
油沟式密封	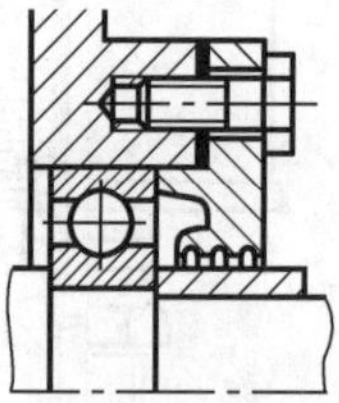	用于脂润滑，且干燥清洁环境。密封间隙 0.1 ～ 0.3mm
迷宫式密封	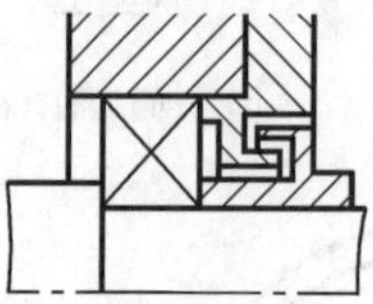	用于脂润滑或油润滑，在间隙中充填润滑油或润滑脂，密封效果可靠

做一做

车床的定期润滑

1. 根据车床说明书，找出车床每班均需加注润滑油的部位。
2. 用油壶给车床床身导轨、丝杠等加注 40 号机油。
3. 检查车床主轴箱、进给箱有无漏油现象。

学习评价

一、观察与评价

根据“观察点”列举的内容，进行自我评价或学生互评。“观察点”内容可视实情在教师引导下拓展。

观 察 点	☺	😐	☹
能举出 3 个以上生活中用到润滑的实例			
能说出 2 种以上的润滑剂			
能举出生活中 2 种以上的密封方式			

二、反思与探究

从学习过程和评价结果两方面进行反思，分析存在的问题，寻求解决的办法。

存在的问题	解决的办法

三、修正与完善

根据反思与探究中寻求到的解决问题的办法，进一步掌握机械中常用润滑方式和密封方式。

巩固拓展

1. 观察分析自行车、缝纫机和电风扇轴承部分采用的润滑剂及润滑方式。
2. 试分析一减速器的箱盖与底座间、输入及输出轴与端盖等所采用的密封方式。
3. 上网检索，了解空气润滑的应用原理和场合。

阶段性实习训练四

减速器拆装与分析

学习目标

1. 会正确拆装螺纹连接
2. 掌握减速器的拆装

工作任务

1. 按规范拆卸一个两级圆柱（或圆柱圆锥）齿轮减速器
2. 分析减速器的主要结构
3. 装配并简单调试减速器

任务设计

设施设备	二级圆柱齿轮（或圆柱圆锥）减速器或模型，套筒扳手、固定扳手、盛物盘、木锤、铜棒、铅丝等
活动安排	观察减速器的外部结构，拆卸减速器箱体（约 20 分钟） 观察减速器内部结构（约 25 分钟） 装配减速器（约 20 分钟） 简单调试减速器（约 10 分钟） 师生互动，讨论减速器拆装中应该注意的事项（约 15 分钟）

任务实施

第一步 打开减速器箱盖

观察减速器外部结构，如实训图 4-1 所示，打开其箱盖。

实训图 4-1 拆卸状态的减速器

1. 减速器的铭牌是________________。
2. 减速器箱盖与箱座用________实现定位，用________进行连接。

知识技能拓展

1. 减速器箱盖拆卸的一般顺序

拧开放油螺塞，将油放干净→拔出定位销→拧下端盖螺钉（嵌入式端盖例外）→拆下端盖→拧下箱盖与箱座的连接螺栓→借助起盖螺钉（吊耳）拧松箱盖→用吊环螺钉吊起箱盖，翻转 180° 放置一旁。

2. 螺纹连接拆卸要领

拆卸螺纹连接时，应使用相同规格的扳手或螺丝刀进行拆卸。

（1）同一平面螺钉（栓）组拆卸。

① 先将各螺钉（栓）按规定顺序拧松一遍（一般为 1 ～ 2 转），若无顺序要求应按先四周后中间或按对角线的顺序拧松一遍，然后按顺序分次匀称地进行拆卸。

② 首先拆下难拆部位的螺钉（栓）。

③ 拆卸悬臂部件圆周分布的螺钉时，最上部的螺钉在最后取出。

④ 对不易观察的螺钉，应仔细检查后试用螺丝刀、撬棒等工具将连接零件分开，以免有隐蔽的螺钉未拆除导致撬坏零件。

（2）锈蚀螺纹连接拆卸。

锈蚀螺纹连接的拆卸主要有非破坏性、破坏性两种方式。

非破坏性拆卸一般在螺钉（栓）及螺母上注些汽油或机油，待一段时间后，用小锤沿四周轻轻敲击，螺钉（栓）、螺母松动后拧出；破坏性拆卸一般采用乙炔氧火焰加热螺母或割去螺钉头部，手锯锯断螺钉（栓）及螺母，錾子錾开螺母，钻头钻孔等方法。

问题探讨

减速器中除了箱体、传动零件外，还有一些附件，分别在什么位置？作用又如何？填写实训表 4-1。

实训表 4-1　　减速器附件

名　称	位　置	数　量	作　用
窥视孔盖			
测油杆 / 油标指示器			
油　塞			
起盖螺钉			
吊　耳			
吊　钩			

第二步 观察减速器内部结构

1．此减速器由________级传动组成，第Ⅰ级是________传动，第Ⅱ级是________传动，填写实训表 4-2。

实训表 4-2　　减速器齿轮

	小　齿　轮		大　齿　轮		传　动　比
第Ⅰ级	齿数		齿数		
第Ⅱ级	齿数		齿数		
	旋向		旋向		

2．绘制减速器的传动示意图。

3．观察减速器润滑与密封结构。

齿轮采用________润滑方法；轴承采用________润滑方法。轴承采用________密封方法；箱盖与箱体采用________密封方法。

问题探讨

高速轴系、低速轴系在减速器中是如何实现其定位的？

第三步 安装减速器

1．安装前零件清洗

用汽油清洗滚动轴承，煤油清洗其他零件；给零件未加工表面涂耐油漆；零件配合面洗净后涂润滑油。

2．零件预装

修配平键，将齿轮等回转零件装配到轴上。

3．组件装配

将轴承、挡油环等装配到轴上。

4．减速器总装

将轴系部件安装到箱体，调整轴系部件至减速器位置正确。

5．检测齿轮传动精度、齿侧间隙

6．在箱体结合面，涂密封胶，注入润滑油，合箱盖

7．按顺序，均匀地拧紧各连接螺栓

知识技能拓展

1．轴承轴向间隙的调整要求

轴承装入轴颈时，用轴承内圈端面实现轴向定位，其轴向间隙用 0.05mm 塞尺检查（塞尺不得通过）。单列向心球轴承时，轴承之一与端盖之间需保留 0.4 ± 0.2mm 的轴向间隙，并由垫片调整。

2．齿轮副接触斑点测量

在一对啮合齿轮主动轮的每个轮齿上均匀涂上红铅油，使其在轻微制动下运转，从动齿轮面上印出接触斑点。接触斑点基本分布在齿轮齿高中部附近，接触面积沿齿高方向不小于 45%，沿齿宽方向不小于 60%。

3．压铅法检测齿侧间隙

将一段铅丝插入齿轮间，转动齿轮碾压铅丝，铅丝变形后的厚度即是齿轮副侧隙大小，用游标卡尺测量其值。

4．螺纹连接装配要领

（1）控制拧紧力矩 根据使用要求和螺栓直径，正确选用扳手，有预紧力要求的螺纹连接，采用控制力矩扳手；无严格控制预紧力的螺纹连接，采用梅花扳手、死扳手等，尽量不用活扳手。

（2）成组螺栓或螺母拧紧时，应根据被连接件形状和螺栓的分布情况，按一定的顺序逐次（一般为 2 ～ 3 次）拧紧螺母，如实训图 4-2 所示。

在拧紧长方形布置的成组螺母时，应从中间开始，逐渐向两边对称地扩展，如实训图 4-2（a）所示；在拧紧圆形（见实训图 2-4）或方形布置的成组螺母时，必须对称进行（如有定位销，应从靠近定位销的螺栓开始），如实训图 4-2（b）所示。

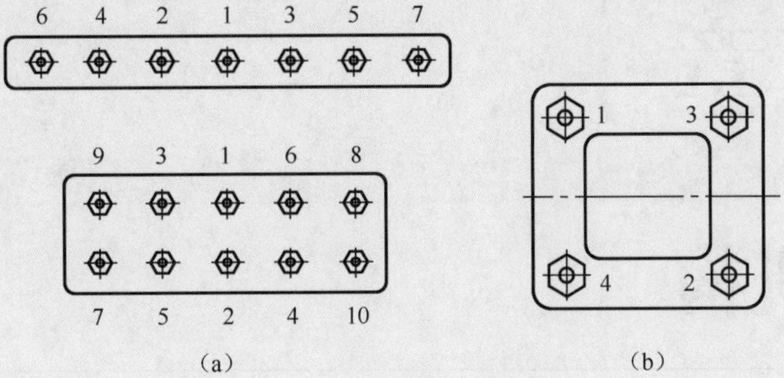

实训图 4-2 螺栓（钉）组拧紧顺序

第四步 调试减速器

手动转动高速轴，要保证转动灵活没有滞迟现象。空转运行 30min 以上，检查运转情况。保证轴承温升不能超过规定要求，齿轮无显著噪声。

学习评价

一、观察与评价

根据“观察点”列举的内容，进行自我评价或学生互评。“观察点”内容可视实情在教师引导下拓展。

观　察　点	☺	😐	☹
拆卸工具使用规范			
拆卸零件摆放规范			
螺纹连接拆卸规范			
装配齿轮规范			

二、反思与探究

从学习过程和评价结果两方面进行反思，分析存在的问题，寻求解决的办法。

存在的问题	解决的办法

三、修正与完善

根据反思与探究中寻求到的解决问题的办法，进一步规范减速器的拆卸、装配与调试。

第五章

常见机构

第一节　平面四杆机构

学习目标

1．了解平面运动副及其分类
2．熟悉平面四杆机构的基本类型、特点和应用
3．能判定铰链四杆机构的类型
4．了解含有一个移动副的四杆机构的特点和应用
5．* 了解平面四杆机构的急回运动特性、压力角和死点位置

学习导入

搅拌机、飞机起落架、内燃机、卡车的自动卸货装置、电风扇的摇头装置等都采用了平面连杆机构，用来进行动力的传递和运动方式的转换。

试一试

驱动缝纫机脚踏驱动机构（见图 5-1-1），观察脚踏驱动机构的运动。

想一想

1．缝纫机脚踏驱动机构是如何将踏板的摆动转化为曲轴的转动的？
2．缝纫机脚踏驱动机构出现无法运转的问题时如何解决？

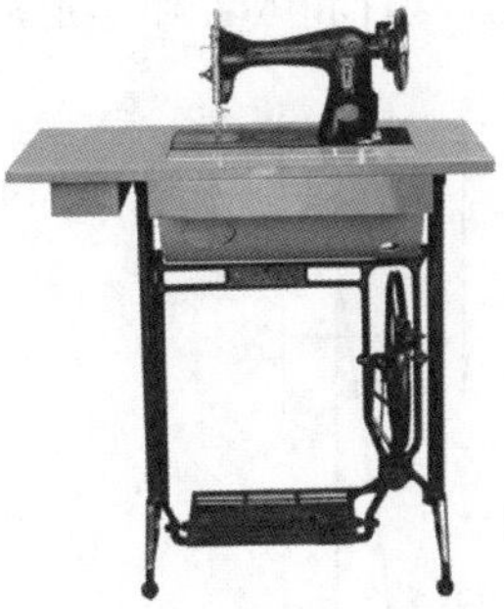

（a）

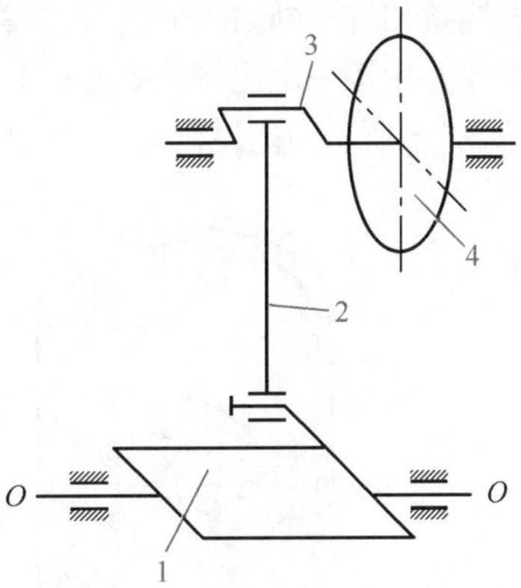

（b）

图 5-1-1　缝纫机脚踏驱动机构

1—脚踏板；2—连杆；3—曲轴；4—带轮

且行且知

读一读

一、运动副

机构是由构件组合而成的，构件与构件之间用运动副连接。

运动副是两构件直接接触，而又能产生一定相对运动的连接。根据运动副各构件之间的相对运动是平面运动还是空间运动，可将运动副分成平面运动副和空间运动副。所有构件都只能在同一平面或相互平行的平面内运动的机构称为平面机构，平面机构的运动副称为平面运动副。

按两构件间的接触特性，平面运动副可分为低副和高副。

构件间以点或线接触的运动副称为高副，如齿轮啮合、凸轮与从动件的接触等（见图 5-1-2）。

构件间以面接触的运动副称为低副，根据构成低副的两构件间相对运动的特点，又分为转动副和移动副。两构件只能作相对转动的运动副为转动副（见图 5-1-3），两构件只能沿某一轴线相对移动的运动副为移动副（见图 5-1-4）。

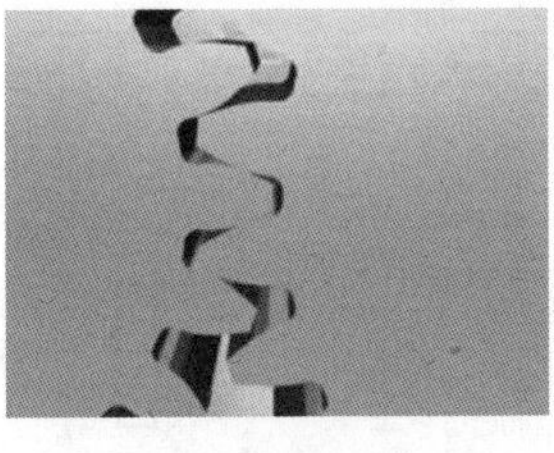

（a）齿轮啮合

（b）凸轮接触

图 5-1-2　高副

图 5-1-3　转动副

图 5-1-4　移动副

二、平面机构的运动简图

对机构进行分析，目的在于了解机构的运动特性，即组成机构的各构件是如何工作的，故只需要考虑与运动有关的构件数目、运动副类型及相对位置，而无需考虑机构的真实外形和具体结构，因此常用一些简单的线条和符号画出图形进行方案讨论和运动、受力分析。这种撇开实际机构中与运动关系无关的因素，并用按一定比例及规定的简化画法表示各构件间相对运动关系的工程图形称为机构运动简图。图 5-1-5 所示为内燃机的运动简图。常用构件和运动副的简图符号见表 5-1-1。

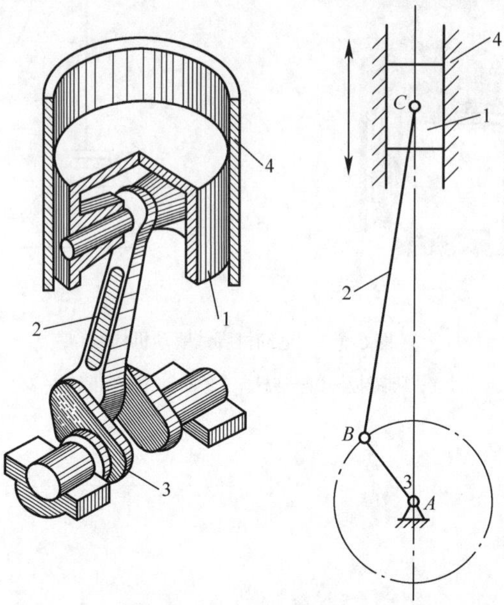

（a）机构示意图 （b）机构运动简图

图 5-1-5 内燃机

1—缸内活塞；2—连杆；3—曲柄；4—机架

表 5-1-1 机构运动简图符号

名称		简图符号	名称			简图符号
构件	轴、杆		机架			
构件	三副元素构件	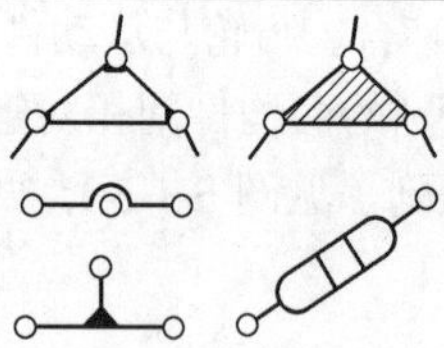	机架	机架是转动副的一部分		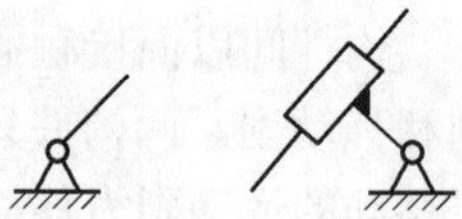
构件	构件的永久联接	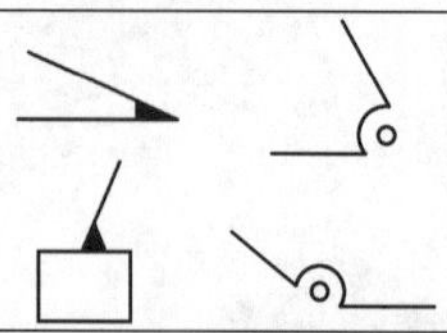	机架	机架是移动副的一部分		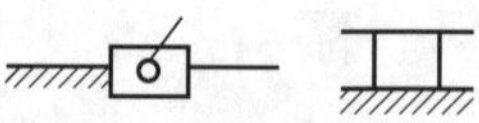
平面低副	转动副		平面高副	齿轮副	外啮合 内啮合	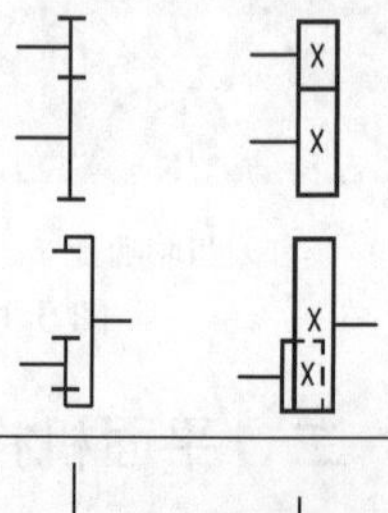
平面低副	移动副	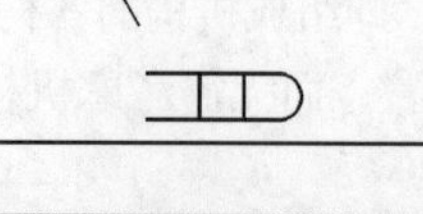	平面高副	凸轮副		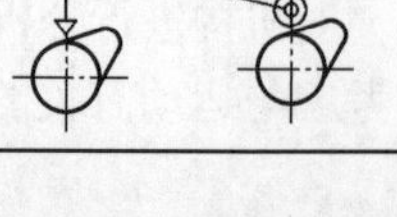

三、铰链四杆机构

平面连杆机构是由一些刚性构件用转动副和（或）移动副连接而成的在同一平面或相互平行平面内运动的机构。最常见的平面连杆机构是具有四个构件（包括机架）的低副机构，称为平面四杆机构。构件间以四个转动副相连的平面四杆机构称为平面铰链四杆机构，简称铰链四杆机构。铰链四杆机构中，固定不动的杆称为机架；与机架相连的杆称为连架杆，其中能作整周回转的连架杆称为曲柄，只能往复摆动的连架杆称为摇杆；机构中不与机架相连的杆称为连杆（见图 5-1-6）。

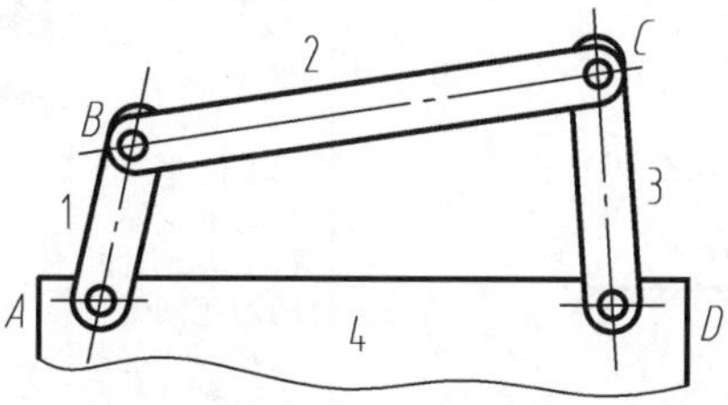

图 5-1-6　铰链四杆机构
1、3—连架杆；2—连杆；4—机架

铰链四杆机构的基本类型见表 5-1-2。

表 5-1-2　　铰链四杆机构的基本类型

基本类型	机构简图	运动特点	应用举例
曲柄摇杆机构	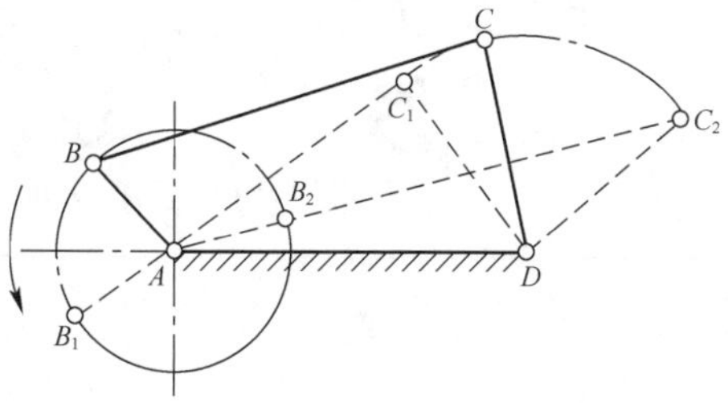	主动曲柄 AB 匀速回转，通过连杆 BC 带动从动摇杆 CD 往复摆动；也可将摇杆的往复摆动转化为曲柄的回转运动	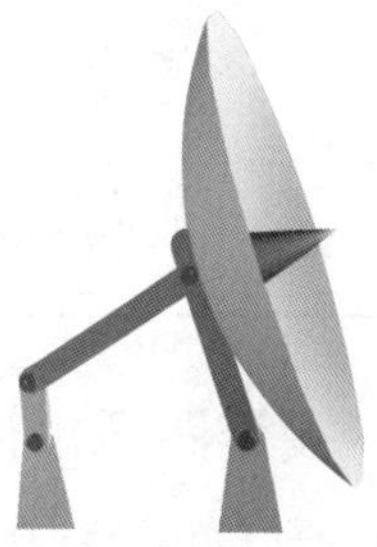 雷达天线俯仰装置
双曲柄机构 — 普通双曲柄机构	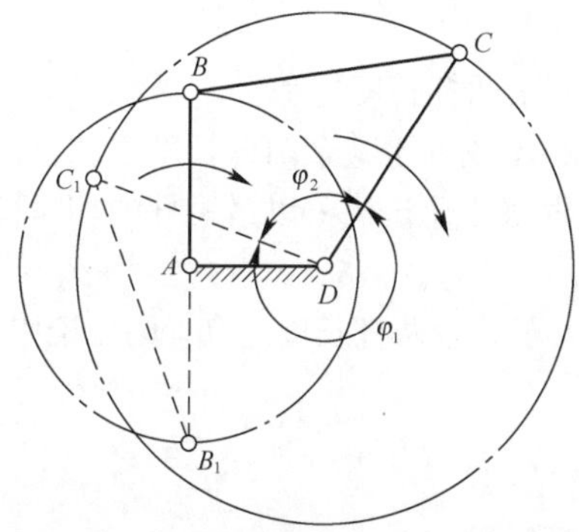	主动曲柄 AB 匀速回转，从动曲柄 CD 变速回转	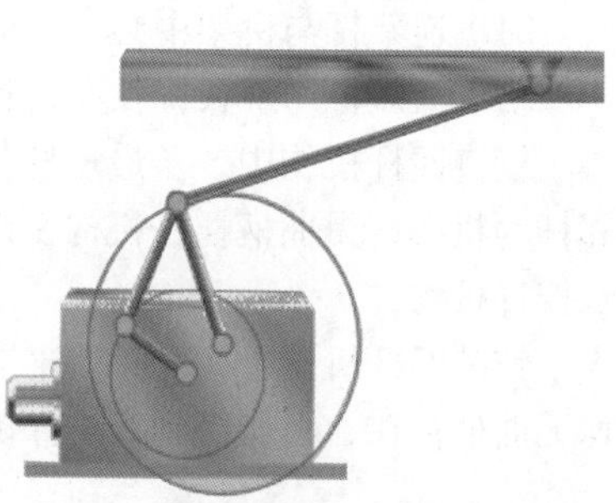 惯性筛

续表

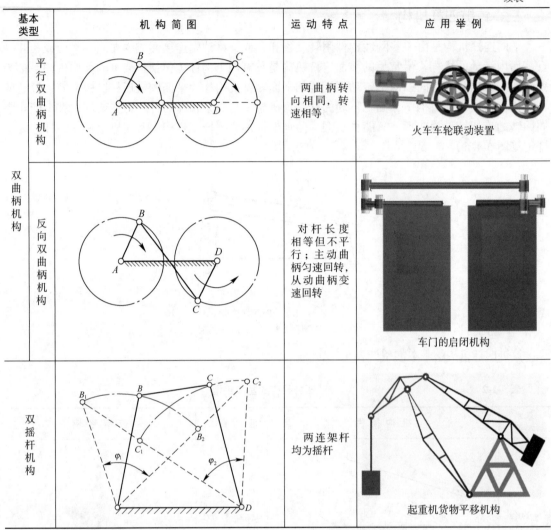

<table>
<tr><th colspan="2">基本类型</th><th>机构简图</th><th>运动特点</th><th>应用举例</th></tr>
<tr><td rowspan="2">双曲柄机构</td><td>平行双曲柄机构</td><td>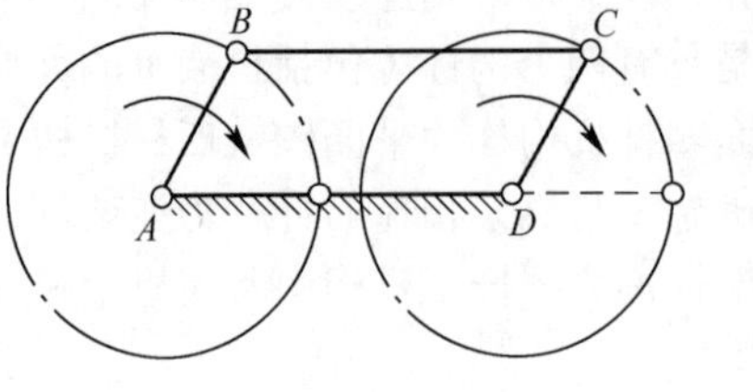</td><td>两曲柄转向相同，转速相等</td><td>
火车车轮联动装置</td></tr>
<tr><td>反向双曲柄机构</td><td>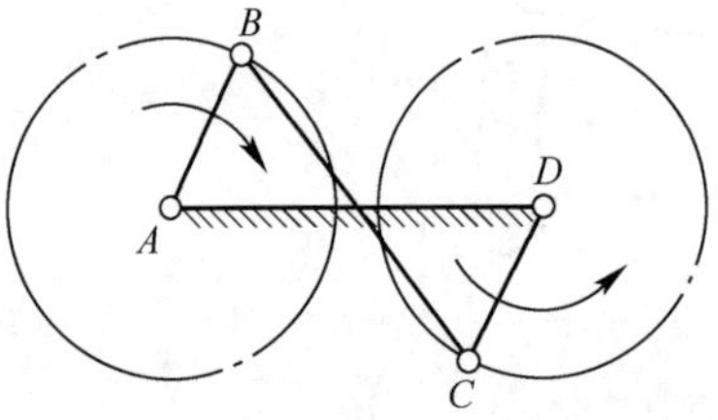</td><td>对杆长度相等但不平行；主动曲柄匀速回转，从动曲柄变速回转</td><td>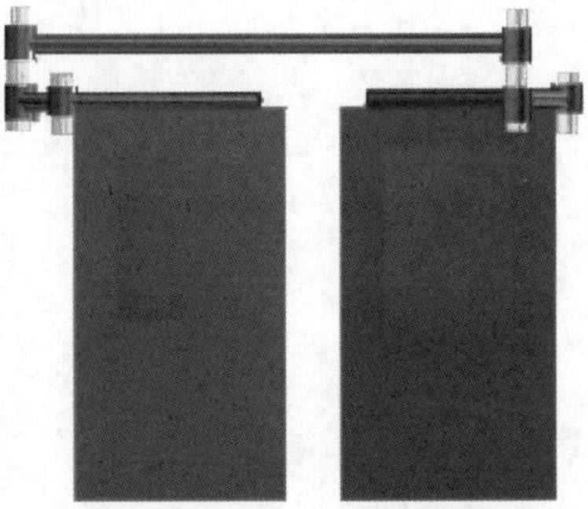
车门的启闭机构</td></tr>
<tr><td colspan="2">双摇杆机构</td><td>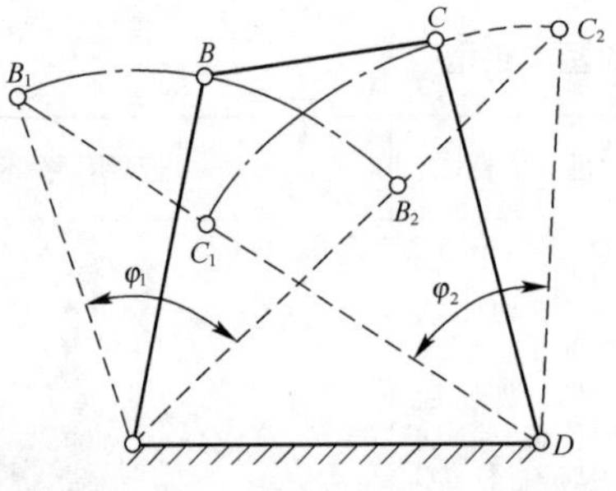</td><td>两连架杆均为摇杆</td><td>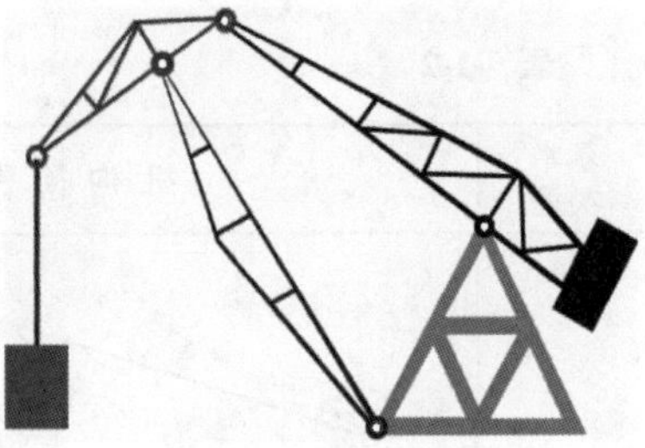
起重机货物平移机构</td></tr>
</table>

四、铰链四杆机构类型判定

铰链四杆机构三种基本形式的根本区别在于机构中曲柄的数量，同时满足以下两个条件时，机构存在曲柄。

（1）连架杆与机架中必有一根为最短杆。

（2）最短杆与最长杆长度之和必须小于或等于其余两杆长度之和。

铰链四杆机构中，若最短杆与最长杆长度之和小于或等于其余两杆长度之和，以最短杆的相邻杆为机架，得曲柄摇杆机构；以最短杆为机架，得双曲柄机构；以最短杆的相对杆为机架，得双摇杆机构。

铰链四杆机构中，若最短杆与最长杆长度之和大于其余两杆长度之和，则无论以何杆为机架，均无曲柄存在，只能得到双摇杆机构。

五、铰链四杆机构的演化

通过改变铰链四杆机构某些构件的形状、相对长度或选择不同构件作为机架等方式，可以演化成其他形式的四杆机构。如使曲柄摇杆机构的摇杆长度趋于无穷大可演化成曲柄滑块机构；改换曲柄滑块机构的固定件可演化为各种导杆机构。铰链四杆机构的常见演化形式见表 5-1-3。

表 5-1-3　　铰链四杆机构的常见演化形式

演化形式		机构简图	运动特点	应用示例
曲柄滑块机构		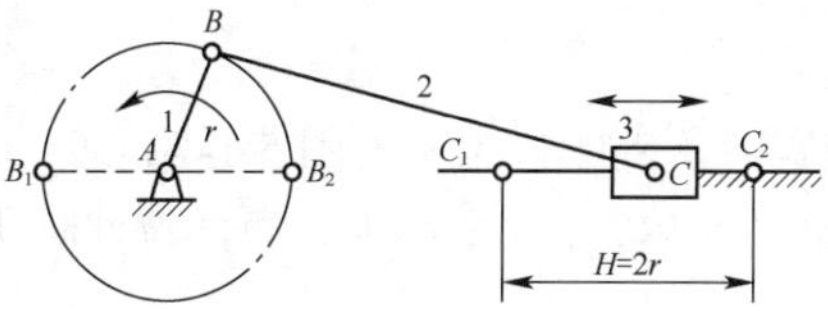	曲柄 1 转动，通过连杆 2 带动滑块 3 往复移动。也可将滑块 3 的移动转化为曲柄 1 的整周转动	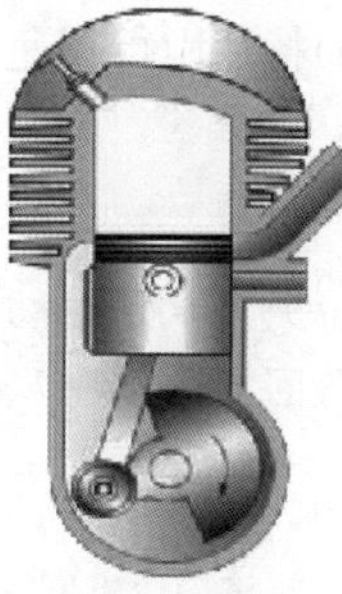 内燃机的曲柄滑块机构
导杆机构	转动导杆 ($l_1 \leqslant l_2$)	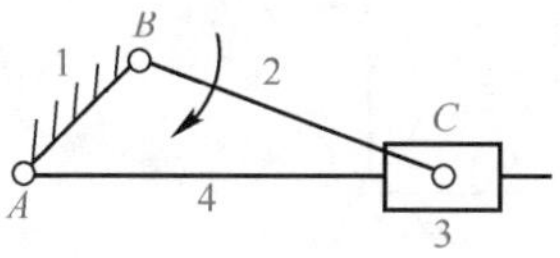	杆 2 与导杆 4 均能绕机架作连续转动	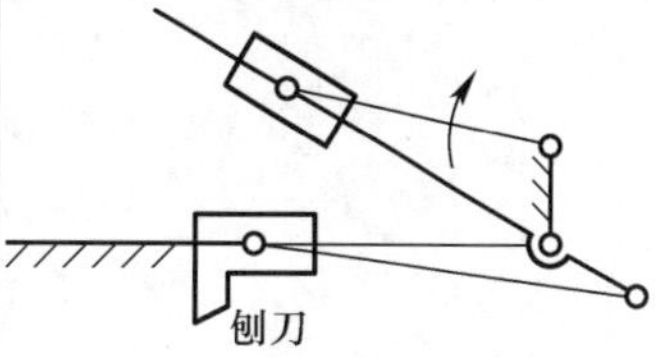 小型刨床
	摆动导杆 ($l_1 > l_2$)	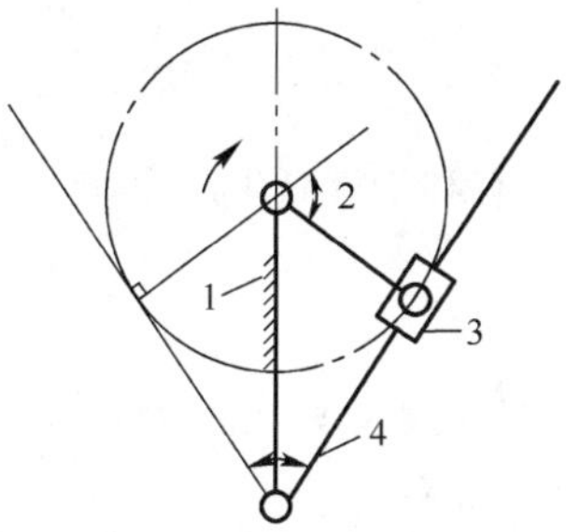	导杆 4 只能绕机架摆动	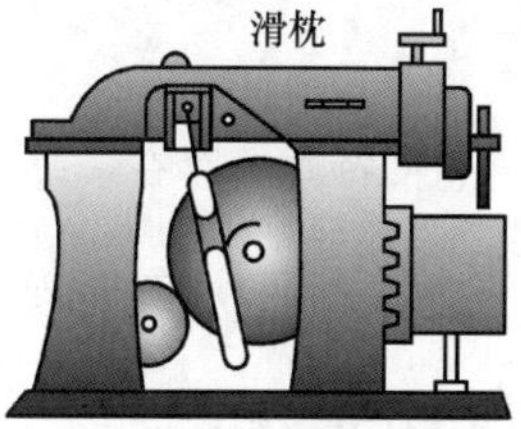 牛头刨床滑枕机构
导杆机构	摇块机构	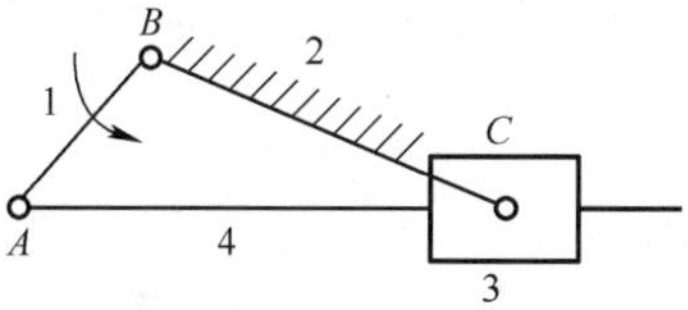	杆 1 转动或摆动，导杆 4 相对块 3 滑动并一起绕 C 点摆动。块 3 只能绕机架上 C 点摆动，称为摇块	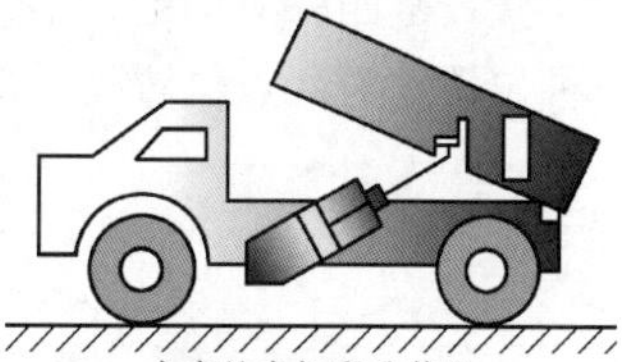 卡车的自卸翻斗装置
	移动导杆	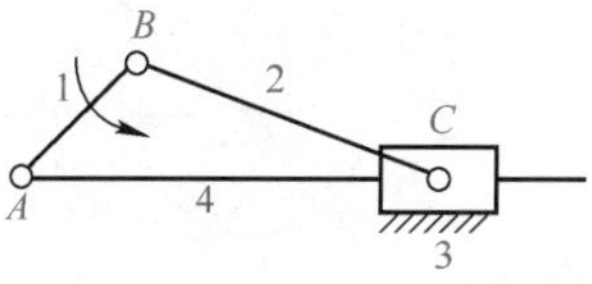	杆 1 转动或摆动，导杆 2 绕 C 点摆动，杆 4 相对固定块(机架)3 作往复移动	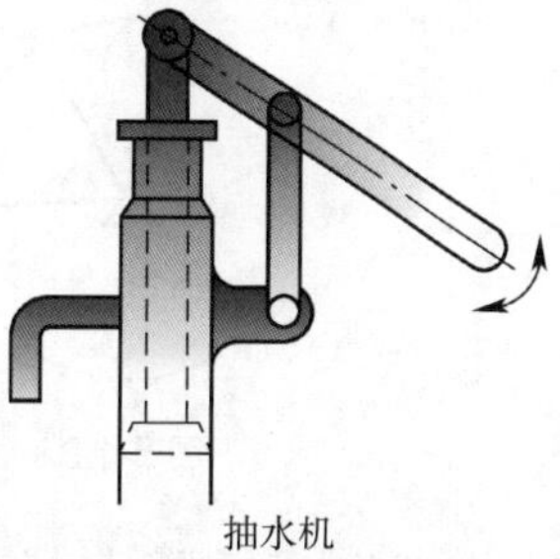 抽水机

讲一讲

一、急回特性

曲柄摇杆机构中，曲柄作等速转动，而摇杆摆动时空回行程的平均速度大于工作行程的平均速度的性质称为机构的急回特性。

急回特性用行程速比系数 k 来描述。

$$k=\frac{v_{空回}}{v_{工作}}=\frac{180^{\circ}+\theta}{180^{\circ}-\theta}$$

极位夹角 θ 是主动曲柄与连杆在两共线位置时所夹的锐角（见图 5-1-7）。$\theta=0$ 时，$k=1$，该机构无急回特性；$\theta>0$ 时，机构具有急回特性。θ 越大，k 值越大，急回特性越明显。

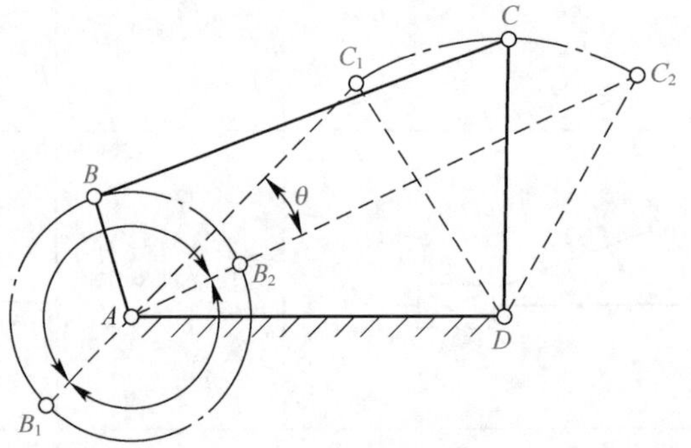

图 5-1-7　极位夹角

急回特性的存在，缩短了从动件的空回程时间，有利于提高生产率。

二、* 压力角和死点现象

压力角（见图 5-1-8）是驱动力 F 与该力作用点绝对速度 v_c 之间所夹的锐角 α。

压力角 α 越小，有效作用力越大，机构的传力性能越好。

在铰链四杆机构中，当连杆与从动件共线时，压力角为 90°，会使从动件无法转动或转向不定，这种位置称为死点位置（见图 5-1-9）。

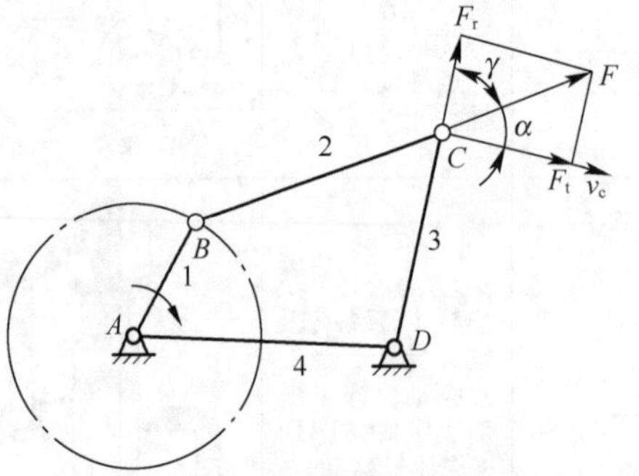

图 5-1-8　曲柄摇杆机构的压力角

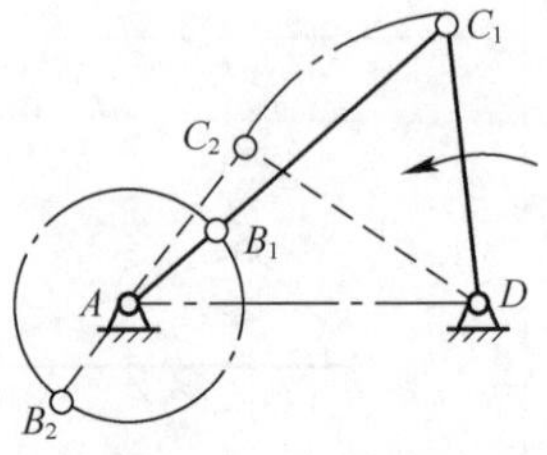

图 5-1-9　死点位置

在生产中常利用从动件的运动惯性使机构顺利通过死点位置。例如内燃机的曲柄滑块机构（见图 5-1-10）就采用在从动件上安装飞轮，以增大从动件的惯性。

死点现象在生产中也可用来实现某些特殊要求，如图 5-1-11 所示的钻床夹具就利用了死点位置来夹紧工件。

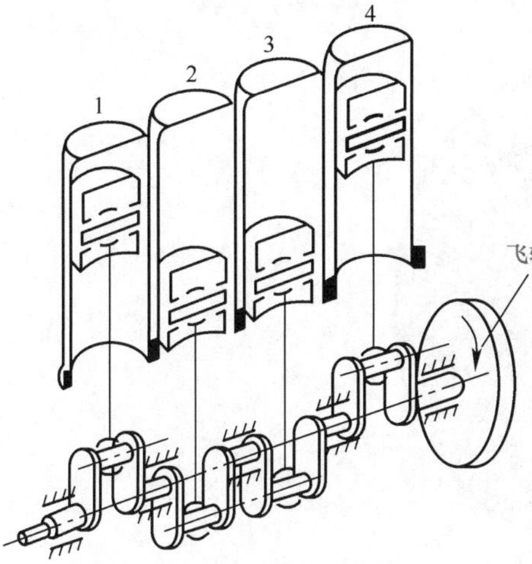

图 5-1-10　内燃机的曲柄滑块机构

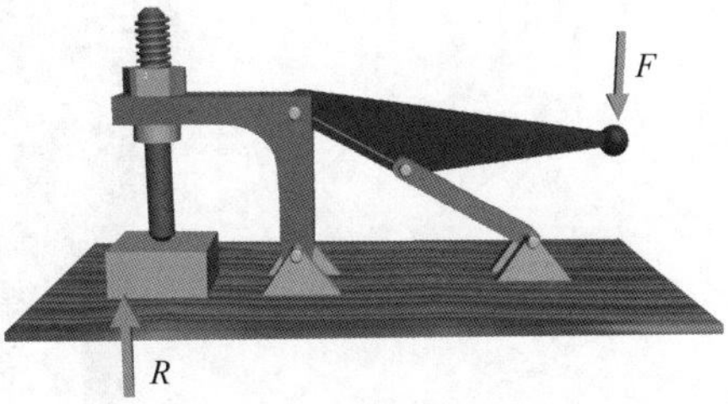

图 5-1-11　钻床夹具

三、* 机构运动简图的绘制

绘制机构运动简图，首先应先了解清楚机构的构造和运动情况，再按下列步骤进行。

（1）分析机构的组成，分清固定件（机架），确定主动件及从动件的数目。

（2）由主动件开始，循着运动路线，依次分析构件间的相对运动形式，并确定运动副的类型和数目。

（3）选择适当的视图投影平面，确定固定件、主动件及各运动副间的相对位置，以便清楚地表达各构件间的运动关系。通常选择与构件运动平行的平面作为投影面。

（4）按适当的比例尺，$\mu_l = \dfrac{\text{构件实际长度}}{\text{构件图示长度}}$，用规定的符号和线条绘制机构的运动简图，并用箭头注明原动件及用数字标出构件号。

例　绘制图 5-1-5 所示内燃机的机构运动简图。

解：（1）分清固定件（机架），确定主动件、从动件及数目。

由图 5-1-5 可知，气缸体 4 是机架，缸内活塞 1 是主动件，连杆 2、曲柄 3 是从动件。

（2）确定运动副类型和数目。

由活塞开始，机构的运动路线见下框图：

活塞 → 连杆 → 曲柄

活塞与机架构成移动副；活塞与连杆构成转动副；连杆与曲柄构成转动副。

（3）选择与机构运动平行的平面作为投影面，确定各运动副之间的相对位置。

（4）选择恰当的比例尺，按照规定的线条和符号，绘制出该机构的运动简图，并注明原动件及标注构件号，如图 5-1-5（b）所示。

做一做

电风扇（见图 5-1-12）摇头机构的类型判定

图 5-1-12　电风扇

第一步 观察电风扇

拆开电风扇头部罩壳，启动电风扇，观察电风扇的摇头动作。

第二步 绘出机构简图

关闭电风扇，测量摇头机构各杆长度，绘出机构简图，填入表 5-1-4。

表 5-1-4　　机构简图

杆长记录	机构简图
l_1=	
l_2=	
l_3=	
l_4=	

第三步 判别电风扇摇头机构的类型

机构类型是____________

学习评价

一、观察与评价

根据“观察点”列举的内容，进行自我评估或学生互评。“观察点”内容可视实情在教师引导下拓展。

观　察　点	☺	😐	☹
会区分不同的铰链四杆机构及其演化形式			
能准确进行铰链四杆机构的测绘及类型判断			
能说出 3 个以上铰链四杆机构及其演化形式的应用实例			

二、反思与探究

从学习过程和评价结果两方面进行反思，分析存在的问题，寻求解决的办法。

存在的问题	解决的办法

三、修正与完善

根据反思与探究中寻求到的解决问题的办法，进一步修正与完善对平面铰链四杆机构及其演化形式类型的判别和机构简图的测绘。

巩固拓展

1. 如图 5-1-13 所示，设已知四杆机构各构件的长度分别为 a=200mm，b=600mm，c=400mm，d=500mm。则：

（1）当取 AD 为机架时，此机构中________（有、无）曲柄存在。若有曲柄存在，则________杆为曲柄，此时该机构的名称为________。

（2）要使该机构成为双曲柄机构，则应取________为机架。

（3）要使该机构成为双摇杆机构，则应取________为机架。

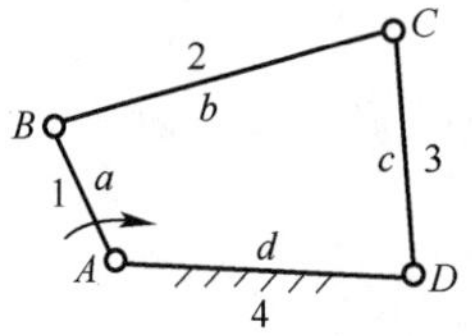

图 5-1-13　题 1 图

2. 试根据图 5-1-14 所注明的尺寸，判断各铰链四杆机构的类型。

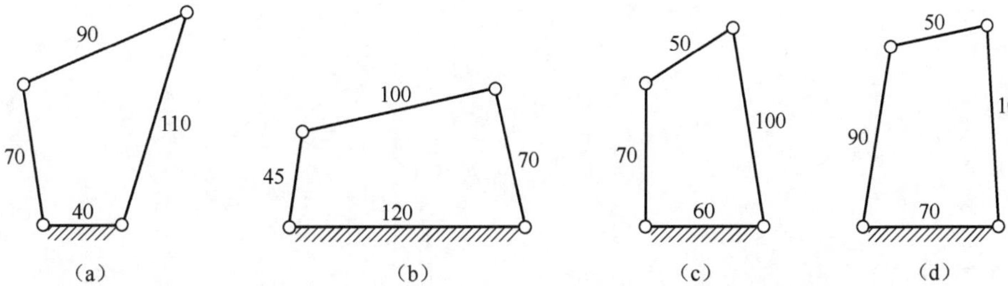

图 5-1-14　题 2 图

3. 如图 5-1-7 所示曲柄摇杆机构中，若极位夹角 θ 为 30°，试求该机构的急回特性系数 k。

4．简述铰链四杆机构各种常见演化形式的运动特点及不同的应用场合。

5．观测并按一定的比例绘制普通家用缝纫机的踏板驱动机构运动简图。

6．寻找生产和生活中四杆机构的应用实例，分析机构类型。

第二节　凸轮机构

学习目标

1．了解凸轮机构组成、特点、分类和应用
2．了解凸轮机构从动件常用运动规律、压力角
3．掌握平面凸轮轮廓曲线绘制方法
4．* 了解凸轮常用材料和结构

学习导入

日常生活中常见各种凸轮机构，当机械设备中从动件输出按预定规律变化时，常依靠设计凸轮轮廓曲线，通过凸轮机构运动来实现。典型的凸轮机构如图 5-2-1 所示。

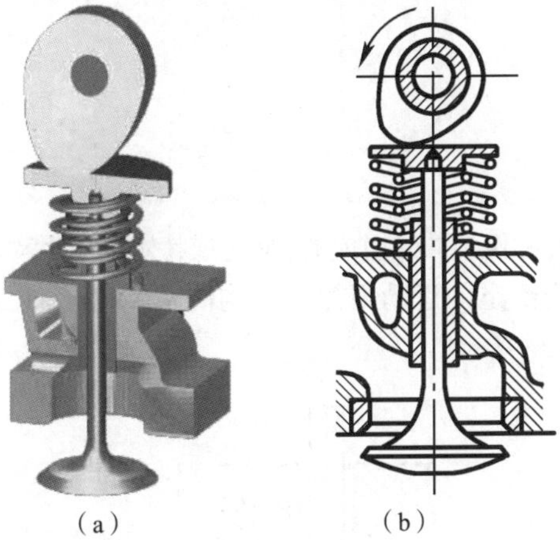
（a）　（b）

图 5-2-1　凸轮机构

看一看

仔细观察图 5-2-2 所示的机构或上网检索相关视频资料，找出各种机构中的凸轮和从动件。

想一想

1．图 5-2-2 所示的各种凸轮机构如何完成相应工作任务？
2．凸轮机构由哪几部分组成？
3．凸轮轮廓曲线和从动件运动规律之间存在何种关系？

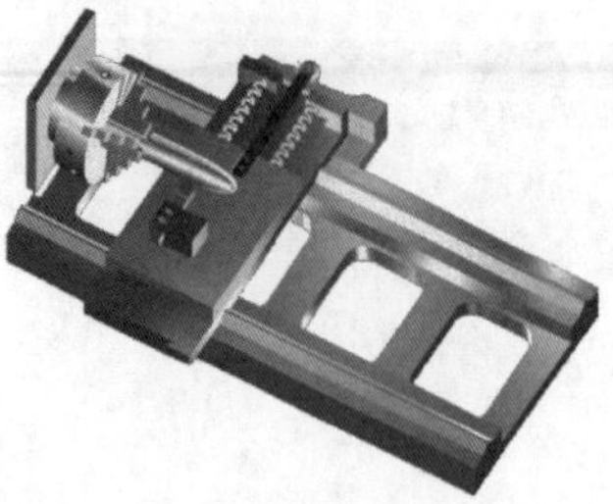
（a）仿形加工机构

（b）绕线机构

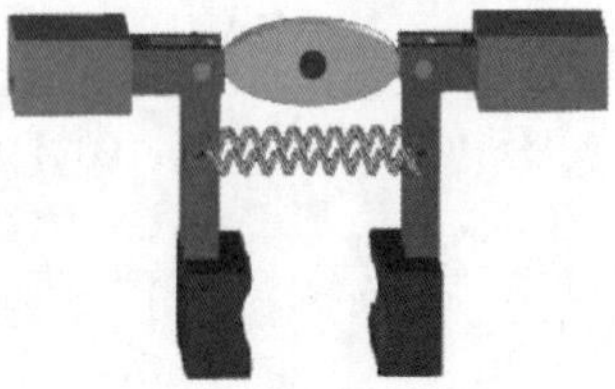
（c）机械夹持机构

（d）自动送料机构

图 5-2-2　各种常见凸轮机构

且行且知

读一读

一、凸轮机构

凸轮机构是由凸轮、从动件和机架共同组成的，能完成特定输出运动的高副机构，如图 5-2-3 所示。

凸轮机构便于准确地实现给定的运动规律，结构简单紧凑；但凸轮与从动件为点、线接触，容易磨损。只适用于传力不大的场合。

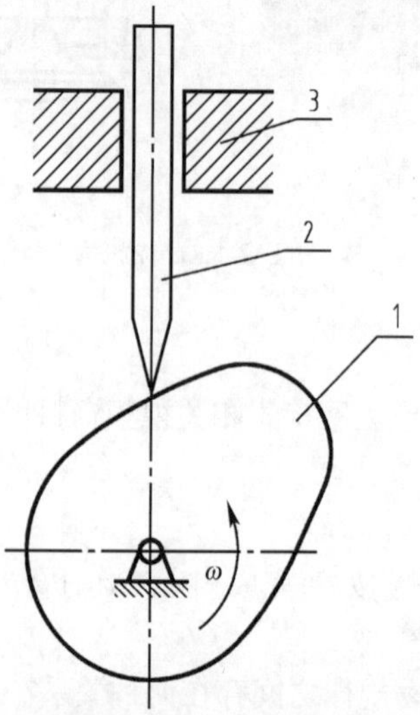

图 5-2-3　凸轮机构的组成

1—凸轮；2—从动件；3—机架

二、凸轮机构的组成

1．凸轮

凸轮是一个具有特殊曲线轮廓或凹槽的构件，通常作为机构主动件并作等速转动或移动。

2．从动件

机构运动的执行元件，一般作移动或摆动。

3．机架

机架为固定构件，它和凸轮、从动件共同构成完整的凸轮机构。

三、凸轮机构的类型

1．按凸轮的形状分类

按凸轮的形状不同，凸轮机构的类型见表 5-2-1。

表 5-2-1　　按凸轮的形状分类

类　型	图　例	应用说明
盘形凸轮		这种凸轮是一个绕固定轴线转动并且具有变化半径的盘形零件。如内燃机配气凸轮机构
移动凸轮	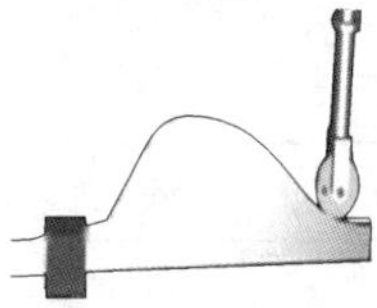	当盘形凸轮的回转中心趋于无穷远时，凸轮相对机架作直线运动，这种凸轮称为移动凸轮。如靠模仿形加工凸轮机构
圆柱凸轮		圆柱凸轮是一个在圆柱面上开有曲线凹槽，或是在圆柱端面上有曲线轮廓的构件，它可看作是将移动凸轮卷于圆柱体上形成的。如自动送料凸轮机构

2．按从动件的形状分类

按从动件形状的不同，凸轮机构的类型见表 5-2-2。

表 5-2-2　　按从动件的形状分类

类　型	图　例	应用说明
尖顶从动件	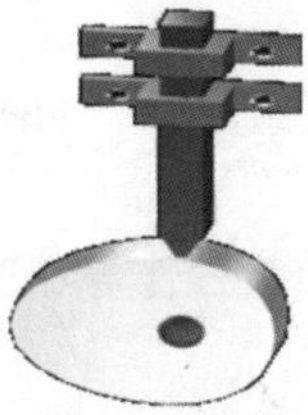	尖顶从动件能与任意复杂的凸轮轮廓保持接触，因而能准确地实现任意运动规律。但尖顶从动件易磨损，承载能力小，多用于传力小、速度低、传动灵敏的场合

类　型	图　例	应用说明
滚子从动件		在从动件的一端安装一个滚子，可以克服尖顶从动件易磨损的缺点，承载能力较大，但其运动规律有局限性，滚子与轴处有间隙，不宜用于高速场合
平底从动件		从动件与凸轮轮廓表面接触的端面为一平面。其优点是当不考虑摩擦时，凸轮与从动件之间的作用力始终与从动件的平底相垂直，受力平稳，传动效率较高，且接触面易于形成油膜，利于润滑，故常用于高速运动凸轮机构

四、* 凸轮和从动件端部常用材料及热处理方法

凸轮和从动件端部的材料应根据不同的工作条件进行选取，其常用材料及热处理方法见表 5-2-3。

表 5-2-3　　凸轮和从动件端部的常用材料及热处理方法

工作条件	材　料	热　处　理
低速轻载	QT800-2、40、45	调质
中速轻载	45、40Cr	调质、表面淬火
中速重载	20、20Cr、20CrMnTi	表面渗碳、淬火 + 低温回火
高速重载	GCr15	淬火 + 低温回火
	35CrMo、38CrMoAlA	表面渗氮

而一般汽车发动机配气机构凸轮轴常用优质钢锻造而成，也有采用合金铸铁或球墨铸铁铸造而成。凸轮表面经热处理后精磨，所以具有足够的硬度和耐磨性。

讲一讲

一、凸轮机构从动件常见运动

1．等速运动

从动件等速运动是指凸轮匀速旋转时，从动件以同一速度上升或下降，如图 5-2-4 所示。

2．等加速、等减速运动

从动件等加速、等减速运动是指从动件在升程（或回程）的前半程作等加速运动，后半程作等减速运动，如图 5-2-5 所示。

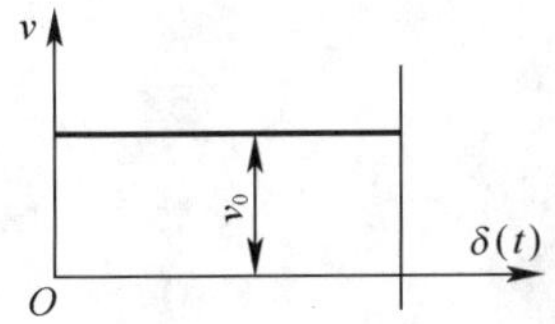

图 5-2-4 等速运动

v—从动件运动速度；δ—凸轮转角

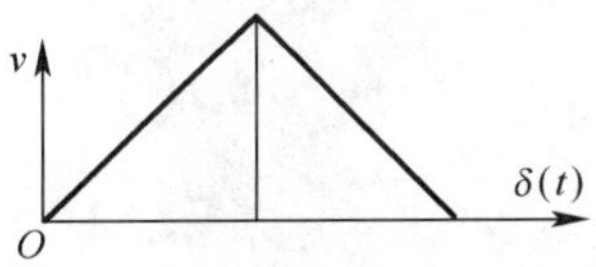

图 5-2-5 等加速、等减速运动

v—从动件运动速度；δ—凸轮转角

二、压力角对机构传动的影响

凸轮作用于从动件的法向力方向与从动件运动方向之间的夹角 α 称为凸轮机构在该点的压力角，如图 5-2-6 所示。

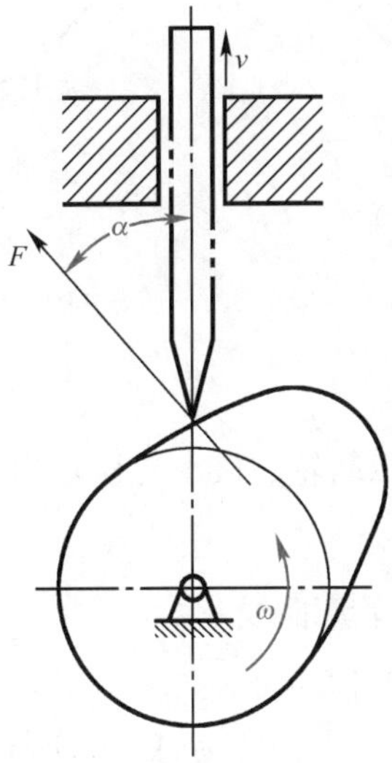

图 5-2-6 凸轮机构的压力角

机构压力角 α 越大，有害分力越大，机构的效率越低，且易出现自锁现象。

推程时，通常移动从动件凸轮机构取许用压力角 $[\alpha]=30°$，摆动从动件取许用压力角 $[\alpha]=45°$。

做一做

绘制平面凸轮轮廓曲线

探索内燃机配气机构（见图 5-2-7），根据从动件运动规律，绘制凸轮轮廓曲线。

绘制平面凸轮轮廓曲线实质就是根据从动件已知运动规律，相对应地对凸轮轮廓进行简单设计的过程。具体绘制步骤如下。

第一步 画位移曲线

如果将从动件的位移 s 与凸轮转角 δ 的关系用曲线表示，此曲线称为从动件的位移曲线。

等速运动位移曲线是一条向上的斜直线，如图 5-2-8 所示；等加速、等减速运动位移曲线是抛物线，如图 5-2-9 所示。

（a）内燃机配气机构　　（b）凸轮　　（c）顶杆

图 5-2-7　内燃机配气机构及其凸轮、顶杆实物图

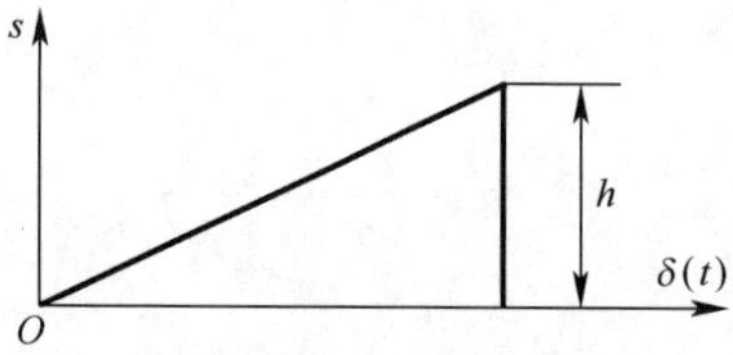

图 5-2-8　等速运动位移曲线

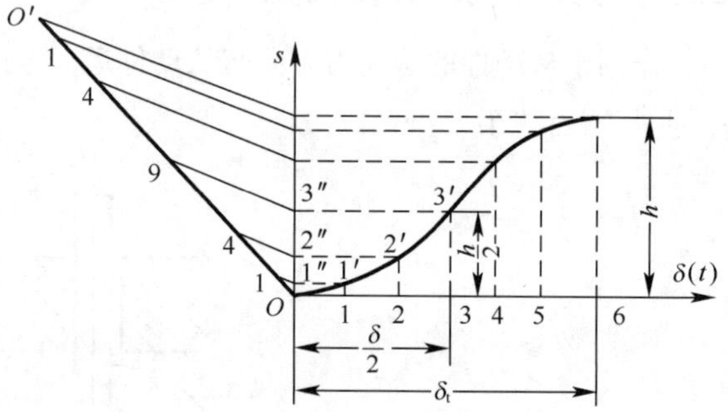

图 5-2-9　等加速、等减速运动位移曲线

第二步　画基圆

以凸轮的转动中心 O 为圆心，以凸轮的最小向径 r_0 为半径所作的圆称为基圆，如图 5-2-10 所示。

第三步　画内燃机配气机构凸轮轮廓曲线

将基圆与位移曲线横坐标分成相对应的若干等分，依次截取位移曲线上各等分点所对应角度纵坐标截长，在和凸轮原转向相反方向上，对应加至相应角度基圆等分线延长线上得若干点，光滑连接各点，即得凸轮轮廓曲线，如图 5-2-11 所示。

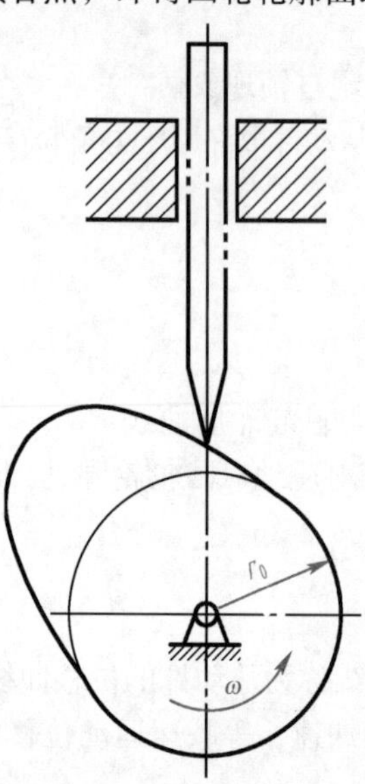

图 5-2-10　基圆示意图

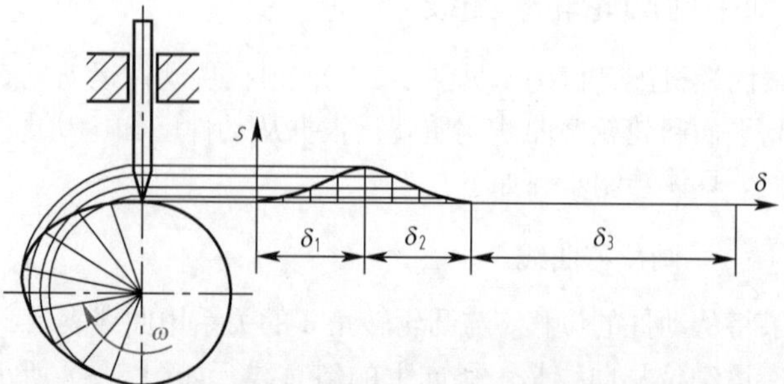

图 5-2-11　盘形凸轮轮廓曲线的设计

学习评价

一、观察与评价

根据“观察点”列举的内容，进行自我评估或学生互评。“观察点”内容可视实际情况在教师引导下拓展。

观察点	☺	😐	☹
会画出凸轮机构简图并能分清其组成			
知道凸轮机构的分类和应用			
会画位移曲线图和凸轮轮廓曲线			
会结合生活和生产举例说明机构应用			

二、反思与探究

从学习过程和评价结果两方面进行反思，分析存在的问题，寻求解决的办法。

遇到的问题	解决的办法

三、修正与完善

根据反思与探究中寻求到的解决问题的办法，进一步修正与完善对凸轮机构的认知方法，并能结合实际进行使用分析。

巩固拓展

1．请列举 3 例实际生活中还能接触到的凸轮机构，并说明凸轮与从动件属于哪一类型。

2．一凸轮机构，凸轮转角从 0° ～ 180° 时，从动件等速运动上升 25mm；转角从 180° ～ 270° 时，从动件等速下降至最低处；转角从 270° ～ 360° 时从动件停止不动。试画出该从动件的位移曲线。

3．设计一对心尖顶从动件盘形凸轮机构。已知基圆半径 r_0 = 20mm，从动件运动规律如下：当凸轮转过 90° 时，从动件以等速运动规律上升 15mm；当凸轮继续转过 180° 时，从动件停歇不动；当凸轮转过一周（360°）中其余角度时，从动件以等速运动规律返回原处。

第三节 ＊间歇运动机构

学习目标

1．了解棘轮机构的组成、特点和应用
2．了解槽轮机构的组成、特点和应用

学习导入

间歇运动机构是将主动件的连续匀速转动转换为从动件时动时停的周期性运动机构。例如牛头刨床工作台横向进给运动、电影放映机送片运动等都利用了间歇运动机构。常用的间歇运动机构有棘轮机构和槽轮机构。

看一看

观察牛头刨床工作台横向进给机构（见图 5-3-1）和电影放映机卷片机构（见图 5-3-2）。

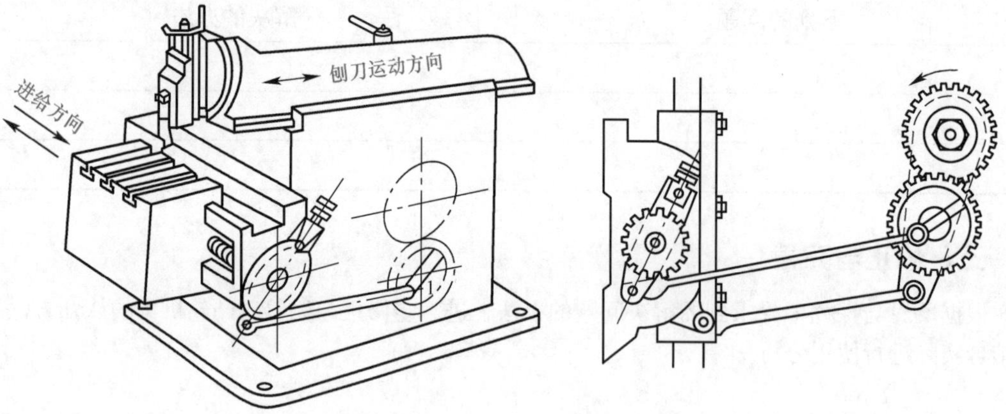

图 5-3-1　牛头刨床工作台横向进给机构

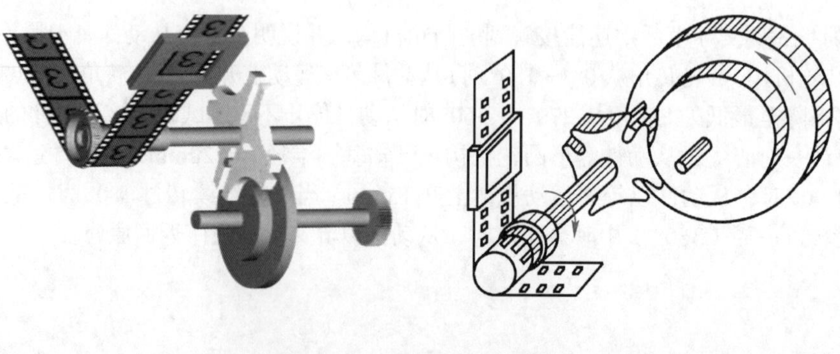

图 5-3-2　电影放映机卷片机构

想一想

1．图 5-3-1 所示的牛头刨床工作台沿进给方向是如何运动的？

2．图 5-3-2 所示的电影放映机卷片机构是如何运动的？

且行且知

读一读

一、棘轮机构

棘轮机构是利用棘爪推动棘轮上的棘齿，反向从齿背上滑回的方式，以实现周期性间歇运动的机构。**棘轮机构主要由棘轮、棘爪、机架等组成，如图 5-3-3 所示。**

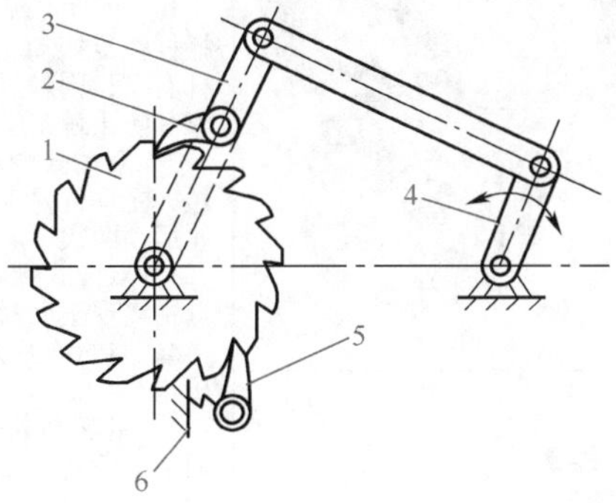

图 5-3-3　棘轮机构

1—棘轮；2—棘爪；3—摇杆；4—曲柄；5—止回棘爪；6—机架

二、槽轮机构

槽轮机构是利用圆销插入轮槽拨动槽轮转动，圆销脱离轮槽槽轮就停止转动的方式，以实现周期性间歇运动的机构。**槽轮机构主要由曲柄、圆销、具有径向槽的槽轮、机架等组成，如图 5-3-4 所示。**

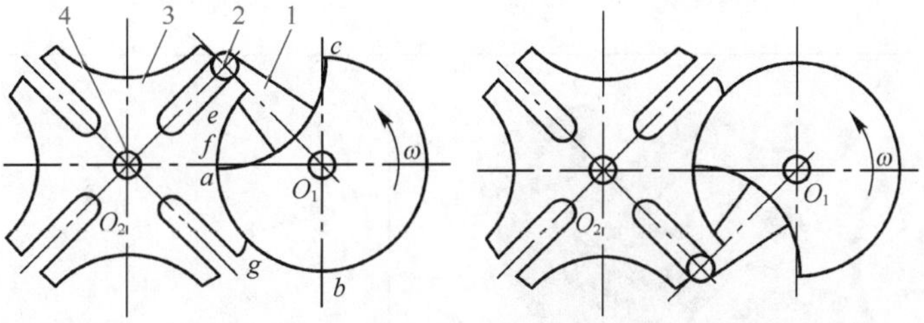

图 5-3-4　槽轮机构

1—曲柄；2—圆销；3—槽轮；4—机架

讲一讲

一、间歇运动机构常见类型和工作特点（见表 5-3-1）

表 5-3-1　　机构常见类型和工作特点

分类	常见类型		工作特点
棘轮机构	单动式		1. 单动式棘轮机构，当主动曲柄连续转动时，摇杆往复摆动。摇杆左摆，棘爪推动棘轮转动，摇杆右摆，则棘爪在齿背上滑回。为保证棘轮静止可靠和防止棘轮反转，可以安装止回棘爪 2. 双动式棘轮机构使用过程中间歇停留时间较短，主动件摆动一次，两个棘爪先后勾动或推动棘轮运动两次 3. 双向式棘轮机构棘爪可以绕其自身轴线旋转，分别实现正反两个方向的间歇转动 4. 自行车后轴上安装的“飞轮”为内接式棘轮机构 5. 棘轮机构结构简单、制造方便、运动可靠，而且棘轮每次转过角度的大小可以在较大的范围内调节 6. 棘轮机构缺点是工作时有较大的冲击和噪声，而且运动精度较差。棘轮机构常用于速度较低和载荷不大的场合
	双动式		
	双向式		
	内接式	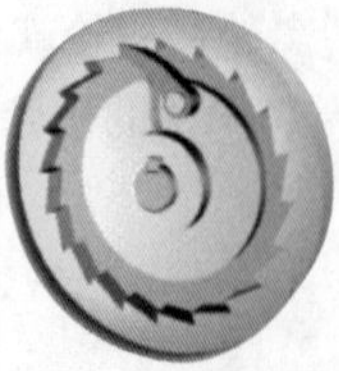	
槽轮机构	单圆销外啮合式		

续表

<table>
<tr><th>分类</th><th colspan="2">常见类型</th><th>工作特点</th></tr>
<tr><td rowspan="2">槽轮机构</td><td>双圆销外啮合式</td><td></td><td rowspan="2">1. 单圆销外啮合式槽轮机构，曲柄等速转动，圆销进入槽轮径向槽时，槽轮转动，圆销离开槽轮时，圆盘上的锁止弧使槽轮静止不动。图示曲柄回转一圈，槽轮转四分之一圈
2. 双圆销外啮合式槽轮机构，曲柄回转一圈，槽轮间歇运动两次
3. 内啮合槽轮机构，槽轮相对静止不动的时间较短，且运动平稳性好，但该机构只能有一个圆销
4. 槽轮机构结构简单，外形尺寸小，机械效率高，间歇转位较平稳。但因传动时尚存在柔性冲击，故常用于速度不太高的场合</td></tr>
<tr><td>内啮合式</td><td></td></tr>
</table>

二、间歇运动机构应用举例

间歇运动机构在生产实际中应用广泛，牛头刨床工作台横向进给机构（见图 5-3-1）和起重葫芦（见图 5-3-5）中使用了棘轮机构；放映机卷片机构（见图 5-3-2）、刀架转位机构（见图 5-3-6）和蜂窝煤制作机（见图 5-3-7）中均使用有槽轮机构。

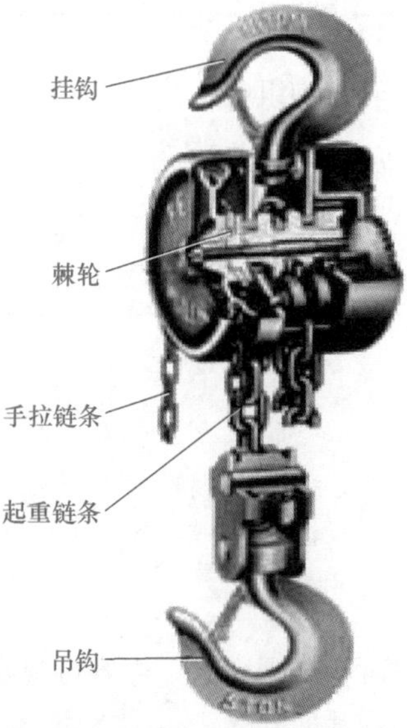

图 5-3-5　起重葫芦

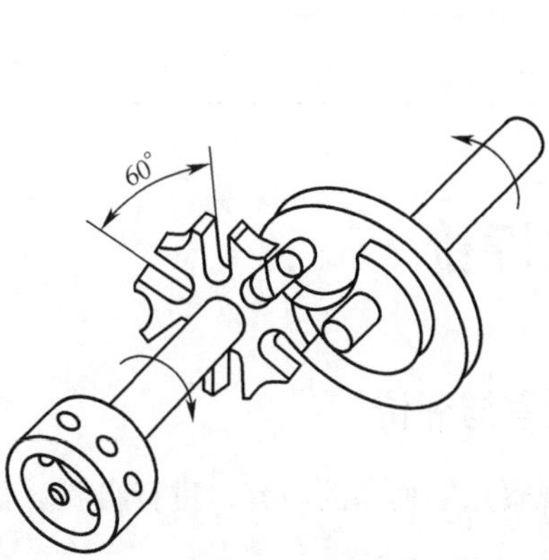

图 5-3-6　刀架转位机构

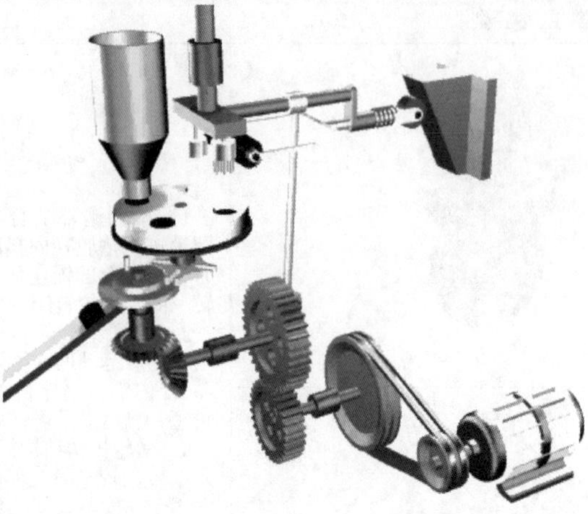

图 5-3-7　蜂窝煤制作机

做一做

现场观察牛头刨床的刨削加工，拆卸盖板，观察棘轮机构的工作情况

第一步　启动牛头刨床，观察牛头刨床切削加工过程

牛头刨床中工作台横向进给机构和滑枕运动机构是否都是间歇运动机构？各自有什么运动特点？

____

____

第二步　停止刨床运动，拆卸棘轮机构盖板，观察棘轮机构组成

牛头刨床中工作台横向进给机构运动速度是否可调？应怎样调节？

____

____

学习评价

一、观察与评价

根据“观察点”列举的内容，进行自我评估或学生互评。“观察点”内容可视实情在教师引导下拓展。

观　察　点	☺	😐	☹
知道棘轮机构和槽轮机构常见类型和工作特点			
知道牛头刨床工作台横向进给机构和放映机卷片机构工作原理			
会结合生产和生活举例说明间歇运动机构应用			

二、反思与探究

从学习过程和评价结果两方面进行反思，分析存在的问题，寻求解决的办法。

存在的问题	解决的办法

三、修正与完善

根据反思与探究中寻求到的解决问题的办法，进一步修正与完善对间歇运动机构的认知方法，并能结合实际进行使用分析。

巩固拓展

1. 根据所学知识填写下表。

内容 机构	组成	特点	应用实例
棘轮机构			
槽轮机构			

2. 放映机卷片机构中槽轮进行间歇运动，但为什么人们所看到的电影是连续的呢？
3. 除了棘轮机构和槽轮机构外，请再举一例能完成间歇运动的机构。
4. 上网查阅不完全齿轮机构的资料，了解它是如何实现间歇运动的。

阶段性实习训练五

内燃机机构分析

学习目标

1．了解典型机械设备中机构的组成与运动
2．会进行简单机件的拆装

学习任务

1．分析内燃机主要机构组成与运动
2．拆装内燃机连杆

行动设计

设施设备	内燃机实物、模型或内燃机相关音像资料，内燃机连杆（另备），扳手等
活动安排	观看内燃机视频资料，上网检索内燃机相关知识（约 30 分钟） 观察内燃机基本结构示意图，了解机构组成，分析其运动（约 20 分钟） 分组练习拆装内燃机连杆（约 30 分钟） 交流研讨（约 10 分钟）

任务实施

第一步 认识内燃机

观看内燃机（见实训图 5-1 和实训图 5-2）视频资料，上网检索内燃机相关知识并填写实训表 5-1。

实训图 5-1　汽车发动机

实训图 5-2　汽油机和柴油机示意图

实训表 5-1　　内燃机相关知识

检 索 项 目	检 索 结 果
内燃机发展历史	
内燃机的组成和各系统功用	
内燃机工作原理	
内燃机的应用	

第二步 分析内燃机的运动规律

观察内燃机基本结构示意图（见实训图 5-3），了解机构组成，分析其运动规律。

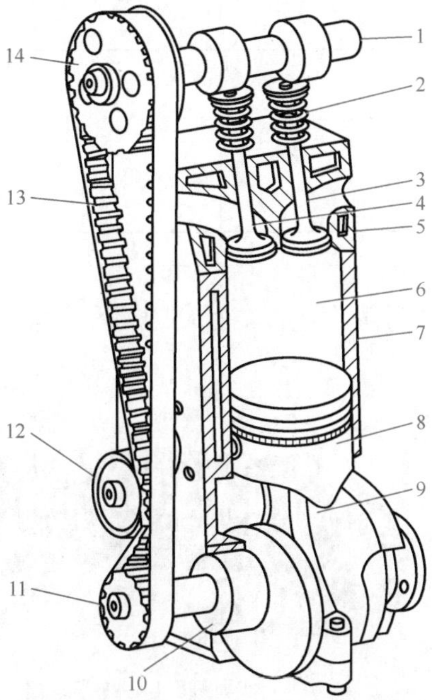

实训图 5-3　往复活塞式内燃机基本结构示意图

1—凸轮轴；2—气门弹簧；3—进气门；4—排气门；5—气缸盖；6—气缸；
7—机体；8—活塞；9—连杆；10—曲轴；11—曲轴齿形带轮；
12—张紧轮；13—齿形带；14—凸轮轴齿形带轮

1. 内燃机是一种零部件种类繁多结构复杂的机器，它主要是由曲轴连杆机构和配气机构组成的，按要求填写实训表 5-2。

实训表 5-2　　内燃机主要运动机构

机构类型	机构简图	机构运动特点	主要用途
曲轴连杆机构			
配气机构			

2. 根据实训图 5-2、实训图 5-3，往复活塞式内燃机主要采用了齿轮传动和同步齿形带传动等传动形式，按要求填写实训表 5-3。

实训表 5-3　　内燃机主要传动形式

传动方式	运动简图	传动特点	主要用途
齿轮传动			
同步齿形带传动			

问题探讨

1. 实训图 5-4 所示的曲轴飞轮组中飞轮的作用是什么？

实训图 5-4　曲轴飞轮组

2. 内燃机配气机构中从动杆上弹簧（见实训图 5-5）起什么作用？

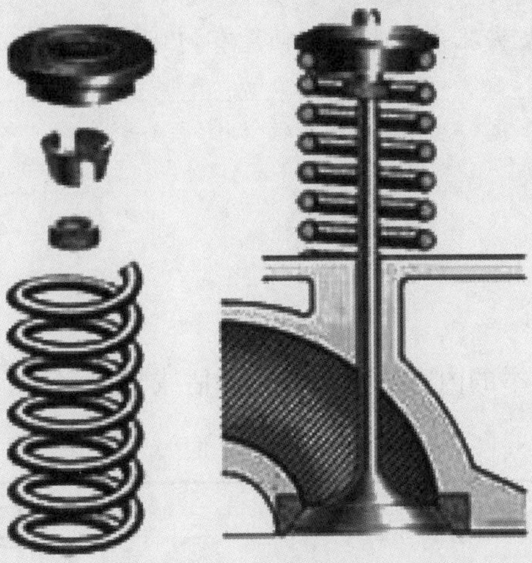

实训图 5-5　弹簧和顶杆

3. 内燃机配气机构从动件端部呈平底状，工作时有何突出优点？

第三步　拆装内燃机连杆 (见实训图 5-6)

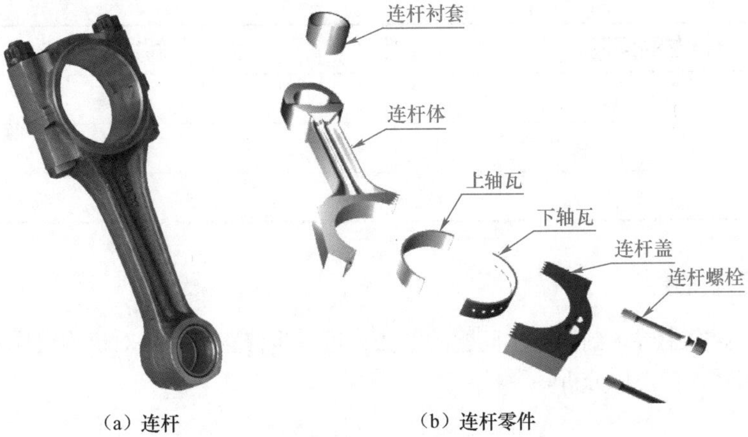

（a）连杆　　（b）连杆零件

实训图 5-6　内燃机连杆

分组拆装发动机连杆，按序排放所拆下零件，注意观察各零件特点，按相反顺序重新组装。

连杆拆装顺序 ：

问题探讨

连杆大头孔采用上、下轴瓦有何优点？

学习评价

一、观察与评价

根据“观察点”列举的内容，进行自我评估或学生互评。“观察点”内容可视实情在教师引导下拓展。

观察点	☺	😐	☹
会上网检索内燃机相关知识			
知道内燃机内的机构组成和传动形式，会画机构运动简图			
单位时间内能熟练拆装内燃机连杆			

二、反思与探究

从学习过程和评价结果两方面进行反思，分析存在的问题，寻求解决的办法。

存在的问题	解决的办法

三、修正与完善

根据反思与探究中寻求到的解决问题的办法，进一步修正与完善对机构组成和传动的认知方法，并能结合实际进行使用分析。

第六章

综合实践

综合实践一　简易螺旋千斤顶的设计制作

学习目标

能进行简易螺旋千斤顶的设计和制作

工作任务

运用所学机械基础知识，理论联系实际，积极动手动脑，从事机械制作创新实践活动。

细致观察实际生活中顶举重物的过程，寻找发现其运动规律和工作特点，自行设计一简易螺旋千斤顶，绘制其工作机构简图和装配图，尽可能地寻找合适材料进行模型制作。

行动设计

设备器材	螺旋千斤顶实物或模型，部分制作材料和制作工具
活动安排	网络检索相关螺旋千斤顶信息（约 45 分钟） 操作螺旋千斤顶实物或模型，寻找其运动规律（约 45 分钟） 设计绘制螺旋千斤顶工作机构简图（约 45 分钟） 使用 CAD 软件绘制螺旋千斤顶装配图，团队合作完成模型制造（约 270 分钟） 填写《机械基础综合实践报告书》，展示成果，组织交流评价（约 45 分钟）

任务实施

第一步 上网检索螺旋千斤顶相关信息

检索记录：

将检索到的信息分类填入表 6-1-1。

表 6-1-1 螺旋千斤顶的信息

检 索 项 目	检 索 结 果
主要生产厂家	
常见类型	
产品价格	
工作原理	
应用场合	

问题探讨：

1. 你在哪些场合见过千斤顶？其作用是什么？

2. 螺旋千斤顶和其他形式的千斤顶相比较，在使用中有何突出优点？

第二步 操作螺旋千斤顶，寻找其运动规律

观察记录：

1. 螺旋千斤顶的组成：

2. 你所操作的螺旋千斤顶应用的是普通螺旋传动里的哪一种形式？

技能辅导站

综合实践活动一般步骤：

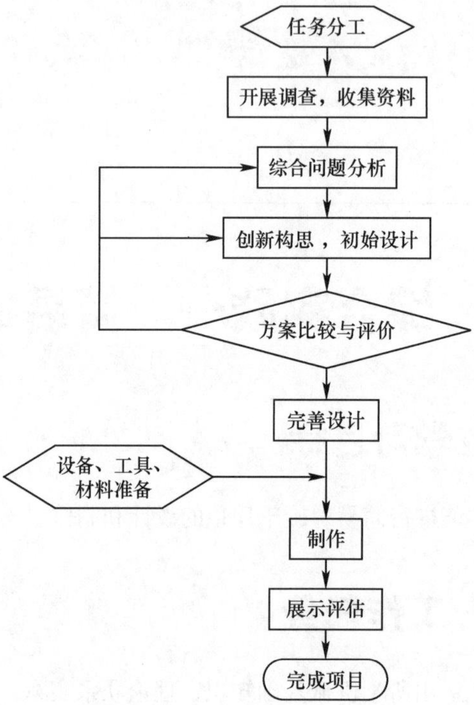

知识加油站

1. 螺旋传动概述

螺旋传动是用内、外螺纹组成螺旋副，传递运动和动力的传动装置。

普通螺旋传动有 4 种应用形式见表 6-1-2。

表 6-1-2 普通螺旋传动的 4 种应用形式

4 种应用形式
螺母不动，螺杆回转并作直线运动
螺杆不动，螺母回转并作直线运动
螺杆原位回转，螺母直线运动
螺母原位回转，螺杆往复运动

问题探讨：

1．螺旋千斤顶一般采用哪种类型的螺纹，为什么？

____

____

2．除图 6-1-2 所示螺旋千斤顶外，请再举一个应用不同螺旋传动形式的顶举实例。

____

____

第三步　自行设计一螺旋千斤顶，并绘制其工作机构简图

观察绘制：

根据螺旋千斤顶运动特点，画出你设计的螺旋千斤顶工作机构简图。

第四步　交流评价，改进完善设计方案

____

____

____

第五步　使用 CAD 软件绘制你设计构思的螺旋千斤顶装配图

2. 千斤顶相关知识

千斤顶是一种用顶举件作为工作装置，通过顶部托座或底部托爪在行程内顶升重物的轻小起重设备。按结构特征可分为齿条千斤顶、螺旋千斤顶和液压千斤顶 3 种。

螺旋千斤顶：一般通过螺旋副传动，螺杆或螺母套筒作为顶举件。普通螺旋千斤顶靠螺纹自锁作用支持重物，构造简单，但传动效率低，返程慢。螺旋千斤顶能长期支持重物，起重量较大，应用广泛。螺旋千斤顶结构图如图 6-1-1 所示，其实物图如图 6-1-2 所示。

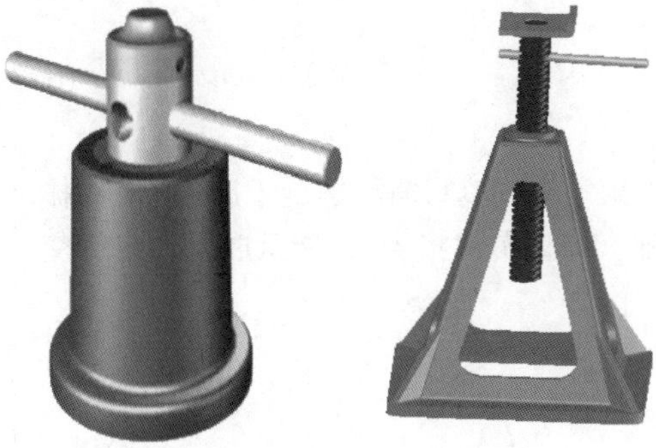

（a）　（b）

图 6-1-1　螺旋千斤顶结构图

图 6-1-2　螺旋千斤顶实物图

3. 螺旋千斤顶的图样

供参考的螺旋千斤顶图样如图 6-1-3 所示。

*第六步　团队完成螺旋千斤顶模型制作

模型零件制作，建议车削加工为主，零件材料可用塑料或硬木。

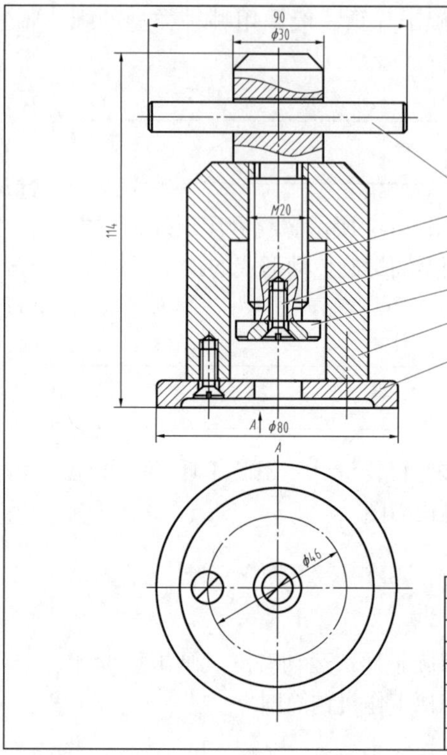

序号	名称	数量
6	扳杆	1
5	螺杆	1
4	螺钉M6	5
3	挡圈	1
2	螺母	1
1	底板	1
螺旋千斤顶		

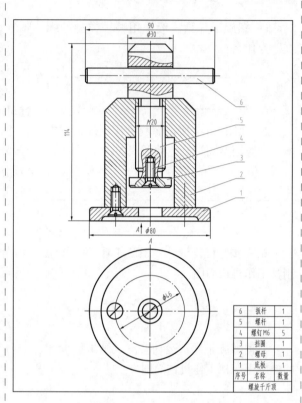

图 6-1-3　螺旋千斤顶装配图

第七步　填写简易螺旋千斤顶《<机械基础>综合实践报告》，展示成果，组织交流评价

学习评价

一、观察与评价

根据“观察点”列举的内容，进行自我评估或学生互评。“观察点”内容可视实情在教师引导下拓展。

观　察　点	☺	😐	☹
熟悉普通螺旋传动的 4 种应用形式			
知道螺旋千斤顶工作原理和特点			
能绘制螺旋千斤顶工作机构简图			
能用 CAD 软件绘制螺旋千斤顶装配图			
* 能团队合作完成螺旋千斤顶模型制作			

二、反思与探究

从学习过程和评价结果两方面进行反思，分析存在的问题，寻求解决的办法。

存在的问题	解决的办法

三、修正与完善

根据反思与探究中寻求到的解决问题的办法，进一步修正与完善对小机件的认知方法，并能结合实际进行使用分析，以此拓宽知识面，激发学习兴趣，积极参与各类创新活动。

综合实践二　汽车变速传动机构模型制作

学习目标

1. 培养运用现代信息化手段收集资料的能力
2. 通过分析比较培养创新意识和创新能力
3. 结合生产实践，提高动手能力

工作任务

汽车通过变速器实现多种不同的速度，以满足行驶要求。汽车变速器是机械变速传动机构的典型应用。

收集汽车变速器资料，进行汽车变速传动机构的初步设计并进行创新构思，绘制汽车变速器传动机构示意图。

行动设计

设备器材	汽车变速器（或变速器模型）、电脑网络、机械拆装工具、制作材料、设备等
活动安排	了解设计任务，收集汽车变速器资料（约 60 分钟） 比较不同变速器的特点（约 45 分钟） 变速器传动机构的初步设计（约 90 分钟） 完善设计，绘制变速器传动机构示意图（约 180 分钟） 完成项目，展示综合实践成果（约 75 分钟）

任务实施

第一步　了解汽车变速器设计任务

收集汽车变速器的相关资料，通过对各种变速器变速特点的了解，有针对性地分析问题，明确设计任务。

观察记录：

1. 观察了解汽车动力传递机构的组成及其作用，将结果填入表 6-2-1。

表 6-2-1　动力传递机构的组成及作用

序　号	名　称	作　用

知识加油站

一、汽车变速器概述

汽车是当今社会最主要的交通工具，随着科技进步，汽车技术也日新月异，尤其是汽车变速器的发展。操纵驾驶简单方便、快捷、平稳、无冲击换挡是对汽车变速器的高层次追求。科技创新使变速器的自动化程度越来越高，智能变速是汽车变速器发展的方向。

汽车变速器是将主动轴的一种转速变换为从动轴的多种转速的传动系统。变速器通过离合器与发动机相连接，将动力通过万向联轴器和驱动轴传递给差速器，实现变速传动，如图 6-2-1 所示。

2．通过搜集资料，写出你所了解的变速器的类型。

____

____

____

问题探讨：

1．汽车五挡手动变速器是如何实现变速的？能实现几种速度？

____

____

____

2．其他类型汽车变速器是如何实现变速的？

____

____

____

第二步　比较不同变速器的特点

问题探讨：

目前汽车中常用的手动变速器和无级变速器各有何优缺点？你更喜欢哪种变速器？

____

____

____

____

____

第三步　变速器传动机构的初步设计

设计计算：

汽车五挡手动机械变速器一、二、三、四、五挡的传动比分别为 3:1、2.2:1、1.7:1、1:1、0.87:1，倒挡的传动比为 3.5:1，传动轴中心距为 98mm，请设计一、二、三、四、五挡和倒挡齿轮副的模数和齿数，填写表 6-2-3。

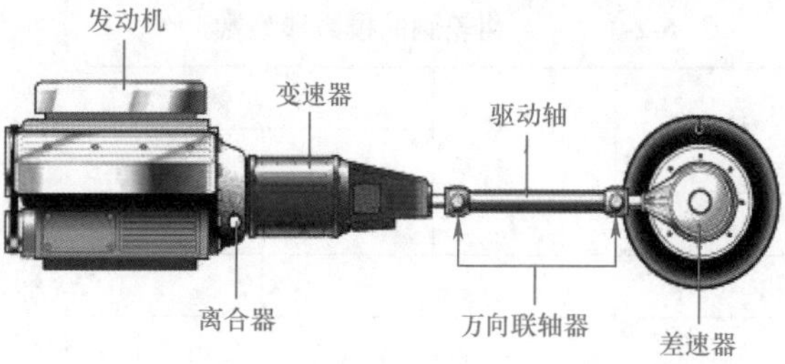

图 6-2-1　汽车动力传递过程示意图

二、变速器的常见形式（见表 6-2-2）

表 6-2-2　汽车变速器的常见形式

名称	符号	换 挡 原 理
手动变速器	MT	用手拨动变速杆（俗称“挡把”）改变变速器内的齿轮啮合位置，改变传动比，从而达到变速的目的
自动变速器	AT	利用行星齿轮机构进行变速传动，根据油门踏板程度和车速变化，自动地进行变速
无级变速器	CVT	利用两组带轮进行变速传动，通过改变驱动轮与从动轮传动带的接触半径进行变速
电控机械自动变速器	AMT	在普通手动变速器的基础上，通过加装微电脑控制的电动装置实现自动换挡
双离合自动变速器	DSG	是目前最先进的变速器，主要由两组离合器片集合而成的双离合器装置，一个由实心轴及其外套筒组合而成的双传动轴机构，以及控制单数和双数挡位的两组齿轮

三、手动变速器

1．变速器组成

手动机械变速器主要由传动部分和操纵部分组成，如图 6-2-2 所示。

（1）传动部分：是指轴、齿轮、轴承等传动件组成的轮系。

（2）操纵部分：位于变速器盖内，用于实现不同齿轮副啮合传动。

图 6-2-2　手动机械变速器结构图

1—传动部分；2—操纵部分

表 6-2-3　　齿轮副的模数和齿数

挡　位	模　数	齿　数	
		z_1	z_2
一挡			
二挡			
三挡			
四挡			
五挡			
倒挡			

简图绘制：

根据计算，初步设计汽车五挡手动机械变速器传动机构，绘制机构简图。

第四步　完善设计，绘制变速器传动机构示意图

交流探讨：

1. 你设计的方案存在哪些不足？应从哪些地方改进？

2. 你认为汽车变速器在哪些方面还有创新的可能？作出创新构想。

2. 变速器工作原理

如图 6-2-3 所示，汽车变速器内部由 3 根轴组成，主动轴通过离合器与发动机相连接，从动轴通过联轴器、驱动轴与汽车差速器相连接，来自主动轴的动力通过副轴传递给从动轴。主动轴和轴上齿轮连为一个整体，副轴和轴上齿轮也连为一个整体，它们都作整体旋转；从动轴与轴上齿轮之间装有轴承，可以作相对转动，从动轴上的轴环与轴作整体转动并可以轴向滑移，选择性地与轴上齿轮连接，轴环通过两侧的犬齿与齿轮侧面的孔相结合。

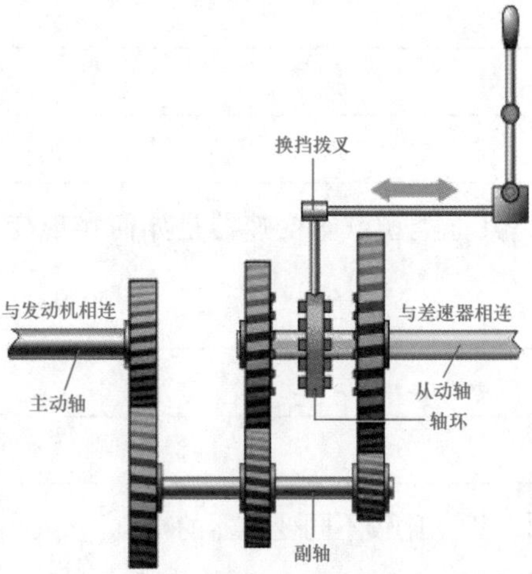

图 6-2-3　变速器内部结构示意图（空挡时）

如图 6-2-4 所示，通过操纵杆拨动换挡拨叉，将轴环向右移动，轴环侧面的犬齿与一挡齿轮侧面的孔结合，一挡齿轮带动从动轴转动；拨叉向左则与二挡齿轮结合，二挡齿轮带动从动轴转动。

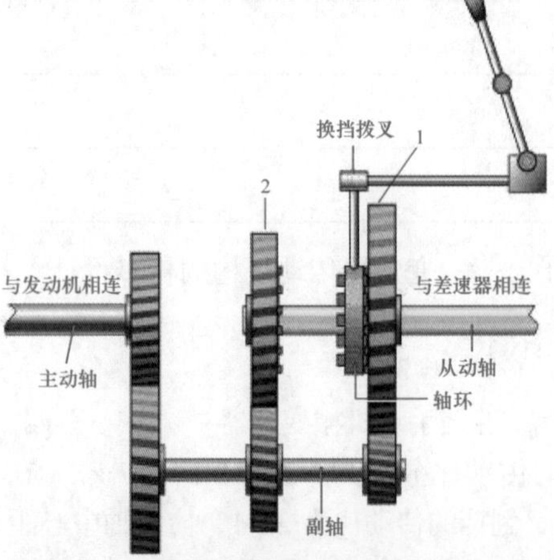

图 6-2-4　变速器内部结构示意图（一挡时）

1—一挡齿轮；2—二挡齿轮

五挡手动变速器传动机构如图 6-2-5 所示，拨动操纵杆，使轴环分别与一挡、二挡、三挡、四挡、五挡齿轮结合，以实现五挡变速。轴环与倒挡齿轮结合时，倒挡齿轮通过中间惰轮使从动轴实现变向。

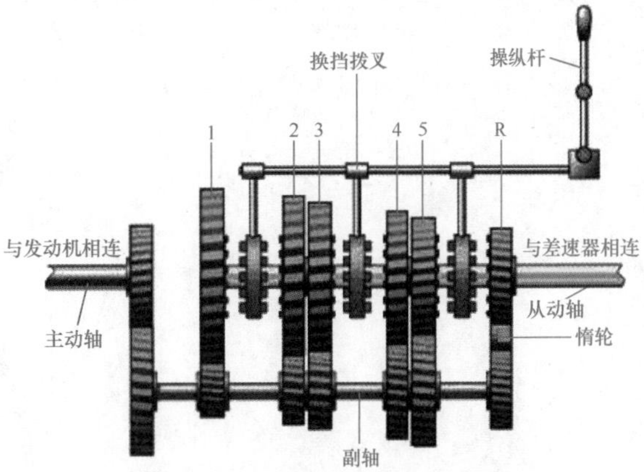

图 6-2-5 手动变速器传动机构示意图

1—一挡齿轮；2—二挡齿轮；3—三挡齿轮；4—四挡齿轮；5—五挡齿轮；R—倒挡齿轮

四、无级变速器

无级变速器由传动带、驱动带轮、从动带轮 3 个基本部件（见图 6-2-6）和微处理器、传感器组成，可变径带轮是无级变速器的核心。

带轮中心与传动带在凹槽中接触位置的距离称为节圆半径，两带轮的节圆半径均可调节。当一个带轮的节圆半径增加时，另一个带轮的节圆半径将减小以保持传动带绷紧，随着两个带轮节圆半径的改变，将产生无数个传动比，实现传动比的连续改变，如图 6-2-7 所示。

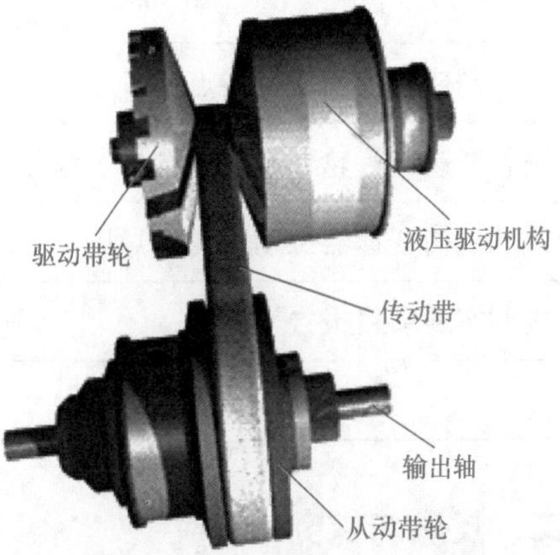

图 6-2-6 无级变速器结构示意图

3．完善设计，利用 CAD 绘图技术绘制汽车变速器传动机构示意图。

第五步 *制作汽车变速机构模型

材料可选易加工的木材、塑料、尼龙等。

第六步 完成项目，展示综合实践成果

1．整理设计资料，编制实践报告书，完成全部项目。

2．展示综合实践成果。

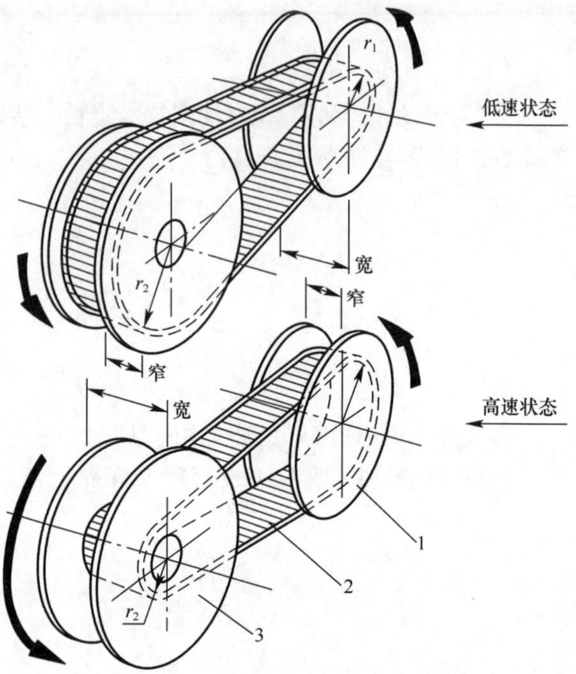

图 6-2-7 金属带式无级变速器的变速原理图

1—主动带轮；2—金属传动带；3—从动带轮

学习评价

一、观察与评价

根据“观察点”列举的内容，进行自我评价或学生互评。“观察点”内容可视实情在教师引导下拓展。

观 察 点	☺	😐	☹
知道不同变速器的变速特点			
能进行变速器齿轮副的模数选择和齿轮参数计算			
能绘制机械变速器传动机构示意图			
会编制实践项目报告			

二、反思与探究

从实施过程和评价结果两方面进行反思，分析存在的问题，寻求解决的办法。

存在的问题	解决的办法

三、修正与完善

根据反思与探究中寻求到的解决问题的办法，进一步修正与完善对各种传动机构的认知，并能结合实际使用进行分析，提高学习兴趣，在课余动脑动手，参与小发明、小制作等创新活动。

综合实践三　机器人夹持器组合机构创意设计

学习目标

综合运用所学知识，创新性地进行小机械的设计

工作任务

生产中用到的机器，大多数都要用到组合机构，以满足实际需要，机器人的运动更是如此。

借以对机器人夹持器的组合机构进行分析，形成对机构组合设计的认识，尝试进行简单组合机构的创意设计。

行动设计

设备器材	机器人工作现场、计算机以及相关影音资料、三维建模软件
活动安排	分组，明确设计任务（约 15 分钟） 开展调查，收集资料（约 90 分钟） 研究问题，综合分析（约 60 分钟） 创新构思，初始设计（约 60 分钟） 小组讨论，方案比较（约 45 分钟） 设计计算，完善（约 90 分钟） 写报告书，完成设计（约 45 分钟） 设计创意的展示、综合评价（约 45 分钟）

任务实施

第一步　了解设计任务

收集机器人的相关资料，通过对工业机器人的现场工作情况的了解，有针对性地分析问题，明确设计任务。

观察记录：

简单描述一下，在生产作业现场（见图 6-3-2）所见到的机器人从事哪些具体工作？填入表 6-3-1。

表 6-3-1　　机器人及其工作内容

机器人名称	工 作 内 容

知识加油站

1．机器人概述

一般说来，机器人是具备一些与人或生物相似的智能，是靠自身动力和控制能力来实现各种功能的一种自动化机器，如图 6-3-1 所示。

图 6-3-1　机器人

随着机器人的不断发展，形形色色的机器人在不同领域得到应用，如图 6-3-3 所示。

(a)

(b)

图 6-3-2　机器人工作现场

观察记录：

在工作现场见到的机器人，它的手部是什么类型？填入表 6-3-2。

表 6-3-2　　手部类型

手 部 类 型	有	无
夹持器		
吸盘		
特殊工具		

若有夹持器，简述它工作的过程：

____

____

____

____

问题探讨：

1. 为适应不同的工作环境，机器人应有哪些基本的要求？

____

____

____

____

2. 要做到使夹持器适应当前的工作，你会考虑到哪些因素？

____

____

____

____

（a）伐木机器人

（b）焊接机器人

（c）排爆机器人

（d）保洁机器人

图 6-3-3　形形色色的机器人

机器人一般由执行机构、驱动装置、检测装置、控制系统等组成。执行机构就是机器人本体，有基座、腰部、臂部、腕部、手部、行走部（对于移动机器人而言，如图 6-3-4 所示）等。

固定式机器人的典型结构如图 6-3-5 所示。

(a)

(b)

图 6-3-4　移动机器人

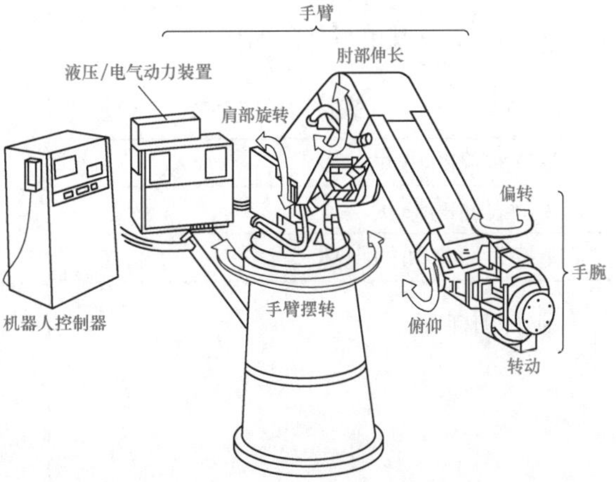

图 6-3-5　固定式机器人的典型结构

第二步　方案设计

分组进行方案的设计，在明确具体的工作（夹持）对象之后，采用组合机构的形式，设计出相符的夹持器。

提供两种操作途径 :1. 形成自己的认识，体现独特创意，进行全新设计；2. 参考图 6-3-6，作出改进设计。

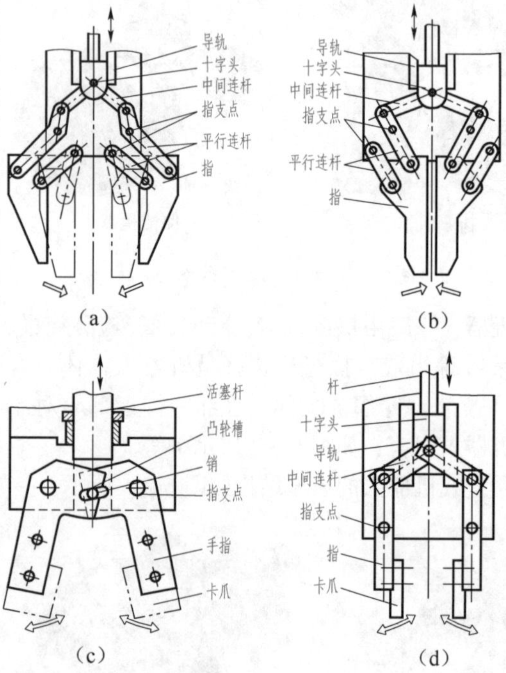

图 6-3-6　夹持器示意图例

观察记录：

明确夹持器夹持对象（工件或物体）的几何参数，填入表 6-3-3。如果是夹持工件进行装配，可绘制出工件的图样。

表 6-3-3　　夹持对象的参数

夹持对象的尺寸大小	
夹持表面的形状	
夹持表面之间的距离	

工件图样：

手部连接在手臂上，在机器人“大脑”的指挥下，进行工件的抓握或执行其他作业。因为应用领域和工作内容的不同，手部有很多种类，像用于搬运或装配的机器人，其手部多为与人手类似的手爪，实质上就是夹持物体或工件的夹具，如图 6-3-7 所示。

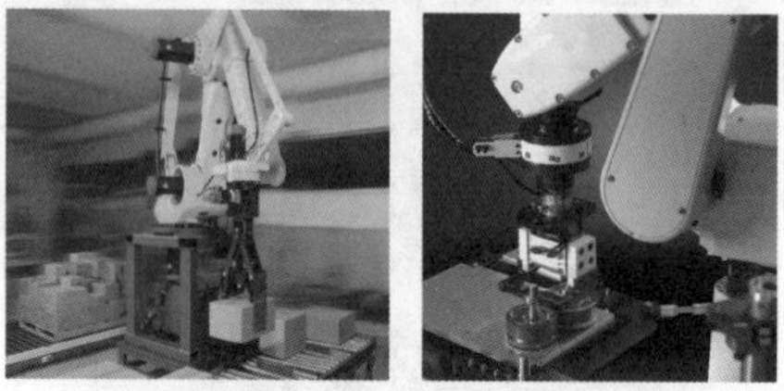

（a）搬运货物　　（b）装配零件

图 6-3-7　工作中的机器人

2. 机器人采用的机构概述

机器人的任何动作都由不同的机构去完成。

（1）夹持器中的机构。

夹持器功能的实现依靠传动机构驱使爪钳产生开合的动作。有些手爪采用基本机构组成，但因为基本机构的运动性能有一定的局限性，所以还有一些手爪采用组合机构。表 6-3-4 给出几种不同传动机构的夹持器图例。

表 6-3-4　　机器人夹持器应用的传动机构

(d) 齿轮齿条式	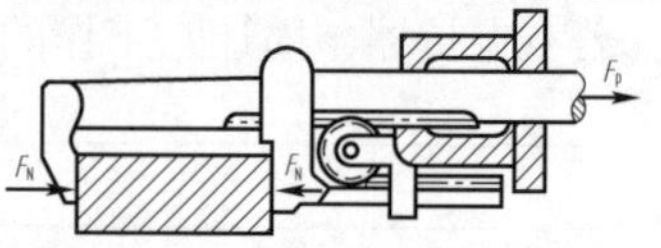
拨叉杠杆式	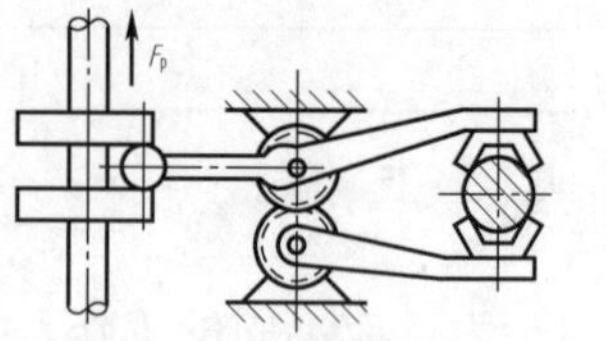
滑槽式	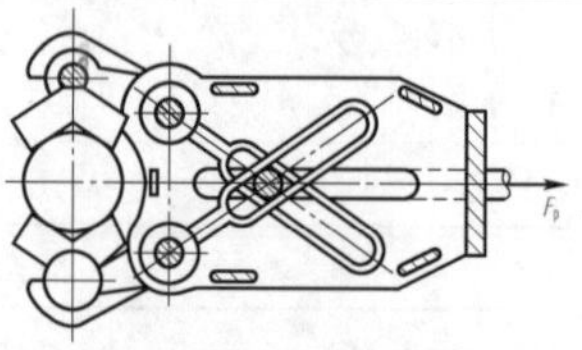
平行连杆式	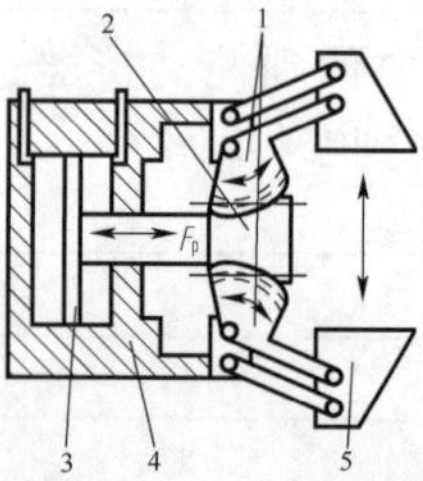

创意构思：

1．准备采用哪些基本机构进行组合？

2．各基本机构有什么样的运动特点？

3．对其工作原理或工作过程进行描述。

4．绘制出夹持器的机构运动简图（或示意图）。

思维拓展：

能否提供第二套组合机构设计的方案。

第三步　方案完善

集中各组设计作品，进行讨论、比较、修改，使之更趋完善。

交流探讨：

1．本组设计值得肯定的地方与存在的不足。

2．从哪些方面改进？

以平行连杆式气动夹持器为例，汽缸4中的压缩空气推动活塞3使连杆齿条2作往复运动，经由扇形齿轮1带动平行四边形机构，使钳5平行的快速开合。其中所采用的机构就是齿轮齿条机构与平行四边形机构的串联组合。组合机构充分而有效地发挥了各基本机构的特点，使组合后得到的运动规律更加符合实际需要。

（2）机器人本体的传动机构。

这些传动机构用来把驱动器的运动传递到关节和动作部位。机器人中常用的传动机构与其他机器没有太多差别。常用的传动机构见表6-3-5。

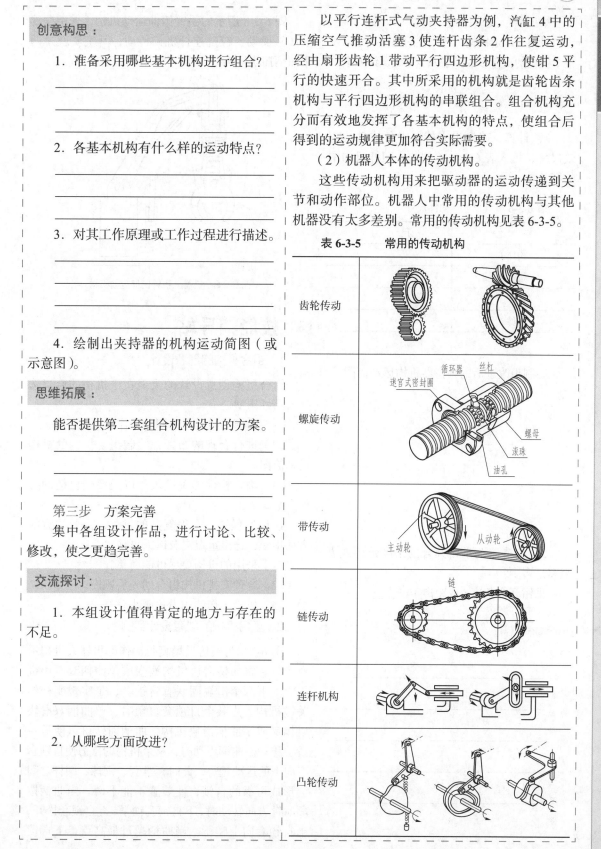

表6-3-5　常用的传动机构

齿轮传动	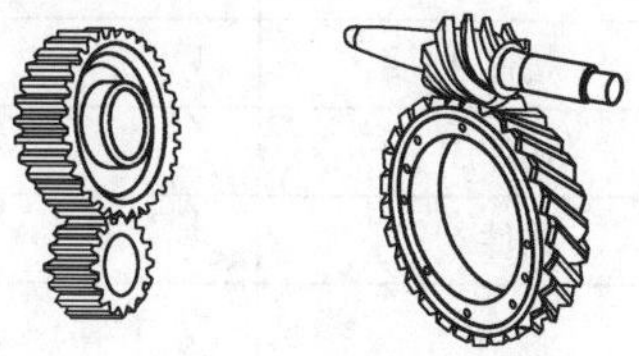
螺旋传动	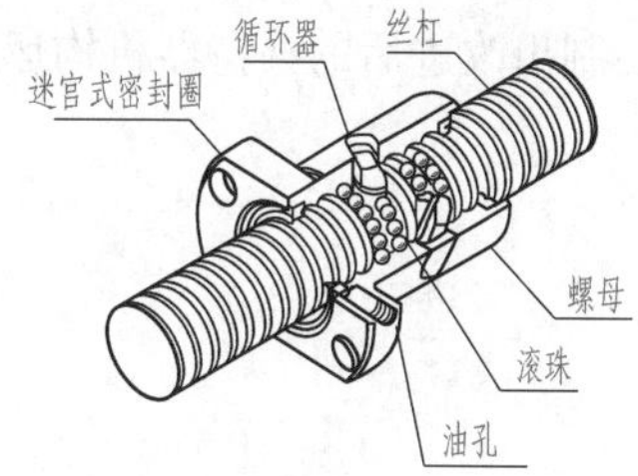
带传动	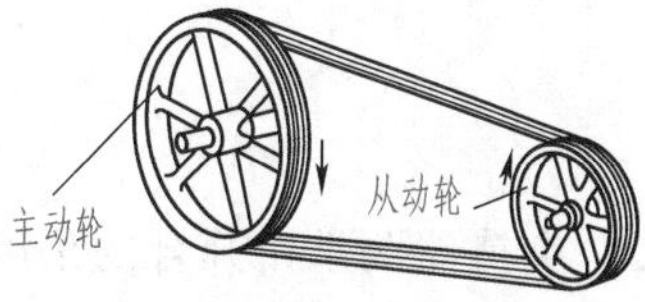
链传动	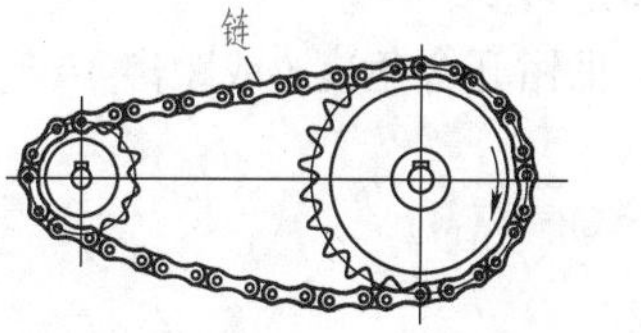
连杆机构	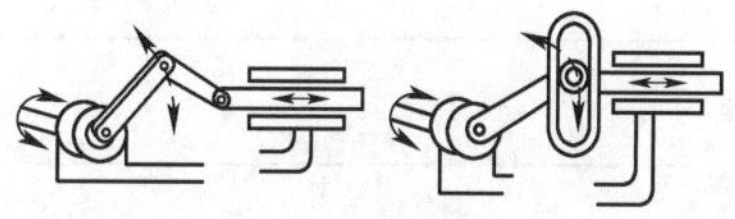
凸轮传动	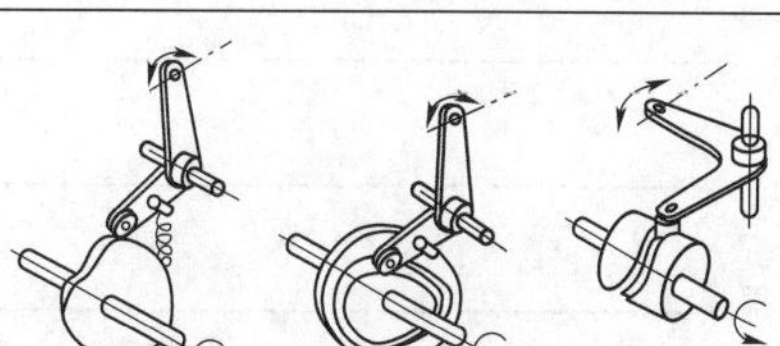

第四步 设计计算

计算，确定机构中各构件的关键尺寸以及整个机构的工作参数。进一步完成设计方案。

设计计算：

1．计算、确定出夹持器中各构件的有效尺寸，填入表 6-3-6。（例如：四杆机构中的杆长）

表 6-3-6 构件尺寸

构 件	尺 寸
构件 1	
构件 2	
构件 3	
构件 4	

绘制出改进后的夹持器机构运动简图

2．夹持器两爪钳开合的角度范围或者距离是多少?

爪钳开合角度 (或距离)=________

演算推导：

____

____

____

____

____

图 6-3-8 所示的手臂俯仰运动机构，采用摆臂液压缸驱动、铰链连杆机构传动，其实质就是两个曲柄摇块机构共同作用产生预定动作。

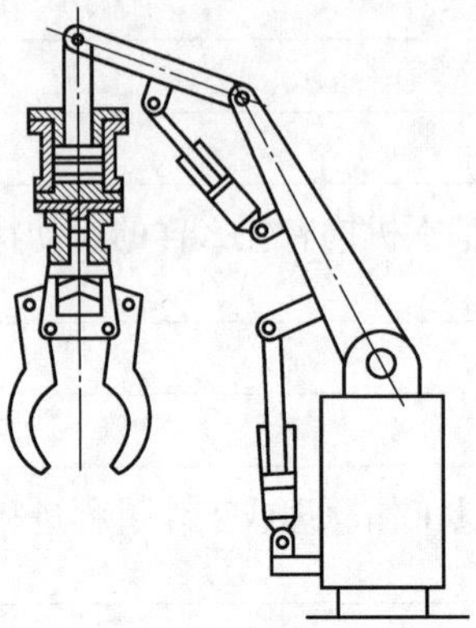

图 6-3-8 机器人手臂俯仰运动机构

技能辅导站

1. 组合机构的创意设计

组合机构创意设计的灵魂在于机构的恰当选择与巧妙构型。

（1）选择能够实现预期的工作要求的机构。

（2）进行合理的布置，绘制组合机构的机构运动简图。

（3）确定构件的关键尺寸以及整个机构的工作参数。

设计过程是一个很复杂的过程，需要注意的方面很多，这里重点提及以下事项。

（1）采用的机构要尽可能简单。

（2）合理安排机构组合的先后顺序。

（3）机构工作的压力角越小越好。

2. 组合机构的创意设计实例

图 6-3-9 为模仿尺蠖爬行动作的机器人机构示意图。它将曲柄滑块机构演变成单曲柄双滑块机构。上下两个滑块固联有自锁套，是实现爬杆的关键机构。当某个自锁套自锁时，单曲柄双滑块机构又成了曲柄滑块机构，曲柄回转可以使另一滑块移动。曲柄不动时，整个机构的重力使自锁套有向下的运动趋势，此时，锥套、钢球、圆杆之间会形成可靠的自锁，使装置不能下滑。当曲柄按顺时针方向转动时，下自锁套锁紧，上自锁套松开，上自锁套向上爬行。当曲柄越过最高点，下自锁

3．夹持工件时需要多大的夹紧力，它能够提供吗？

夹紧力 =________

演算推导：

____

____

____

____

____

____

____

____

____

第五步　整理资料，完成设计

整理设计资料，完成实践报告书，完成全部设计。展示综合实践。

套松开，上自锁套锁紧，下自锁套被曲柄滑块机构带动上爬，从而实现了自动爬杆。

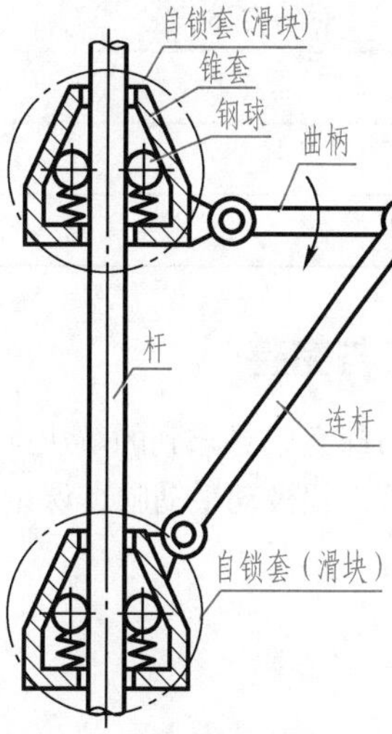

图 6-3-9　模仿尺蠖爬行动作的机器人

有了基本机构，就可以根据基本机构的功能，进行组合以及机构的演化及变异的办法创新设计出丰富多彩的机构。

虽然，本例离真正的机器人还很遥远，但只要我们掌握了基本机构的功能，注意观察生活，充分发挥想象力，灵活运用基本机构进行组合创新，总会得到满意的答案。

学习评价

一、观察与评价

根据“观察点”列举的内容，进行自我评估或学生互评。“观察点”内容可视实情在教师引导下拓展。

观　察　点	☺	😐	☹
能找出机器人中包含的机构			
能绘制机构运动简图			
会绘制零件草图			
能设计简单机构的组合方案			
能进行机构参数的简单计算			

二、反思与探究

从实施过程和评价结果两方面，对为什么方案设计缺乏创意，为什么工作进度缓慢进行反思。

分析存在的问题，寻求解决的办法。

存在的问题	解决的办法

三、修正与完善

根据反思与探究中寻求到的解决问题的办法，进一步修正与完善对基本机构的认识，并能结合实际进行分析，积极动手动脑，课余尝试机械小创意活动。

《机械基础》综合实践报告

<table>
<tr><td colspan="5">一、基 本 信 息</td></tr>
<tr><td colspan="2">综合实践项目名称</td><td colspan="3"></td></tr>
<tr><td colspan="2">姓　　名</td><td></td><td>学　　号</td><td></td></tr>
<tr><td colspan="2">专　　业</td><td></td><td>班　　级</td><td></td></tr>
<tr><td colspan="2">实践分组</td><td></td><td>指导教师</td><td></td></tr>
<tr><td colspan="2">同组学生</td><td colspan="3"></td></tr>
<tr><td colspan="2">实践日期</td><td></td><td>学　　时</td><td></td></tr>
<tr><td colspan="5">二、机械基础综合实践任务书</td></tr>
<tr><td>要求及主要内容</td><td colspan="4"></td></tr>
<tr><td>有关说明</td><td colspan="4"></td></tr>
<tr><td>进度安排</td><td colspan="4"></td></tr>
</table>

三、实 践 准 备
1．实践条件；2．行动方案；3．文本（表格、图纸）：
指导教师意见： 签名：　　　　　　　　年　　月　　日
四、实 践 过 程
全过程记录：

五、结果分析与讨论
实践活动成果展示、交流与讨论：
六、综合评价及意见
自我评价（含实践心得体会）：
小组评价：
教师评价： 实验成绩：__________ 指导教师签名：____________ 批改日期：_____年__月__日

注：各综合实践项目可根据具体情况适当调整栏目。

附　表

附表 1　　常用碳素结构钢种类、牌号、力学性能及应用举例

分　类	牌　号	力学性能≥			应用举例
		R_{eL}/MPa	R_m/MPa	A(%)	
普通碳素结构钢	Q195	195	315-390	33	铆钉、螺钉、轻负荷的冲压零件和焊接结构件
	Q215	215	225-410	31	
	Q235	235	375-460	26	螺栓、螺母、销子、吊钩
	Q275	275	490-610	20	小轴、螺母、垫圈
优质碳素结构钢	08	195	325	33	冷冲压件，如汽车和仪表仪器外壳
	10	205	325	31	渗碳齿轮、螺母、垫圈、机罩、焊接容器
	15	225	375	27	
	25	275	450	23	
	35	315	530	20	齿轮、连杆、机床主轴等
	40Mn	355	590	17	
	45	255	600	16	
	50Mn	390	645	13	
	55	380	645	13	
	65	410	695	10	弹簧、机车轮缘、低速车轮
	65Mn	430	735	9	
	70	420	715	9	
铸钢	ZG200-400	200	400	25	机座、变速箱壳
	ZG230-450	230	450	22	轴承盖，外壳、底板、阀门体
	ZG270-500	270	500	18	轧钢架、模具、箱体、缸本、连杆、曲轴
	ZG310-570	310	570	15	缸体、齿轮、制动轮、联轴器、机架
	ZG340-640	340	640	10	齿轮，棘轮，叉头、车轮

附表 2　　碳素工具钢的牌号、性能和应用举例

牌　号	硬　度		应用举例
	退火 HBS ≥	淬火 HRC ≥	
T7、T7A	187	62	凿子、冲头，木工工具
T8、T8A	187	62	冲头、木工工具、剪切金属用的剪刀等
T9、T9A	192	62	冲模、冲头、凿岩用凿子等
T10、T10A	197	62	刨刀、车刀、钻头、丝锥、手锯锯条、拉丝模、冷冲模
T12、T12A	207	62	丝锥、锉刀、刮刀、铰刀、板牙、量具

附表 3　　常用合金结构钢种类、牌号、力学性能及应用举例

合金钢种类	含碳量（%）	常用牌号	力学性能≥			应用举例
			R_{eL}/MPa	R_m/MPa	A(%)	
低合金高强度结构钢	＜0.2	Q345	345	470	21	用于桥梁、车辆、船舶、锅炉、高压容器和输油管等
		Q390	390	490	19	
		Q420	420	520	18	
		Q460	460	550	17	
		Q500	500	610	17	
合金渗碳钢	0.10～0.25	20Cr	245	470	18	用于承受冲击的耐磨零件
		20CrMnTi	395	615	17	
合金调质钢	0.25～0.50	35 Cr	395	615	17	主要用于制造在多种载荷下重要零件
		40Cr	540	735	15	
		35CrMo	540	735	15	
		38CrMoAl	835	980	14	
合金弹簧钢	0.45～0.70	60Si2Mn	1200	1300	5	汽车板簧、螺旋弹簧等
滚动轴承钢	0.95～1.15	GCr15、GCr15SiMn	—	—	—	滚动轴承

附表 4　　常用合金工具钢种类、牌号、力学性能及应用举例

类　型	常用牌号	硬度值≥		应用举例
		退火 HBS	淬火 HRC	
量具刃具钢	9SiCr	197	62	用于制造板牙、丝锥、铰刀等手工刀具，高精度量具如块规
	Cr06	187	64（水淬）	
	Cr2	179	62	
冷作模具钢	Cr12	217	60	冷冲模、冷挤压模、剪切模
	Cr12MoV	207	58	
	CrWMn	207	62	
热作模具钢	5CrMnMo	197	—	热锻模、压铸模、热挤压模
	5CrNiMo	197	—	
塑料模具钢	3Cr2Mo	—	45	制造各种塑料模具
高速工具钢	W18Cr4V	255	63	铣刀、铰刀、拉刀、麻花钻等机用刀具及热作模具
	W6Mo5Cr4V2	255	65	

附表 5　　常用特殊性能钢种类、牌号及应用

类型	常用牌号	应用举例
不锈钢	1Cr13、3Cr13	耐蚀性能要求一般汽轮机叶片、水压机阀等
	1Cr17	用于硝酸及食品工厂设备，也可作在高温下工作的零件，如燃气轮机零件等
	1Cr18Ni9、0Cr19Ni9	耐蚀容器及设备衬里、输送管道

续表

类型	常用牌号	应用举例
耐热钢	1Cr18Ni9Ti	加热炉构件
	1Cr13、1Cr11MoV	汽轮机、燃气轮机及增压器叶片
	00Cr12	加热炉构件

附表 6　　铸铁的种类、牌号、力学性能及应用举例

种类	碳存在形式	牌号	力学性能				应用举例
			R_m /MPa	$R_{p0.2}$ /MPa	A/%	HBS	
白口铸铁	渗碳体	—	—	—	—	—	炼钢原料
灰铸铁	片状石墨	HT200	200	—	—	157～236	汽缸、齿轮、机座、飞轮、床身、气缸体、气缸套、活塞、齿轮箱、刹车轮、联轴器盘、中等压力阀体等
		HT250	250	—	—	175～262	
		HT300	300	—	—	182～272	床身、机座、机架，高压液压件，活塞环，受力较大的齿轮、凸轮、衬套，大型发动机的曲轴、气缸体、缸套、气缸盖等
		HT350	350	—	—	199～298	
球墨铸铁	球状石墨	QT400-15	400	250	15	130～180	汽车、拖拉机的轮毂、驱动桥壳、差速器壳、拨叉，农机具零件，中低压阀门，上、下水及输气管道，压缩机上高低压汽缸，电机机壳，齿轮箱，飞轮壳等
		QT450-10	450	310	10	160～210	
		QT500-7	500	320	7	170～230	汽车、拖拉机的曲轴、连杆、凸轮轴、气缸套，部分磨床、铣床、车床的主轴，机床蜗杆、蜗轮，轧钢机轧辊、大齿轮，小型水轮机主轴，气缸体，桥式起重机大小滚轮
		QT600-3	600	370	3	190～270	
		QT700-2	700	420	2	225～305	
可锻铸铁	团絮状石墨	KTH300-06	300	—	6	不大于 150	弯头、三通管件，中低压阀门等承受低动载荷及静载荷、要求气密性的零件
		KTH330-08	330	—	8		扳手，犁刀，犁柱，车轮壳等承受中等动载荷的零件
		KTH350-10	350	200	10		汽车、拖拉机前后轮壳，减速器壳、转向节壳、制动器及铁道零件等承受较高冲击、振动的零件
		KTZ450-06	450	270	6	150～200	曲轴、凸轮轴、连杆、齿轮、活塞环、轴套、耙片、万向接头、棘轮、扳手、传动链条
		KTZ550-04	550	340	4	180～250	
蠕墨铸铁	蠕虫状石墨	RuT260	260	195	3	121～197	增压器废气进气缸体，汽车底盘零件等
		RuT300	300	240	1.5	140～217	排气管，变速箱体，汽缸盖，液压件，纺织机零件，钢锭模等
		RuT340	340	270	1.0	170～249	重型机床件，大型齿轮箱体、盖、座，飞轮，起重机卷筒等
		RuT380	380	300	0.75	193～274	活塞环，汽缸套，制动盘，钢珠研磨盘，吸淤泵体等

附表 7　　铜及铜合金牌号、性能和应用举例

分类		牌号	性能	应用举例
纯铜		T1	有良好的导热性、导电性，塑性好，具有抗饰性、抗磁性，减摩耐磨性好	电线、电缆、电气开关、垫圈、铆钉、油管等
		T2		
		T3		
黄铜	普通黄铜	H96、H68、H59		装饰品、弹簧、垫圈、金属网等
	特殊黄铜	HPb59-1、HNi65-5、HSn62-1		船舶零件、齿轮、蜗轮、弹性零件、螺钉、垫圈等
青铜	锡青铜	QSn4-3		齿轮、蜗轮、连杆、轴瓦、轴套、轴承等
	铝青铜	QAl10-5-5		
	铍青铜	QBe2		

附表 8　　铝及铝合金的牌号、性能和应用举例

分类		牌号	性能	应用举例
纯铝		1070	导电性、导热性好，具有良好的抗蚀性，工艺性能优良	电容器、垫片、电缆、导电体、装饰件
		1060		
		1050		
		1035		
		1200		
铸造铝合金	Al-Si 系	ZAlSi12（ZL102）	铸造性能好，强度和塑性都比较差	一般构件
	Al-Cu	ZALCu5Mn(ZL201）	较好的高温性能，但铸造性能和抗蚀性差	金属铸型
	Al-Mg	ZALMgl0（ZL301）	较高的强度和良好的耐腐蚀性能，密度小，铸造性能差	在腐蚀性介质中工作的零件
	Al-Zn	ZALZn6Mg(ZL402）	强度较高，热稳定性和铸造性能较好	制造形状复杂的汽车、飞机零件
变形铝合金	防锈铝合金	5A05（LF5）	抗蚀性高，塑性和焊接性好	油箱、导管、铆钉、生活器皿等
		3A21（LF21）		
	硬铝合金	2A01（LY1）	强度较高，塑性好，耐蚀性差	铆钉、仪器、仪表及航空工业中广泛应用
		2A11（LY11）		
		2A12（LY12）		
	超硬铝合金	7A04（LC4）	强度很高，耐热性、抗蚀性差	飞机大梁、起落架等
		7A09（LC9）		
	锻铝合金	2A50（LD5）	强度较高，塑性好，耐蚀性较好	形状复杂的大型锻件或模锻件
		6A02（LD2）		
		2A14（LD10）		

附表 9　常用变形钛及钛合金的牌号、力学性能及应用举例

类　型	牌　号	力学性能（试验温度/℃）			应用举例
		R_m/MPa	$R_{p0.2}$/MPa	A/%	
工业纯钛	TA1	420	—	35	用于化工、船舶、医疗等工作温度350℃以下受力不大的耐蚀零件
	TA2	500	—	31	
	TA3	600	—	24	
α 钛合金	TA4	730	640	22	在科学试验仪器、军用飞机及导弹的燃料罐、超音速飞机涡轮机匣等
	TA5	700	650	15	
	TA6	800	690	5	
	TA7	750	650	10	
β 钛合金	TB2	1400	—	7	350℃以下工作的零件，如飞机结构件和紧固件
（α+β）钛合金	TC1	600	470	20	400℃以下长期工作的飞机发动机结构零件及导弹、火箭等燃料箱部件，其中TC4应用最广泛
	TC2	700	—	15	
	TC4	950	860	15	
	TC9	1200	1030	11	

附表 10　常用轴承合金牌号、性能和应用举例

分　类	牌　号	性　能	应用举例
锡基轴承合金	ZSnSbllCu6	硬度适中，减摩性好，有足够的塑性、韧性，良好的耐蚀性、导热性	发动机、压缩机等高速轴承
铅基轴承合金	ZPbl6Sb16Cu2	铅基轴承合金较锡基轴承合金脆，热导率、热膨胀系数、耐蚀性能低，但强度却接近或高于锡基合金，而且价格低	汽车、拖拉机的曲轴轴承及电动机、空压机、破碎机轴承

附表 11　常用工程塑料性能特点和应用举例

塑料名称	特　性	应用举例
苯乙烯—丁二烯—丙烯腈共聚体 ABS	具有良好的综合性能，即高的冲击韧度和良好的强度；优良的耐热性、耐油性能；尺寸稳定，易成形，表面可镀金属；电性能良好	一般结构或耐磨受力零件，如齿轮、轴承等；耐腐蚀设备和零件；用 ABS 制成的泡沫夹层板可作小轿车车身；文教体育用品、乐器、家具、包装容器及装饰件等
聚酰胺（尼龙）PA	尼龙 6：疲劳极限、刚性和耐热性不及尼龙 66，但弹性好，有较好的消振和消音性，其余同尼龙 66	轻载荷、中等温度（80℃～100℃）、无润滑或少润滑、要求低噪声条件下工作的耐磨受力零件
	尼龙 66：疲劳强度和刚性较高，耐热性较好，耐磨性好，摩擦系数低，但吸湿大，尺寸不够稳定	适合于中等载荷、使用温度≤100℃、无润滑或少润滑条件下工作的耐磨受力传动零件，如齿轮
	尼龙 610：强度、刚性、耐热性略低于尼龙 66，但吸湿性小，耐磨性好	作用同尼龙 6，如作要求比较精密的齿轮，并适合于湿度波动较大条件下工作的零件
聚碳酸酯（PC）	力学性能优异，尤其具有优良的抗冲击性，尺寸稳定性好，耐热性高于尼龙、聚甲醛，长期工作温度可达 130℃，疲劳极限低、易产生应力开裂，耐磨性欠佳，透光率达 89%，接近有机玻璃	支架、壳体、垫片等一般结构零件；也可作耐热透明结构零件，如防爆灯、防护玻璃等；各种仪器、仪表的精密零件；高压蒸煮消毒医疗器械、人工内脏

续表

塑料名称	特性	应用举例
聚甲醛（POM）	耐疲劳极限和刚度高于尼龙，尤其弹性模量高，硬度高，这是其他塑料所不能比的，自润滑性好、耐磨性好，吸水和蠕变较小，尺寸稳定性好，长期使用温度为 -40℃～ +100℃	用作对强度有一定要求的一般结构零件；轻载荷、无润滑或少润滑的各种耐磨、受力传动零件；减摩和自润滑零件，如轴承、滚轮、齿轮、化工容器、仪表外壳、表盘等
聚砜（PSF）	耐高温和耐低温，可在 -100℃～ +150℃下长期使用，化学稳定性好，电绝缘和热绝缘性能良好，用 F-4 填充后可作摩擦零件	适宜于高温下工作的耐磨受力零件，如汽车分速器盖、齿轮、真空泵叶片、仪表壳体、汽车护板等，以及电绝缘零件
聚甲基丙烯酸甲酯（有机玻璃）（PMMA）	有极好的透光性（可透过 92% 的太阳光，紫外线光达 73.5%）；综合性能超过聚苯乙烯等一般塑料，机械强度较高，有一定的耐热性、耐寒性；耐蚀性和耐绝缘性良好；尺寸稳定，易于成形；较脆，表面硬度不高，易擦毛	可作要求有一定强度的透明零件、透明模型、装饰品、广告牌、飞机窗、灯罩、油标、油杯等

附表 12　　常用复合材料特性和用途

名称	特性	应用举例
玻璃纤维复合材料（玻璃钢）	玻璃钢力学性能优良，抗拉强度和抗压强度都超过一般钢和硬铝，而比强度更为突出	广泛应用于各种机器护罩、复杂壳体、车辆、船舶、仪表、化工容器、管道等
碳纤维复合材料	碳纤维比玻璃纤维的强度略高，而弹性模量则是玻璃纤维的 4 ～ 6 倍，且具有较好的高温力学性能	碳纤维复合材料可用于齿轮、活塞、轴承密封件、化工设备、运动器材；碳纤维复合材料也可用于建筑，使建筑物具有良好的抗震性能
硼纤维复合材料	硼纤维同金属基复合时具有良好工艺性，故用来制造金属基复合材料	硼纤维 - 铝复合材料代替钛合金，用来制造航空发动机叶片
金属纤维金属复合材料	高温强度高，具有较好的塑性和韧性，工艺性好	涡轮叶片

参考文献

[1] 孙桂林．机械安全手册．北京：中国劳动出版社，1993.
[2] 孙宝均．机械设计基础．北京：机械工业出版社，2009 .
[3] 许佳华．机械安全便携手册．北京：机械工业出版社，2006 .
[4] 朱仁盛．机械拆装工艺与技术训练．北京：电子工业出版社，2009 .
[5] 吴宗泽，高志．机械设计．北京：高等教育出版社，2009.
[6] 杨可桢，程光蕴，李仲生．机械设计基础．北京：高等教育出版社，2006.
[7] 李智勇，谢玉莲．机械装配技术基础．北京：科学出版社，2009.
[8] 张秉荣．工程力学．北京：机械工业出版社，2007.
[9] 孔凌嘉．简明机械设计手册．北京：北京理工大学出版社，2008.
[10] 陈志毅．金属材料与热处理．北京：中国劳动社会保障出版社，2007.
[11] 刘极峰．机器人技术基础．北京：高等教育出版社，2006.
[12] 翁海珊．机械原理与机械设计课程实践教学选题汇编．北京：高等教育出版社，2008.
[13] 曹惟庆，徐曾荫．机构设计．北京：机械工业出版社，2007.
[14] 高志，刘莹．机械创新设计．北京：清华大学出版社，2009.
[15] 李世维．机械基础．北京：高等教育出版社，2001.
[16] 中国劳动社会保障部教材办公室．机械基础．北京：中国劳动社会保障出版社，2007.
[17] 陈家瑞．汽车构造．北京：机械工业出版社，2009.
[18] 鲁民巧．汽车构造．北京：高等教育出版社，2008.
[19] 侯旭明．工程材料及成型工艺．北京：化学工业出版社，2003.

后　记

本书由江苏省教育科学研究院职业教育与终身教育研究所、职业教育与社会教育课程教材研究中心马成荣研究员担任主编。参与编写人员及其分工如下：江苏省泰兴市职业教育研究室雍照章（绪论）;常州机电职业技术学院万文龙（第一章）;南京市江宁中等专业学校秦文卫（第二章）;南京工业职业技术学院王红军、南京市江宁中等专业学校秦文卫、南京市江宁中等专业学校刘成果（第三章）；洪泽职业教育中心校刘如松、张家港职业教育中心校孙华、南京工业职业技术学院王红军（第四章）；张家港职业教育中心校孙华、溧阳职业教育中心校戴志浩（第五章）；溧阳职业教育中心校戴志浩、洪泽职业教育中心校刘如松、南京市江宁中等专业学校刘成果（第六章），参与编写工作的还有无锡机电高等职业技术学校陈爱民、江阴职业技术教育中心校顾国洪等。全书由江苏省教育科学研究院职业教育与终身教育研究所、职业教育与社会教育课程教材研究中心冯志军统稿，最后由马成荣定稿。

本书经全国中等职业教育教材审定委员会审定通过，由辽宁省交通高等专科学校孙红教授、湖南工业职业技术学院任成高副教授审稿，在此表示诚挚感谢。

本书在开发过程中，教育行政部门、研究机构和相关行业企业的领导和专家就本书的开发理念、设计思路和框架结构等方面作出了很多指导和方向把握；江苏省多所职业院校的一线教师在本书编写过程中，提出了许多建设性意见与建议；教材研制人员所在单位为教材的研发工作给予了大量的人力、物力支持；人民邮电出版社为教材出版提供了有效的保障。在此，一并致谢！

编写组

2010 年 4 月 16 日